精通
DIV+CSS
网页样式与布局

第二版

·何丽 编著·

清华大学出版社
北京

内 容 简 介

随着Web 2.0大潮的席卷而来，传统的表格布局模式逐渐被DIV+CSS的设计模式所取代，使用DIV搭建框架，使用CSS定制、改善网页的显示效果已经成为一个网页设计的标准化模式，对于网页设计人员来说，DIV+CSS已经成为他们必须掌握的技术。

全书一共18个章节，其中，通过了前面的14个章节，由浅入深，全面介绍了DIV+CSS基本语法和概念，内容包括开发网站的基础知识，HTML和XHTML的相关技术，CSS的基本语法，CSS定义字体、链接、图片、表格、表单等样式，CSS滤镜的使用，CSS定位与DIV布局，JavaScript、XML、Ajax与CSS的结合使用，以及CSS开发中常见问题的解决方法，书中还穿插介绍了CSS 3和HTML 5的相关知识，力求使读者了解最新的网页设计制作技术。在最后的4个章节里，给出了"娱乐门户网"、"设计公司网站"、"旅游酒店网站"和"新闻网站"这4个案例。

本书采用了"语法讲述+案例分析+实训案例+上机题"的讲述方式，读者通过学习，不仅能掌握一些实用的CSS+DIV的知识，还能学到JavaScript和Ajax等的扩展知识。

本书适合从事网页开发设计（尤其是美工）的人员阅读，此外，从事Web开发的程序员也能从本书里得到启示。本书也能够作为高等院校相关专业的参考用书，特别地，本书的诸多案例更能帮助阅读者轻易地完成课程设计等工作。

图书在版编目（CIP）数据

精通DIV+CSS网页样式与布局 / 何丽编著. -- 2版. —北京：清华大学出版社，2014(2019.7重印)
ISBN 978-7-302-33955-7

Ⅰ．①精… Ⅱ．①何… Ⅲ．①网页制作工具 Ⅳ．①TP393.092

中国版本图书馆CIP数据核字（2013）第222442号

责任编辑：夏非彼
封面设计：王　翔
责任校对：闫秀华
责任印制：李红英

出版发行：清华大学出版社
　　　　　　网　　　址：http://www.tup.com.cn，http://www.wqbook.com
　　　　　　地　　　址：北京清华大学学研大厦A座　　　　　邮　　编：100084
　　　　　　社 总 机：010-62770175　　　　　　　　　　邮　　购：010-62786544
　　　　　　投稿与读者服务：010-62776969，c-service@tup.tsinghua.edu.cn
　　　　　　质 量 反 馈：010-62772015，zhiliang@tup.tsinghua.edu.cn
印 装 者：三河市铭诚印务有限公司
经　　销：全国新华书店
开　　本：190mm×260mm　　　**印　张：**27.5　　　　**字　数：**704千字
　　　　　　附光盘1张
版　　次：2011年4月第1版　　　2014年1月第2版　　　**印　次：**2019年7月第6次印刷
定　　价：59.80元

产品编号：050955-01

前　言

对于想要从事美工的朋友来说，只要有创意，那么就可以很快通过DIV+CSS技术实现自己的创意，从而创建出漂亮的网站。

如果你不懂CSS的话，或许在你的想象过程中，很多创意（或者是你想象中的效果）实现起来是比较麻烦的，可能会涉及到Photoshop等专业软件，不过一旦你熟悉了CSS，那么这些效果就能通过一些简单的语法来实现。

如果你通过本书熟悉了DIV的知识点，那么你就能以此设计出轻便灵活的网站框架。

DIV和CSS的知识不是一天可以学会的，在本书里，合理排布了18个章节，其中在前14个章节里，将循序渐进地讲述HTML标签、DIV、CSS、JavaScript和Ajax等知识点，而在最后4个章节里，将通过4个综合的案例，讲述DIV和CSS综合开发网站的知识点。

本书的知识点是循序渐进的，在第1章里，讲述了开发网站的一些基础知识，比如HTML框架和开发网站所用到的Dreamweaver工具；在第2章里，讲述了HTML和XHTML的基础知识，其中重点是HTML的各种标签；在第3章里，讲述了CSS 3.0的基础知识，比如CSS的基本语法和CSS的选择器等；在第4章里，讲述了通过CSS控制字体样式的方法；在第5章里，讲述了通过CSS定义导航栏样式的方法；在第6章里，讲述了通过CSS定义图片边框尺寸等样式的方法；在第7章里，讲述了通过CSS定义表格（table）的方法；在第8章里，讲述了通过CSS定义表单（form）的方法；在第9章里，讲述了通过CSS定义滤镜效果的诸多方法；在第10章里，讲述了"通过DIV定位通过CSS修饰块"的知识点；在第11章里，讲述综合CSS和JavaScript技术开发动态网页效果的方法；在第12章里，讲述了通过DIV和CSS综合布局的一些方法；在第13章里，讲述了CSS和Ajax一起整合开发具有局部刷新效果页面的方法；在第14章里，讲述了CSS里的一些常见问题（比如浏览器不兼容和中文编码等问题），并针对这些常见问题给出了一些解决方案。在本书的最后4个章节里，通过了"娱乐门户网"、"设计公司网站"、"旅游酒店网站"和"新闻网站"这4个案例，讲述了通过DIV和CSS两大技术，综合开发网站的方法。

从应用的角度来看，DIV和CSS的语法是非常多种多样的，但在实际应用的过程中，常用的语法并不多，所以在本书里，不仅给出了语法，而且通过各种案例，综合演示了"语法应用"的效果。

概括起来，这本书可以给你带来如下的收获：

● 可以通过修改案例中部分或整体，开发一个类似的网站或页面。
● 可以采用案例里的框架，把整体网站通过修改内容，改编成风格相似但主题不同的网站。
● 可以把案例中的一些动态效果（比如JavaScript等）通过改编，放置到你的页面里，从而让你的页面更吸引访问者的眼球。
● 可以更深刻地了解DIV和CSS。

本书和当前市面上的DIV+CSS图书相比，有如下的特点：

- 采用"语法+案例+实训+上机练习题"的讲述方法，通过设置合理的难度梯度，让大家在轻松的环境下能学到DIV和CSS的知识。
- 采用"案例轰炸"的方式，针对同一类知识点，给出多种案例，让大家在实际的环境中学好DIV和CSS的知识。
- 不再强调理论，而是强调实战，通过众多案例的引导，哪怕是刚入门的新手级美工朋友，通过学习，也能很轻松地上手。
- 只给出并分析最实用的知识，过滤掉一些边边角角的不大实用的知识点，让你在最短的时间内掌握最实用的知识体系。
- 整套书集用全程视频讲解方法，本书的全部知识点、案例、实训和上机题，都有视频讲解，这样能很大程度上方便大家的学习。

编写这套素材库的美工和程序员均有5年以上工作经验，很了解各位美工朋友需要什么，可以说是量身定做了这14个知识章节和4个综合案例。

为了更有效地从这本书里得到最大的收获，建议你采用如下的阅读方式：

- 运行代码，了解一下这个案例的功能，知道这个案例中包含哪些亮点。
- 查看视频，深入了解这个案例的页面构成和代码结构。
- 阅读代码，知道代码的整体布局，并了解感兴趣代码（比如动态效果代码）的位置。
- 学习整体网站的构架，或者直接从中取得感兴趣的代码，改编到自己的网站。

本书由何丽编写，在编写的过程中，上海润飞网络信息科技有限公司的袁润非、李世峰、李菱杰、吕俊斐、薛世海、罗政夫等同行对这本书的编写和出版提供了很大的支持。参与本书编写的还有陈小亮、张国栋、张国华、李华、王林、李志国、陈晨、冯慧、徐红、吴文林、周建国、张建、刘海涛、张琴、高梅、吴晓、朱维、陈浩、汪梅、姚琳、何武和许小荣等，对他们一并表示感谢。

由于作者水平有限，书中错误、纰漏之处难免，欢迎广大读者、同仁批评斧正。

编 者
2013.06

目　　录

精通

DIV + CSS

网页样式与布局（第二版）

光盘使用说明

- 全书源代码
- 提供4个整体网站设计案例
- 赠送40个网站案例

全书代码例子包括

HTML框架

HTML和XHTML

CSS的基础知识

通过CSS控制字体样式的方法

通过CSS定义导航栏样式的方法

通过CSS定义图片边框尺寸等样式的方法

通过CSS定义表格（table）的方法

通过CSS定义表单（form）的方法

通过CSS定义滤镜效果的诸多方法

通过DIV定位通过CSS修饰块

综合CSS和JavaScript技术开发动态网页效果的方法

通过DIV和CSS综合布局的一些方法

CSS和Ajax整合开发具有局部刷新效果页面的方法

CSS里的一些常见问题

娱乐门户网站案例

设计公司网站案例

旅游酒店网站案例

新闻网站案例

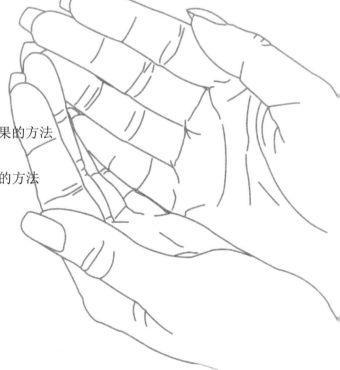

精通
**DIV+
CSS**
网页样式与布局
（第二版）

赠送40个网站案例（HTML模板）

本书随书光盘中赠送了40个网站的HTML模板，模板主题如下。

这些模板的布局具有不同的风格，美工朋友可以使用这些模板充实自己的资料库，在需要的时候从中借鉴各种布局样式和素材。

SPA女子会所	我爱家居网	室内设计网
奥迪汽车	律师网站	新鲜水果网
奥运网站	建筑师之家	图书馆网站
电子世界	健康饮食网	商用设备公司网站01
蜗斯电子商务	交通运输网	商用设备公司网站02
中华儿童学习网	东方教育	天天影视网
儿童玩具网	准妈妈怀孕网	音乐网
中华民族儿童网01	科技公司	中华音乐网
中华民族儿童网02	朗图设计01	中华资讯网
凡客诚品	朗图设计02	网上书店
杨澜个人网站	留学网	华硕电脑
韩国料理网	旅游网01	古化石网
月月花卉网首页	旅游网02	冒险岛

月月花卉网二级页面

开发网站，我们需要做些什么

第 1 章

网站代表了企业和个人的形象，正确的布局可以让网站的结构更加合理，让网站的外观更加美观，而且，开发网站有一套科学的流程，通过这个流程能很好地提升开发效率。

有很多人知道"做网站"，但知道"如何做网站"以及"如何高效做网站"的人并不多。在本章中，我们将讲述的重点内容如下。

- 开发一个网站需要做哪些事情
- 用Dreamweaver开发网页和开发网站的方法
- 一个网页的基本构成
- 开发一个网站的大致流程
- 网站的基本布局方式

1.1 网站需要什么

网站是网络中发布信息的载体，像布告栏一样，网站拥有者可以通过网站来发布资讯或提供相关的网络服务，用户可以通过浏览器来访问网站，获取需要的资讯或相关网络服务。

网站是由多个网页组成，网页是一个文件，存储在某一台与互联网相连的计算机或服务器中，经由统一资源定位器（URL）来识别与存取。下面，我们依次说明网站（或者说是网页）里需要包含的要素。

1.1.1 需要HTML文件

可以把网站比作一个"店铺"，这两者都可以用来展示信息。网站首先需要有一个"平台"，就好比店铺需要有一块地皮，在这个平台上，网站展示声音、图片、文字等效果，这个平台就是HTML文件，所有定义的色彩、文字、表格，甚至是视频等元素的网页相关的代码，都是编写在HTML文件里的。

HTML表示超文本标记语言（Hyper Text Markup Language），是WWW的描述语言。

HTML文件是一种可以被多种网页浏览器读取，传递各类资讯的文件。从本质上来说，Internet（互联网）是一个由一系列传输协议和各类文档所组成的集合，HTML文件就是其中的一种文档。这些HTML文件存储在分布于世界各地的服务器硬盘上，用户通过传输协议可以远程获取这些文件所传达的资讯和信息。

HTML文件也叫网页，它的文件扩展名是.html、.htm（或是.asp等）。现实生活中，访问者相当于是"逛店铺"；而虚拟社会里，网页要通过Web页面浏览器（比如IE浏览器）来阅读。

1.1.2 需要DIV来"圈地"

HTML文件是放置网络效果的平台，在其中，网站的信息需要美观、有逻辑性地排列，这就好比在店铺里，不能把所有的商品都没规则地堆放到一起，因为那样就会使我们的店铺杂乱不堪，而且商品也不容易被很快地找到，所以就需要在特定区域里放置特定的商品，而且要在商铺里精心设计好诸多区域的位置，这样就能够使我们的店铺看起来整齐、有序，而且方便我们快速找到其中的每一个商品。

在HTML文件里，也需要在页面中定义好诸多区域，比如在醒目位置上放广告，在页面的上方放置导航菜单。我们通过使用DIV，在HTML页面上划分区域，然后在特定的区域内放置具体的页面内容，也就使我们的网页看起来更加美观。

下面通过一个效果图来看一下DIV的作用。如图1-1所示，我们来看一下DIV的作用，其中能看到，DIV类似店铺里的"隔间"，将整个页面分成了若干个小区域，每一个DIV在页面上占据了一定的位置，而在这个位置上我们能够放置特定的内容。比如图1-1中的左侧部分，先是用DIV来圈出一块地方，然后在上面放置"家用电器"的分类信息。在广告区域和商品区域我们都是这样操作的，最后就可以整合出一个完美的网页了。

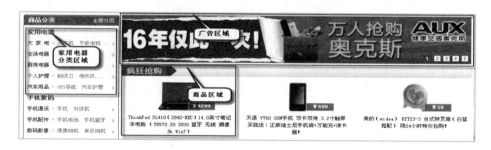

图1-1　DIV作用的演示效果

1.1.3 需要CSS来定义样式

在一个店铺里，出售不同商品的区域（对应着网页里的DIV概念）的布置风格一定不会相同，都会有一个与所卖商品相搭配的布置，使其能够体现出商品的特性。比如卖女装的专柜一般采用"新潮休闲"的风格，卖电脑的专柜则会通过放置最新的产品，体现"高科技"的风格。

网页也一样，可以为每个DIV区域定义独特的CSS样式，这里的CSS样式可以是"背景图放什么"、"文字采用什么字体什么颜色"或"字体的排列"方式等，通过CSS样式，我们就可以将网页中指定的DIV部分变成我们所需要的风格、样式，使其能够更贴近我们的要求，同时也使网页的效果得到更大的升华。下面通过一个示例来了解一下CSS样式的效果。

如图1-2所示，我们使用了CSS样式。

其中，在左边的DIV里，文字部分的字体颜色定义为"黑色"，而在右边的DIV显示玩具快

图1-2 CSS定义样式的效果图

艇，属于"热销"产品，所以这里把字体颜色定义成"红色"，以便突出这部分商品。

CSS样式一般是作用在DIV上的，它需要与DIV一起构成网页上的一个模块，而网页又是由多个DIV构成，从狭义上讲，HTML+DIV+CSS就能构成一个网站。

1.1.4 需要JavaScript

JavaScript是一种为了使网页能够具有交互性，能够包含更多活跃的元素，而嵌入在网页中的技术。它使我们的网页能够表现的内容更加生动，使网页的效果更加醒目。

JavaScript是一种能让你的网页更加生动活泼的程序语言，也是目前网页设计中最容易学又最方便的语言。

可以利用JavaScript很容易地做出亲切的欢迎信息、漂亮的数字钟、有广告效果的跑马灯及简易的投票，还可以显示浏览器停留的时间。使用这些特殊效果提高网页的互动性、提供亲切的服务，让你的网页吸引更多的访客。

比如图1-3所示，广告图片会自动切换，而且单击右下方的数字，广告也会切换。

图1-3 JavaScript效果演示图

本书主要讲解DIV+CSS的样式，所以JavaScript部分的知识将不做重点讲述，我们只讲一下JavaScript的适用范围：网页上如果有与鼠标键盘或定时器有关的动作，比如单击后发生什么事情，按了某个键盘发生什么事情，每间隔几秒后需要发生什么事情，这些功能代码需要使用JavaScript开发。

1.1.5 需要空间和域名

一个实体店铺需要真实地找一块地皮，然后才能开业，一个网站如果要运营，也需要把

网站里的所有文件放置到服务器上，这里，大家可以把服务器理解成"硬盘、内存"等配置比家用电脑要好的大型电脑。

一个实体店铺需要有一个地址，比如是某某区某某路多少号，根据这个地址，人们才能找到这个店铺。同样，一个网站需要有自己的域名，这样才能让访问者通过浏览器访问我们做好的网站。

域名是企业、政府、非政府组织等机构或者个人在互联网上注册的名称，是互联网上企业或机构间相互联络的网络地址。

域名可分为不同级别，包括顶级域名、二级域名等。顶级域名又分为两类：一是国家顶级域名（national top-lenel domainnames，简称nTLDs），目前200多个国家和地区都按照ISO 3166 国家代码分配了顶级域名，例如中国是cn，美国是us，日本是jp等；二是国际顶级域名（national top-lenel domain-names，简称iTDs），例如表示工商企业的.com，表示网络提供商的.net，表示非营利组织的.org等。

域名和网站是一一对应的关系，人们只需要在浏览器里输入某个域名，就能进入到对应的站点里，如图1-4所示，在浏览器的地址栏输入www.baidu.com这个域名，进入到了百度的网站。

图1-4　通过域名访问网站的示例

1.2 通过Dreamweaver开发 DIV+CSS程序

网站的开发工具有很多，如可以使用Windows系统自带的记事本，也可以使用在网上一些免费文本编辑器等。不过为了提升效率，以及可以尽快地掌握网页的开发，这里我们推荐采用Dreamweaver来开发HTML页面。

1.2.1 安装Dreamweaver

Dreamweaver是美国Macromedia公司开发的集网页制作和管理网站于一身的所见即所得网页编辑器，它是第一套针对专业网页设计师特别发展的视觉化网页开发工具，利用它可以轻而易举地制作出跨越平台限制和跨越浏览器限制的充满动感的网页。

Dreamweaver是一个可视化的网页设计和网站管理工具，它支持最新的Web技术，包含HTML检查、HTML格式控制、HTML格式化选项、可视化网页设计和图像编辑等技术，通过Dreamweaver能比较高效地开发网站。

当前最新的Dreamweaver版本是CS6，本书将用该版的中文简体版来开发，大家可以到各下载软件的网站上找到这个版本。由于这个不是免费软件，所以请大家在使用前，需要再获取一个授权号。

安装Dreamweaver软件时，没有什么特别需要关注的地方，只要根据安装程序的默认提示，就可以把这个软件安装到自己的电脑上。安装好后，就可以在桌面上找到Dreamweaver应用程序的图标了，如下图1-5所示。

图1-5 Dreamweaver的标志

安装完成后，双击这个图标，就可以进入Dreamweaver的使用界面了。

1.2.2 使用Dreamweaver

打开Dreamweaver后，选择菜单栏上的"文件"|"新建"菜单，打开如图1-6所示的窗口，在"新建文档"窗口中，选择"空白页"里的"页面类型"，并且在"页面类型"里选择"HTML"，在"文档类型"下拉列表框中选择"HTML 5"，最后单击"创建"按钮，这样就创建好了一个HTML 5的页面文件。

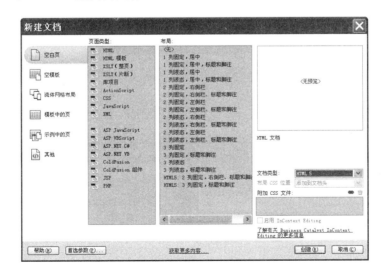

图1-6 创建HTML 5文件的示意图

随后，通过Dreamweaver的"插入"|"标签"菜单，能进入到如图1-7所示的"标签选择器"，通过单击各部分的标签，就能往HTML页面中插入代码。

比如，在图1-7所示的窗口中，单击右侧的"html"标签，就能在页面代码里插入<html>…</html>标签对，同样地，如果单击"body"标签，也能出现这个body标签对。

除了通过"标签选择器"插入元素外，在Dreamweaver编辑器里，还可以通过在编辑界面，右击鼠标，通过弹出的快捷菜单往HTML代码里插入标签和CSS等元素，如图1-8所示。

图1-7 标签选择器的效果图

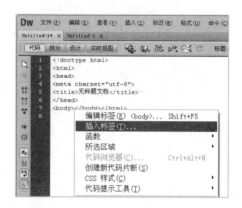

图1-8 通过右击鼠标的方式插入代码

1.2.3 Dreamweaver的三种工作方式

Dreamweaver里有"代码"、"拆分"和"设计"三种工作方式，如图1-9所示。

在图1-8中，我们能看到"代码"模式的编辑界面，其中，只能通过下方的代码区域，进行针对HTML代码网页的设计。但是，这种模式无法在Dreamweaver界面里看到当前设计的网页的效果，需要在运行页面之后，才可以看到页面效果有没有达到设计的要求。

而在"设计"模式的编辑界面里，可以通过"所见即所得"的方式开发HTML页面。

在这种方式下，我们所做的一切设计，都可以很直观地看到效果，这样就能很方便地对网页进行调整。但是这种开发方式只适合做页面设计，如果我们要在开发HTML页面时加入和HTML无关的代码，就不大方便了。

图1-10里给出了以"设计"模式编辑页面的效果，从中可以看到这种"所见即所得"的开发方式。

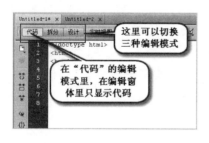

图1-9 Dreamweaver里的三种编辑模式

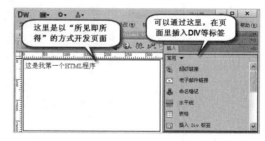

图1-10 以"设计"的编辑模式开发页面的示意图

在一般的网页开发过程中，我们大多是采用"拆分"的模式，如图1-11所示。

图1-11 以"拆分"的编辑模式开发页面的示意图

因为在这种模式中，可以通过上方的"代码编辑"窗体来设计代码部分，而设计好的效果，能够即时地在下方的"界面"编辑窗体里显示出来，这样就没有了以上两种模式的缺点，同时还集中了它们的优点，使开发更加方便、快捷。

1.2.4 通过Dreamweaver在HTML页面里开发DIV

在上文里，已经说明了在Dreamweaver里新建HTML程序的方法，本小节将讲述一下如何在HTML页面里引入DIV。

在如图1-12所示的界面中，可以通过Dreamweaver的"插入"|"布局对象"|"Div标签"菜单命令，在HTML程序的指定位置插入DIV分区对象。

图1-12 插入DIV标签的示意图

如上图所示的操作，这时就会弹出一个对话框，如下图1-13所示：

其中，"插入"后面的下拉框里是这个DIV标签的位置，默认为"在插入点"，也就是在当前的光标处，还有两个选项，一个是"在开始标签之后"，就是在"<body>"的后面插入DIV标签；还有一个就是"在结束标签之前"，就是在"</body>"的前面插入DIV标签。

图1-13 "插入Div标签"对话框

在"类"的后面的下拉框里是这个DIV标签所引用样式的类选择器的名称，默认为空。如果有样式的话，可以在这里手动的添加选择器的名称，就可以引用到该样式了。

在"ID"的后面的下拉框里是这个DIV标签所引用样式的ID选择器的名称，默认为空。如果有样式的话，可以在这里手动地添加选择器的名称就可以引用到该样式了。

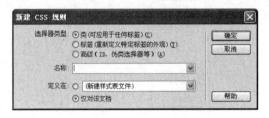

图1-14 新建CSS规则对话框

还有一个就是"新建CSS样式"的按钮了，这个按钮是表示在页面里自动添加CSS样式的代码，单击这个接钮后会弹出一个对话框，如图1-14所示。

这个对话框主要是针对新建的CSS样式所需要的一些设置，其中上面的"选择器类型"后面的选项就是指CSS样式的选择器是什么选择器，这里列出了类选择器、标签选择器以及ID选择器。

"名称"后面的下拉框为这个样式的名称，比如我们选择了类选择器的类型，这里输入了"class1"，那就在页面里就会自动地生成一个名字为"class1"的类选择器的样式，只不过这个样式里没有任何样式设置，需要我们自己来设置，

下面的"定义在："一共有两个选项，第一个选项所表示的就是在外部创建样式表，即CSS文件，如果选择此项，单击"确定"按钮后会弹出保存位置及文件名的对话框，我们只要自己定义好文件名称及保存位置就可以了，这里要注意一下，CSS样式表的文件名的后缀名为".css"；第二个选项表示的是在HTML页面内部引用CSS样式，也就是在"<head>"标签内部使用"<style type="text/css"></style>"来引用CSS样式。

这几项都设置好了以后，单击"确定"按钮，就会在HTML页面里插入我们所需要插入的DIV标签了。

插入后，在HTML程序里看到对应的代码，这里所示例的代码是没有引用CSS样式，代码如下所示：

```
1.  <!doctype html >
2.  <html >
3.   <head>
4.    <meta charset=gb2312" >
5.    <title>我的第一个页面</title>
6.  </head>
7.  <body>
8.    <div>此处显示新 Div 标签的内容</div>
9.  </body>
10. </html>
```

在上述代码的第8行里，可以看到新加入的DIV标签代码。

如果要在这个网页的其他位置里插入其他DIV分区代码，就可以按类似的方法操作。

1.2.5 通过Dreamweaver开发CSS程序

CSS能设置DIV的样式，在Dreamweaver中，可以通过选中"文件"|"新建"菜单，弹出一个"新建文档"的对话框，在其中我们可以选中"示例中的页"面板下"示例文件夹"里

的"CSS样式表"，并对应地选中中间部分"CSS样式表"里的对应样式，从而新建一个CSS程序，而在这个对话框的右边，通过"预览"窗口，可以直观地查看新建的CSS的效果。

开发CSS程序的对话框如图1-15所示。

图1-15 创建CSS文件的窗口

单击"创建"按钮后，就会自动地创建一个CSS样式表，这个样式表的名称自动生成，如果之前建立了一个文件了，那么这个CSS样式表的文件名称则默认为"Untlted-2"，同时在样式表内部自动生成与预览相同效果的样式。例如我们在"CSS样式表"里选择了第一项，其实第一项也是默认被选中的。那么就会在CSS页面里自动生成以下代码，这里的CSS代码是用来定义字体样式的。

```
1. @charset "utf-8";
2. body {
3.      font-family: Arial, Helvetica, sans-serif;
4. }
5. td {
6.      font-family: Arial, Helvetica, sans-serif;
7. }
8. th {
9.      font-family: Arial, Helvetica, sans-serif;
10. }
```

不过由于Dreamweave里自带的CSS样式表代码比较少，而且一般也不会达到我们所想要的效果，所以我们一般不会用Dreamweaver自带的样式，而是创建CSS后，手动改写CSS代码。一般在上述对话框里，直接单击"创建"按钮，在自动生成的CSS代码里，将原来的样式设置手动地删除掉，然后再根据自己的要求，来编写CSS样式。

1.2.6 在DIV里引入CSS效果

上一小节讲述了在Dreamweaver里开发DIV和CSS的方法，本小节我们讲一下如何在DIV里引入CSS。

第一步，按照第1.2.5小节的做法，通过Dreamweaver开发工具创建一个CSS样式表文件，样式表的名称我们暂时定义"bk1.css"，并按如下的样式输入CSS部分的代码。

```
1.  @charset "utf-8";
2.  body{
3.      background-image:url(moon3.jpg);
4.  }
5.  div{
6.      text-align:center
7.  }
8.  p:first-child:first-line{
9.    font-size:18px;
10.   color:red;
11. }
12. p:first-child:first-letter{
13.   font-size:24px;
14.       color:orange;
15. }
16. div:before{
17.       content:"静 夜 思";
18.       color:green;
19. }
20. div:after{
21.       content:"     作 者:(李 白)";
22.       margin-left:40px;
23. }
```

这里，暂时不讲解CSS的语法，在后面的章节里我们会讲到这部分的知识。由于这里我们是讲述如何在Dreamweaver里综合开发DIV和CSS的方法，所以先简单说明一下它的作用：这段代码里通过CSS样式文件bk1.css设置HTML文件中DIV标签中文字的样式。

第二步，对1.2.4小节中编写好的HTML程序进行修改，定义DIV标签，代码如下所示：

```
1.  <!DOCTYPE html>
2.    <head>
3.      <meta charset="gbk">
4.      <title>古诗一首</title>
5.      <link  href="bk.css" rel="stylesheet">
6.    </head>
7.  <body>
8.    <div>
9.      <p>床 前 明 月 光，</p>
10.     <p>疑 是 地 上 霜。</p>
11.     <p>举 头 望 明 月，</p>
12.     <p>低 头 思 故 乡。</p>
13.   </div>
14. </body>
15. </html>
```

在上面的代码中，第5行使用"link"标签来引用外部的CSS，这部分的知识在后面的章节里会详细讲解。在代码的第8行到第13行里就是"<div>"的标签。

至此，我们就已经成功地在Dreamweaver里综合应用到了DIV和CSS的知识点，最后来看一下运行的效果，如图1-16所示。

图1-16 在DIV里引入CSS的效果图

 一个简单的网页需要包含什么

在上一节里，我们从概要的角度讲述了"网站需要什么"这个问题，网站是由网页构成的，本节将讲述一下"网页构成"的问题。

任何一个网页包含在<html>和</html>这对标签内，下面讲述的标签都包含在<html>标签对内，这里我们就不再讲述标签HTML对了。

1.3.1 head部分

<head></head>是HTML文档的头部标签，在浏览器窗口中，头部信息不显示在正文中，在此标签对中可以插入其他标签，用以说明文件的标题和整个文件的一些公用属性。若不需头部信息则可省略此标签。

<head>标签对主要用于：

- 可以通过使用<title>来指定网页的标题。<title>和</title>是嵌套在<head>头部标签中的，标签之间的文本是文档标题，它被显示在浏览器窗口的标题栏。
- 可以使用<style>标签来定义页面中的CSS样式表。
- 可以使用<script>标签来定义在页面中用到的脚本文件。

1.3.2 body部分

body也叫页面的正文标签，其中，页面中所有的文字、图像、动画、超链接以及其他

HTML相关的内容都是定义在body标签对里。

html、head和body可以构成一个基本的页面，下面就来看一下这种基本页面的范例。

范例1-1：【光盘位置】\sample\chap01\index.html

图1-17　最基本程序的示意图

这个范例实现一个具有最简单效果的页面，如图1-17所示，其中，通过定义head，在网页左上方显示"我的第一个页面"的文字，而且，需要在网页的正文部分，添加"这是我第一个HTML程序"的内容。

这部分的代码如下所示，其中，在第2~4行，使用head里的title定义了页头。第6行在body标签里定义了文字。

```
1.  <html>
2.   <head>
3.    <title>我的第一个页面</title>
4.   </head>
5.   <body>
6.     这是我第一个HTML程序
7.   </body>
8.  </html>
```

这里我们给出的是一个简单的、没有任何装饰的HTML页面，它就好像一间毛坯房间。在本书的后面部分，我们将通过HTML标签、DIV和CSS，设计出各种装饰风格的精美的房间。

1.3.3　编写注释

在HTML文本里编写注释，这是一个非常好的习惯。通过注释，一个团队的程序员能相互交流，并正确地了解当时编写代码的动机，这对日后扩展代码是非常有好处的。

在HTML语言中，注释由开始标签"<!—"和结束标签"-->"组成，这两个标签之间的文字被浏览器解释为注释，而不在浏览器窗口中显示。其书写方式如：<!—这是我的注释-->，其中的"这是我的注释"几个字就不会显示在网页中了，它的作用主要是用来说明网页设计过程中一些代码的作用。

而在网页中，注释可以有若干条，这里可以编写一段注释放到上面范例中去，从而让代码具有比较高的可读性，代码如下所示。

```
1.  <html>
2.   <head>
3.    <title>我的第一个页面</title><!—这是我的标题-->
4.   </head>
5.   <body>
6.     <!—这是我的页面正文-->
7.     这是我第一个HTML程序
8.   </body>
9.  </html>
```

其中，在第3和第6行，添加了两行针对代码的注释说明，下面我们来看一下效果，如图1-18所示。

大家可以看出，加注释的地方的文字都没有显示出来，这样做的作用主要是便于后面的网站改版或更新。

图1-18　第一个html程序的效果图

 开发一个网站的总体流程

开发一个网站有一套比较科学的流程，本节主要讲述这个流程，当然这个流程不是固定的，每个公司每个人都可以按各自的情况做一下变通。

1.4.1　美工先用Photoshop给出效果

一个网站里包含着诸多的页面，所以在用HTML语言开发网站之前，需要请美工用Photoshop设计出每个网页的效果，一般出样的文件格式是PSD。

这个PSD文件可以理解成网站的草稿，如果是开发商业网站，开发者就需要拿着这批网站的草稿和网站的需求方沟通，最后确定出网站的最终效果。

如图1-19所示，我们给出一个出样的效果图，这是用Photoshop设计的，这个效果图明确了网页里各要素的分布位置。在这个基础上，比如客户方需要把右边的"媒介关注"部分迁移到左边，那么美工就能在这个PSD上做适当修改，然后再与客户沟通。

图1-19　用PSD出样的效果图

1.4.2 通过切图，得到素材

当需求方同意开发者所提供的开发草案后，美工就可以用Photoshop，把页面上的一些图片切下来保存为jpg或gif格式的文件，把它们作为网站开发的素材。

比如在上一小节给出的PSD出样文件里，可以得到如图1-20所示的一些素材。

图1-20　从PSD里获取素材的示意图

1.4.3 搭建DIV

开发网站是从搭建DIV开始的，就好比我们要精装修一幢大楼，需要先划分好其中的区域。搭建DIV的方法是，在html里的body部分，先用一些空白的DIV，说明某个位置应该放某个特定的模块，比如在图1-20中，我们通过PSD得到了网站的效果，接下来可以在HTML页面中，用DIV搭建起其中的"传媒资讯分类"和"传媒要闻"等模块，接下来只要向DIV块里面添加相应的内容就可以实现效果了。这里的DIV块最好都给它的ID属性或是class属性赋一个值，以方便后面在代码中调用。

如图1-21所示，图中每一个黑色的方框都是一个DIV块，为了方便布局，还可以在DIV块内多分出一些小的DIV块，这样整个页面的布局将会更加清晰、明了。

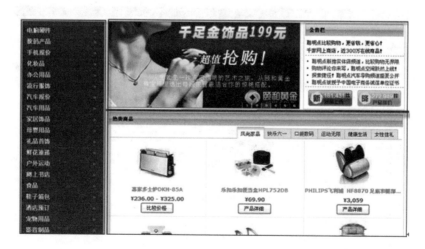

图1-21　DIV效果演示图

1.4.4 搭建CSS和JS效果

用DIV搭建好网页的基本框架后，就能在网页中通过HTML标签来定义页面中的效果。在搭建的过程中，需要用CSS来定义样式，用JavaScript来定义动态的效果。

CSS主要用于定义网页中的各部分及元素的样式，比如图片的大小、位置、边框的样式等等。

而JavaScript主要定义网页动态效果，通过JavaScript的设置，会使网页变得更灵活、亲切，能够吸引更多的眼球。

其中，CSS样式是本书的重点，我们将在后面的章节中详细说明它的具体用法；JavaScript知识点虽然实用，但是不作为本书的重点内容，在本书中，我们将不做过多的讲述，如果有兴趣的话，可以参考一些专门介绍JavaScript方面的书籍来学习。

1.4.5 测试网页

开发好一个网站后，一般需要通过测试，来保证网站能被正常浏览和使用。测试结果没有任何问题之后，就可以将网站发布。下面列出了主要的测试内容。

（1）文字、图片是否有错误

这部分主要测试网页里的文字是否有错别字，图片是否有错位的现象。

（2）网站的链接是否有错误

一般的网站上都会有很多的超链接，这部分主要测试的是各个超链接是否都会正确链接到我们所要求的页面上，如果有错误需要进行调整，直到达到要求为止。

（3）测试浏览器的兼容性

这部分主要测试网页是否可以在任何类别的浏览器上正常显示。比如网页能否同时在IE和FireFox等浏览器上正常显示，因为每一种浏览器都会存在差异，有时网页在这个浏览器上显示正常，在另一类浏览器上就会显示错位，这些都是这部分测试的重点。

（4）测试大数据量情况下的网页运行情况

在开发的过程中，一般情况下是3~10人同时访问某个网页，但在网站运营的过程中，需要考虑到30人甚至更多人同时访问网页的情况。

所以当网站开发完成后，一般需要放到服务器上进行测试，如果存在大访问量而导致网站崩溃的情况，需要及时修改，这个大多数是程序员（而不是美工）的任务。

 # 1.5 网站的建设标准和布局方式

在这里我们有必要提一下网站的建设标准，虽然对初学者来说，这个用处不大，但"建设标准"这个知识点对于资深的网站开发者来说，具有相当大的引导作用。

此外，互联网上有很多网站，但它们的布局方式却是有限的，即使有些网站外观非常精美，但也是由这些布局变化而成，本节也将分析网页的基本布局方式。

1.5.1 网站的建设标准

网站建设标准不是某一个标准，而是一系列标准的集合。网页主要由三部分组成：结构（Structure）、表现（Presentation）和行为（Behavior）。对应的标准也分三方面：结构化标准语言主要包括XHTML和XML；表现标准语言主要包括CSS；行为标准主要包括对象模型，如W3C DOM、ECMAScript等。这些标准大部分由W3C起草和发布，也有一些是其他标准组织制定的标准，比如ECMA（European Computer Manufacturers Association）的ECMAScript标准。下面简单说明一下这些标准。

1. 结构标准语言

（1）XML：XML是The Extensible Markup Language（可扩展标识语言）的简写，目前最新版本是XML 2.0。和HTML一样，XML同样来源于SGML，但XML是一种能定义其他语言的语言。XML最初设计的目的是弥补HTML的不足，以强大的扩展性满足网络信息发布的需要，后来逐渐用于网络数据的转换和描述。关于XML的好处和技术规范细节这里就不多说了，网上有很多资料，也有很多书籍可以参考。

（2）XHTML：XHTML是The Extensible HyperText Markup Language（可扩展标识语言）的缩写。目前最新的版本是XHTML 2.0。XML虽然数据转换能力强大，完全可以替代HTML，但面对成千上万已有的站点，直接采用XML还为时过早。因此，我们在HTML 4.0的基础上，用XML的规则对其进行扩展，得到了XHTML。简单地说，建立XHTML的目的就是实现HTML向XML的过渡。

2. 表现标准语言

CSS是Cascading Style Sheets（层叠样式表）的缩写。目前的最新版本是CSS 3。W3C创建CSS标准的目的是以CSS取代HTML表格式布局、帧和其他表现的语言。纯CSS布局与结构式XHTML相结合能帮助设计师分离外观与结构，使站点的访问及维护更加容易。

3. 行为标准

（1）DOM：DOM是Document Object Model（文档对象模型）的缩写。根据W3C DOM规范，DOM是一种与浏览器、平台、语言的接口，使你可以访问页面其他的标准组件。简单理解，DOM解决了Netscaped的Javascript和Microsoft的Jscript之间的冲突，给予Web设计师和开发者一个标准的方法，来访问他们站点中的数据、脚本和表现层对象。

（2）ECMAScript：ECMAScript是ECMA（European Computer Manufacturers Association）制定的标准脚本语言（JAVAScript）。

1.5.2 页面布局

网页布局大致可分为国字型、拐角型、标题正文型、左右框架型、封面型、Flash型、变化型等结构，下面分别论述。

1. 国字型

国字型也可以称为同字型，是一些大型网站所喜欢的类型，即最上面是网站的标题以及横幅广告条，接下来就是网站的主要内容，左右分列两小条内容，中间是主要部分，与左右一起罗列到底，最下面是网站的一些基本信息、联系方式、版权声明等内容。这种结构是网上最常见的一种类型，图1-22演示了国字型的样式。

图1-22 国字型样式的演示图

2. 拐角型

这种结构与上一种其实是很相近的，只是形式上有区别，上面是标题及广告横幅，接下来的左侧是一窄列链接等，右列是很宽的正文，下面也是一些网站的辅助信息。在这种类型的结构中，一种很常见的类型是最上面是标题及广告，左侧是导航链接，拐角型的网站如图1-23所示。

图1-23 拐角型网站

3. 标题正文型

这种类型的页面最上面是标题或类似的一些东西，下面是正文，比如一些文章页面或注册页面等就是这种类型，图1-24演示了一种标题正文型网页的效果。

图1-24　标题正文型网页的效果

4. 左右框架型

这是一种左右分隔的网页框架结构，一般左面是导航链接，有时最上面会有一个小的标题或标志，右面是正文。我们见到的大部分的大型论坛都是这种结构，有一些企业网站也喜欢采用。这种类型结构非常清晰，一目了然，这种框架的网页例子如图1-25所示。

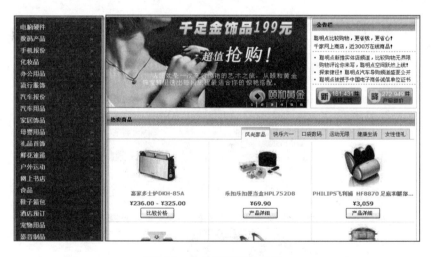

图1-25　左右框架型的效果

5. 封面型

这种类型基本上是出现在一些网站的首页，大部分为一些精美的平面设计结合一些小的动画，放上几个简单的链接或者仅是一个"进入"的链接甚至直接在首页的图片上做链接而没有任何提示。这种类型大部分出现在企业网站和个人主页，如果处理得好的话，会给人带来赏心悦目的感觉，图1-26演示了封面型网页的效果。

图1-26　封面型框架的效果

6. Flash型

Flash型与封面型结构是类似的，只是这种类型采用了目前非常流行的Flash，与封面型不同的是，由于Flash强大的功能，页面所表达的信息更丰富，而且页面所表现出来的都是动态效果，其视觉效果及听觉效果如果处理得当，绝不差于传统的多媒体表现形式。这种样式的网页如图1-27所示。

图1-27　Flash网页的效果

7. 变化型

变化型是上面几种类型的结合与变化，如图1-28所示。这个网页在视觉上是很接近拐角型的，但所实现的功能的实质是那种上、左、中、右结构的综合框架型。

设计者如何选择适合自己网站风格的布局方式呢？这是初学者可能会问的问题。

这要具体情况具体分析，比如如果内容非常多，就要考虑用国字型或拐角型；而如果内容不算太多而一些说明性的东西比较多，则可以考虑标题正文型。这几种框架结构的一个共同特点就是浏览方便、速度快，但结构变化不灵活。

而如果是一个企业网站想展示一下企业形象或个人主页想展示个人风采，封面型是首选；Flash型更灵活一些，好的Flash大大丰富了网页，但是它不能表达过多的文字信息。

图1-28　变化型网页的效果

1.6　上机题

（1）在机器上下载并安装Dreamweaver环境，版本不限，不过最好采用中文版，安装之后，需要保证软件可用。

（2）用Dreamweaver开发一个名为myFirst.html的HTML程序，要求如下：

　　①包含基本的html、head和body等要素。

　　②在body里，编写Hello World文字。

　　③创建名为myCss.css的CSS文件，里面可以为空，但同时需要在myFirst.html里引入这个CSS程序。

（3）在设计网页的过程中，素材极为重要，美工需要有足够的包含图片、网页样式甚至Flash的素材，才能更高效地设计网站。

在这个上机题里，请积累足够多的各种素材，要求如下：

　　①通过网络（或者是直接通过购买别人的素材库），找到不少于50个的网站模板，要求具有尽可能多的风格。

　　②找到不少于100个小图标，比如实现"确定"按钮的图标等，这些图标在日后开发网页的过程中大有用处。

　　③积累不少于100个的精美网站布局，这将在很大程度上扩展你的网站设计思路。

HTML和XHTML

第2章

HTML和XHTML语言都是搭建网站的基本语言，HTML是超文本标记语言（Hyper Text Markup Language），它能构成网站的页面，它是一种表示Web页面符号的标记性语言。

XHTML是HTML的扩展，表示可扩展的超文本标记语言（Extensible HyperText Markup Langugae），它是一种由XML派生的语言，比HTML更为严谨，它的目的是取代HTML。在本章中，我们将讲述的重点内容如下。

- HTML基础结构
- HTML标签的使用
- HTML转换成XHTML的方法

2.1　HTML基础

HTML主要是运用标签（Tag）使页面文件显示出预期的效果，也就是在文本文件的基础上，加上一系列的"网站要素展示"符号，最后形成后缀名是.htm或者是.html的文件。

2.1.1　HTML概述

HTML的英语意思是Hypertext Marked Language，即超文本标记语言，是一种用来制作超文本文档的简单标记语言。超文本传输协议规定了浏览器在运行HTML文档时所遵循的规则和进行的操作。HTTP协议的制定使浏览器在运行超文本时有了统一的规则和标准，用HTML编写的超文本文档称为HTML文档，它能独立于各种操作系统平台，自1990年以来HTML就一直被用作WWW（是World Wide Web的缩写）的信息表示语言，使用HTML语言描述的文件，需要通过Web浏览器显示出效果。

HTML是建立网页的规范或标准，通过HTML语言，可以把存放在一台电脑中的文本或图片与另一台电脑中的文本或图形方便地联系在一起，形成有机的整体。

一个Web页面就是一个HTML文档，我们只需使用鼠标在某一文档中单击一个图标，马上会打开与此图标相关的页面上去，而这些信息可能是存放在网络的另一台电脑中。

2.1.2 HTML基础结构

在一个HTML文档中，必须要有<html>和</html>这对标签，并且放在最外层，每个文档都以<html>标签开始，以</html>标签结束，表示该文档是HTML文档。这对标签之间还包含<head>和<body>，其中<head>和</head>之间表示文档的头部信息，如文档的标题、样式定义等信息就可以放在<head>部分。<body>部分表示文档的主体，也就是在网页文档中要显示的内容。

在一个HTML文档中，标签必须是成对出现的，否则就会出现错误，而且任何的HTML文档都包含html、head和body这3种标签，这3种标签能构成整个网页的效果。

在图2-1中，能看到一个网页效果，这个网页就是用上面提到的3个标签来实现的。

图2-1　HTML页面效果

```
1.  <html>
2.  <head>
3.   <title>
4.    上海玩客网- 上海最精准，最时尚，最专业的的娱乐门户网站www.52wank.com
5.   </title>
6.  </head>
7.  <body>
8.    HTML的主体部分，省略具体代码
9.  </body>
10. </html>
```

上面的第1行与第10行代码中的<html>和</html>是放在文档的最外层，文档中的所有文本和html标签都包含在其中，它表示该文档是以超文本标识语言（HTML）编写的。事实上，现在常用的Web浏览器都可以自动识别HTML文档，并不要求有<html>标签，也不对该标签进行任何操作，但是为了使HTML文档能够适应不断变化的Web浏览器，还是应该养成不省略这对标签的良好习惯。

代码的第2行与第7行，<head></head>是HTML文档的头部标签，在浏览器窗口中，头部信息是不显示在正文中的，在此标签对中可以插入其他标签，用以说明文件的标题和整个文件的一些公共属性。若不需头部信息则可省略此标签，良好的习惯是不省略。

代码的第3到第5行，<title>和</title>是嵌套在<head>头部标签中的，标签之间的文本是文档标题，它显示在浏览器窗口的标题栏上。

代码的第7行到第9行，<body> </body>标签一般不省略，标签之间的文本是正文部分，一个网页所要显示的内容都是放在这里的，这里也就是我们所要设计页面的主体部分，也是HTML页面的一个重要部分。

上面的这几对标签在文档中都是唯一的，head标签和body标签是嵌套在HTML标签中的。

虽然上面的页面很复杂，但HTML的基本结构很简单，我们可以用"搭积木"的方法，即把标题写到title里，在body里放主题代码，用这种方法来构建各类网页效果。

2.2 HTML标签

标签是HTML语言中最基本的单位。每一个标签是由"<"开始，由">"结束。标签通过指定某块信息为段落或标题等来标识文档某个部件。属性是标签中的参数选项，HTML语言中的标签一般都是成双使用的，它用一个开始的标签和一个结束的标签来标识内容，结束标签是在标签名前加一个反斜杠即"/"，例如，上文里的"<html>"表示标签的开始，"</html>"表示标签的结束。

HTML的标签分单独标签和成对标签两种。成对标签是由首标签<标签名>和尾标签</标签名>组成的，成对标签的作用域只作用于这对标签中的文档。单独标签的格式是<标签名>，单独标签在相应的位置插入元素就可以了，大多数标签都有自己的一些属性，属性要写在首标签内，属性用于进一步改变显示的效果，各属性之间无先后次序，属性是可选的，属性也可以省略而采用默认值。

2.2.1 基本标签

通过学习，我们已经知道HTML文本是由html、head和body三个标签组成，它们属于基本标签，其基本格式如下所示。

```
1.  <html>
2.  <head>
3.  </head>
4.  <body>
5.  </body>
6.  </html>
```

除此之外，HTML还有另外的一些基本标签，下面我们就通过表2-1来学习一下。

表2-1 基本标签的说明表

标签名	用法
<html>标签	<html>标签是放在HTML文档的第一行，用来表示HTML文档已经开始。</html>标签是放在HTML文档的最后一行，用来表示HTML文档结束。两个标签一定要一起使用，而网页中所有其他内容都是要放在<html>和</html>之间的
<head>标签	<head></head>是网页的头标签，是用来定义HTML文件的头部信息的，它也是要成双使用的
<body>标签	在<head>标签之后就是<body></body>标签了，它定义了网页的的主体部分，也是要开始和结束标签一起使用的。<body>与</body>之间定义的是网页的主体内容和其他用于控制文本显示方式的标签
<title>标签	这是放在<head>标签中的，它用来定义浏览器窗口标题栏上的文本信息，它的内容可以是网页标题名或创作信息等网页信息说明
<hr/>标签	<hr/>是水平线标记，它是用来在页面中插入一条水平分隔线，使页面看起更整齐明了
<!---->	注释标签，使用注释标签的目的是为网页代码中不同部分加上说明，方便日后的修改。注释的内容是不会在浏览器上显示出来的。 比如<!—要注释的内容-->

在上述基本标签中，<body>作为网页的主要容器，具有很多属性，通过这些属性，可以用来定义页面的超文本链接颜色、背景图片、文字颜色以及背景颜色等内容。

<body>标签的基本语法如下所示。

```
1    <body style="link:red; alink:green">
```

下面通过表2-2来学习一下<body>各属性的名称及用法。

表2-2 body属性的说明表

标签名	用法
link	设置没有被被访问的超文本链接的颜色，默认为蓝色
alink	设置在被访问时的超文本链接的颜色，默认为蓝色
vlink	设置已经访问过的超文本链接的颜色，默认为蓝色
background	设置网页的背景图像，可以是GIF或JPEG文件的绝对路径或相对路径来定义，bgproperties="fixed"这个属性可以让背景图片固定
bgcolor	设置网页的背景颜色，但是当已经设置了背景图像时，这个属性就会失去作用，除非图像具有透明部分或者图片没有被拉伸

此外，<hr/>水平线的样式是由标签的参数决定的。它的基本用法与<body>的用法相同，这里就不列出了，它主要的参数如表2-3所示。

表2-3 水平线参数的说明表

标签名	用法
color	设置水平线的颜色，使用什么颜色可以用相应的英文名称或以"#"开始的一个十六进制代码来表示，默认为黑色
width	设置线段的长度，它可以是绝对值，以像素（px）为单位，即这个水平线的长度是固定的，不会随着窗口尺寸的改变而改变。它也可以是相对值，即这个水平线的长度是不固定的，是相对于当前窗口的的宽度，当窗口的宽度改变时，水平线的长度也随之改变，默认值为100%

在基本标签中，html、head和title在上文里已经给出说明，这里我们只给出针对body标签的范例。

范例2-1：【光盘位置】\sample\chap02\基本标签\基本标签.html

在范例2-1中，通过设置body标签的background属性，来定义背景图片的效果，通过link来指定没有被访问过的超链是#0066FF颜色，通过alink指定被访问时的超链是#FF0000颜色，通过vlink来指定被访问过的超链是0099FF颜色。

```
1.  <body background="bg.gif" link="#0066FF" alink="#FF0000" vlink="#0099FF">
```

 第1行中引用的背景图片只能是GIF或JPG这两种文件，否则背景图片将不能显示。

基本标签是用来设置网页上的总体风格，上面代码在background属性里设置的bg.gif图片是绿色带星星点点的，如图2-2所示，包含这张背景图片的页面如图2-3所示。

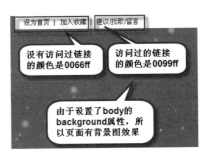

图2-2　bg.gif的样式 　　　　　图2-3　基本标签的应用

由于我们已经访问过上图里"建议/找歌/留言"超链，所以链接的颜色是0099ff，而左边部分的"设为首页"和"加入收藏"两个超链由于没访问过，所以显示0066ff颜色，从中能看出background标签里link和vlink等属性的用法。

2.2.2 格式标签

一个网页就好比是一个房间，网页里的文本、图像、表格等元素就好比是房间里的物品，东西再好，如果排列不整齐，网页照样不会美观，格式标签可以用来设置网页里的"布局排版"的样式。

格式标签放置在<body></body>标签之间，其中可以定义诸如"用段落方式显示"、"用居中方式显示"和"用表格方式显示"等样式，其语法如下所示。

```
1.  <body>
2.  <p>这是段落格式</p>
3.  <center>我将显示在页面的中间</center>
4.  </body>
```

在下面的表2-4里，列出了重要的格式标签的用法。

表2-4 格式标签的说明表

标签名	用法
<p></p>标签	这个标签是用来创建一个段落，在此标签对之间的文档将以段落的格式在浏览器上显示出来。这个标签还可以使用align属性，用来设置内容的对齐方式。align属性的值有Left（左对齐）、Center（居中）和Right（右对齐）三种方式
 标签	此标签没有结束标签，这是标签的效果就是网页中的换行
<center></center>标签	这个标签是使文本或图片居中显示
<marquee></marquee>标签	这个标签的效果是将这个标签中的文本或图片移动显示。这个标签中的一个属性是direction，它是用于指定移动的方向
<dl></dl><dt></dt><dd></dd>标签	<dl></dl>标签是创建一个普通的列表，<dt></dt>标签则是创建列表中的上层项目，而<dd></dd>标签则是创建列表中的下层项目。其中，<dt></dt>标签和<dd></dd>标签一定要放在<dl></dl>标签中才能使用
<ol></ol><ul></ul><li></li>标签	<ol></ol>标签是创建一个前面标有数字的列表，<ul></ul>标签对是创建一个前面标有圆点的列表，<li></li>标签是用来创建列表项的，它只能放在<ol></ol>标签或<ul></ul>标签中使用

接下来看一个使用格式标签的范例，以使我们能够更好地理解格式标签的使用方法。

范例2-2：【光盘位置】\sample\chap02\格式标签\格式标签.html

范例2-2将通过格式标签定义一个音乐网站里的歌曲试听列表，效果如图2-4所示。

图中有四个歌曲，使用ul和li列表的形式定义，代码如下所示。

> ▶ 《太阳：巡回演唱会》 试听
> ▶ 无论如何都爱你   试听
> ▶ 舞者为王REMIX混音极 试听
> ▶ 电影原声 - 叶问 2   试听

图2-4 格式标签的效果图

```
1.  <center>
2.   <ul>
3.    <li><p><a href="#" target=_blank>试听</a></p>
4.     <a href="#" target=_blank>《太阳：巡回演唱会》</a>
5.    </li>
6.    <li><p><a href="#" target=_blank>试听</a></p>
7.     <a href="#" target=_blank>无论如何都爱你</a>
8.    </li>
9.    <li><p><a href="#" target=_blank>试听</a></p>
10.    <a href="#" target=_blank>舞者为王REMIX混音极选</a>
11.   </li>
12.   <li><p><a href="#" target=_blank>试听</a></p>
13.    <a href="#" target=_blank>电影原声 - 叶问 2</a>
14.   </li>
15.  </ul>
16. </center>
```

代码中每个li表示一行，比如从第3到第5行，定义了第一行"《太阳：巡回演唱会"的菜单，这些li放在一个ul里的，而且，歌曲前有一个"三角"效果，这是用ul和li定义的效果。

这里请注意，"《太阳：巡回演唱会》"这部分内容使用段落（也就是<p>）的方式实现的，这样做的好处是，四行的文字都能很整齐地显示。

 注意 ul和li标签定义列表时，默认是带圆点效果，这里是"三角"效果，这是因为在CSS文件定义成了这种样式，定义的方法我们在后文会详细说明。

"《太阳：巡回演唱会》"和"试听"文字是居中显示的，这是因为在第1和第16行定义了center这个标签对的原因。

2.2.3　文本标签

文本标签用来设置网页中的文字效果，比如设置文字的大小等显示方法。文本标签的主体写在<body>标签内部，它的语法如下所示。

```
1. <body>
2. <h1>我以标题1的形式显示</h1>
3. <b>我以粗体形式显示</b>
4. </body>
```

下面我们通过表2-5来说明一下比较重要的文本标签的用法。

<center>表2-5　文本标签的说明表</center>

标签名	用法
<h1></h1>…<h6></h6>标签	这6个标签将文本作为标题来显示的。<h1></h1>是显示字号最大的标题，而<h6></h6>标签则是显示字号最小的标题
<b></b>标签	将文本以粗体字体显示
<i></i>标签	将文本以斜体字体的形式显示
<em></em>标签	这个标签对用来显示需要强调的文本
<strong></strong>标签	该标签用来显示加重文本，即粗体的另一种方式
<font></font>标签	这个标签是用来设置文本的字体、字号和颜色，分别用三个属性face、size和color来控制。face属性是设置文本的字体，size属性设置文本的字号即字体的大小，color属性则是设置字体的颜色

文本标签在页面中，虽然不起眼，但应用还是比较广的，它们主要是将一些比较重要的文本内容用醒目的方式显示出来，这样就会吸引我们的目光，让我们特别注意这一部分的内容，下面通过一个案例来说明一下文本标签的用法。

范例2-3：【光盘位置】\sample\chap02\文本标签\ benefits.html

这里要实现一个教学网站里的部分内容，如图2-5所示的效果。

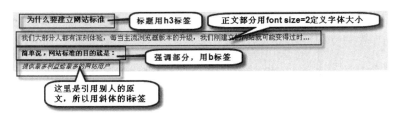

<center>图2-5　文本标签的使用</center>

实现代码如下所示。

```
1.    <h3>为什么要建立网站标准</h3>
2.    <p><font size="2">我们大部分人都有深刻体验，每当主流浏览器版本的升级，我们刚建立
      的网站就可能变得过时...</font></p>
3.    <p><b>简单说，网站标准的目的就是：</b></p>
4.    <i>提供最多利益给最多的网站用户</i>
```

在第1行代码里，为了让标题醒目，将其设置为标题样式，这里使用了h3标签，将其设置为标题3的样式；在第2行里，由于是正文，所以我们用传统的font size=2来定义字体大小；在第3行里，为了突出强调部分的文字，所以用b标签，将文字加粗显示；在第4行里，由于引用了别人的原文，所以这里使用了i标签，将文字用斜体显示。

需要说明的是，<strong>是粗体的另外一种形式，所以在页面上需要突出的重点内容，比如第3行的文本部分也可以用<strong>来实现，两者的外观很相似。

2.2.4 超链标签

超链是网页中比较醒目的一段文本或者一个图标，其外观形式为彩色（默认为蓝色）且带下划线，只要使用鼠标单击超链，浏览器就会打开超链接中的网页。

<a></a>是超链标签，它是用于在当前页面和其他页面之间建立超链。它的基本语法如下所示。

```
<a href="www.baidu.com">我将链接到百度首页</a>
```

超链一般是放在文本和图像上的，通过单击文本或图像，可以从当前页转到目标页面，这个目标页面由惟一的资源地址（URL）定义，此标签的主要属性如表2-6所示。

表2-6　超链标签的说明表

属性名	用法
href	属性一定要有，设置目标页面的地址，它的值为URL。如果不想链接到任何位置则是空链接，用"#"代替URL
target	设置链接被单击后打开窗口的方式，共有四和可选值：-blank、-parent、-self和-top。"_blank"指定的链接将会在的新浏览器窗口打开；"_parent"指定的将链接将会加载到父框架页或窗口中，如果包含链接的框架没有嵌套，链接加载到整个浏览器窗口中；用"_self"指定的链接在当前页面打开，这是默认值；用"_top"指定的链接将会加载到整个浏览器窗口中，并删除所有的框架
name	创建一个命名的锚。当使用命名锚以后，会让链接直接跳转到一个页面的某一章节，而不需要用户打开那个页面

下面给出一个超链标签的示例，其中用"href"来实现"地址跳转"和"发送邮件"的功能，用"target"来定义网页打开方式。

范例2-4：【光盘位置】\sample\chap02\超链标签\index.htm

范例2-4是一个公司网站的"友情链接"部分，单击其中的"淘宝网"超链，能链接到

http://www.taobao.com页面，单击第二行的"当当网"超链，能链接到http://www.dangdang.com
页面，单击到第三行的"卓越网"，能链接到http://www.amazon.cn页面。效果如图2-6所示。

图2-6　超链标签的使用

下面我们来看一下其中的代码。

```
1.  <ul>
2.   <li class="hovertab1">购物网</li>
3.  </ul>
4.  <!--以上显示"购物网"文字，下面是超链部分代码-->
5.  <a href="http://www.taobao.com" target = "_blank" >淘宝网--淘到你所喜欢的</a>
6.  <a href="http://www.dangdang.com" target = "_blank">当当网--网上购物中心</a>
7.  <a href="http://www.amazon.cn" target = "_blank">卓越网--天天低价，正品保证</a>
```

其中，前4行代码展示了友情链接部分的抬头文字"购物网"，在第5到第8行里，使用
三个a标签定义了3个导航效果。

我们以第5行的代码为例，它在href属性里定义了链接的目标地址，因为我们想在新窗体
里打开链接，所以需要把target属性设置成_blank，在<a>和</a>之间定义超链部分的显示文
字，这里是"淘宝网--淘到你所喜欢的"。

在上述代码的第6、第7行里，仿照第5行的样子，定义了剩下的两个超链，这部分代码
就不再重复讲述。

在使用超链标签时，要注意打开地址的方式，比如"在新页面打开"和"在本页面打开"在
不同的需求下会有不同的要求。而且，在指定超链目标地址的时候，如果是链接到外部网
站，需要加上http://前缀，如上述代码所示，否则的话，就会出现错误。

2.2.5　图像标签

图像是网页制作的不可或缺的一个元素，在HTML语言里，提供了一个专门用来处理图
像的<img>标签。

在<img>图像标签里，src属性是不可缺少的，用来设置图片的路径，设置路径后，在
img标签所放置的位置上，就能显示出由该路径所指定的图片，其基本语法如下所示。

```
1.   <img src="images/001.jpg"/>
```

除了src属性外，<img>标签还有其他的一些属性，如表2-7所示。

表2-7 图像标签的说明表

属性名	用法
alt	指定当鼠标在图片停留时，图片将会上显示的提示性的文本
align	指定图片和它周围文本的对齐方式，设置值分别可以是top、bottom、left和right等
border	指定图片的边框的宽度，其值是大于或等于0的整数，它以像素（px）为单位
width	是指定图片在浏览器中显示的宽度
height	是指定图片在浏览器中显示的高度

接下来看一个范例。

范例2-5：【光盘位置】\sample\chap02\图像标签\图片标签.html

范例2-5实现一个"MP3下载网站"里的"歌曲列表"效果，其中使用图像标签（img标签）定义歌手头像，效果如图2-7所示。

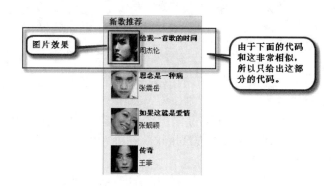

图2-7 图像标签

下面只给出上图所示效果的代码，如下所示。

```
1.          <a href="#">
2.     <img src="images/zhou1.jpg" alt="欢迎下载" border=0/>
3.     <h4>给我一首歌的时间</h4><span>周杰伦</span>
4.     </a>
```

上面代码的第2行通过img标签定义图片效果，而含有周杰伦头像的图片，放在images目录下，用"zhou1.jpg"命名。由于设置了img的border属性为0，所以，图片没有外边框。由于在第2行里，设置了alt属性为"欢迎下载"，所以当鼠标停留到周杰伦的头像图片上时，会出现"欢迎下载"的文字。

 在使用图片标签时，请尽量使用图片的原大小，否则图片会失真。

2.2.6 表格标签

在HTML中表格标签一直是开发人员常用的标签，尤其是在CSS样式表和DIV布局流行以前，表格基本上成为了人们设计网页布局的主要手法。

我们可以将图片、文字等元素放入table中，用表格进行布局是比较方便的，下面看一下表格标签的语法。

```
1.      <table>
2.   <tr>
3.     <td>这是一行一例的表格</td>
4.   </tr>
5.  </table>
```

表格的一些基本属性如表2-8所示。

表2-8　表格标签的说明表

标签名	用法
<table>	表格标签内部必须由tr行标签和td单元格标签组成
<caption>	caption用来作为表格的标题，默认是有黑体居中效果
<border>	设置边框宽度，边框值必须大于1像素才有效
< Bgcolor>	设置表格的背景颜色，默认为蓝色
<align>	设置居中样式，默认为左居中
< cellpadding >	设置单元格边框与其内部内容之间的间隔大小
< cellspacing >	设置单元格之间的间隔大小
<width>	设置表格的宽度
<height>	设置表格的高度

范例2-6：【光盘位置】\sample\chap02\表格标签\table.html

在范例2-6中，使用表格的形式实现一个音乐网站里的"歌手列表"，效果如图2-8所示。 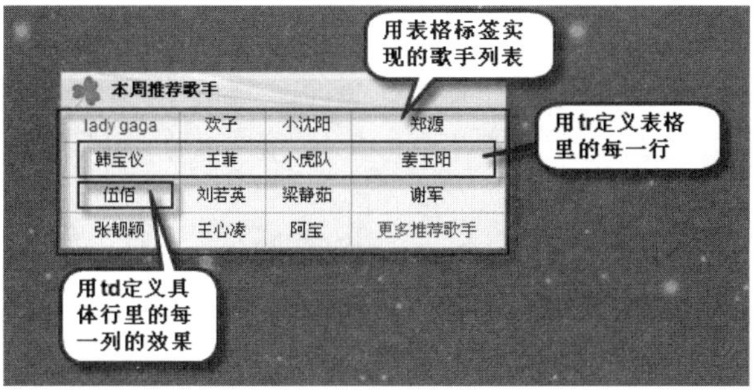

图2-8　表格标签效果

整个table代码如下所示，在代码的第1行里，使用border定义了表格的边框宽度，用cellSpacing属性，设置单元格之间的间隔大小为0，比如"韩宝仪"和"王菲"这两个单元格之间没间距；使用cellPadding属性设置单元格边框与其内部内容之间的间隔大小也为0，比如在"韩宝仪"表格里，内部文字和表格边框之间的间距是0。

从第3行到第9行，使用<tr>的形式定义了如图2-8所示的第二行的效果，这个表格有4行，所以以有4个tr标签对。

图2-8的第3行，其中有4列，每列都是用<td>标签定义的，所以有4个td列，在第17行的td列里，放置了"伍佰"这个歌手信息。

```
1.   <TABLE class=a_l cellSpacing=0 cellPadding=0 border=1 >
2.        <TBODY>
3.              <TR>
4.                    <TD><A href="#"><FONT color=blue>lady
5.                     gaga</FONT></A></TD>
6.                    <TD><A href="#">欢子</A></TD>
7.                    <TD><A href="#">小沈阳</A></TD>
8.                    <TD><A href="#">郑源</A></TD>
9.              </TR>
10.             <TR>
11.                   <TD><A href="#">韩宝仪</A></TD>
12.                   <TD><A href="#">王菲</A></TD>
13.                   <TD><A href="#">小虎队</A></TD>
14.                   <TD><A href="#">姜玉阳</A></TD>
15.             </TR>
16.             <TR>
17.                   <TD><A href="#">伍佰</A></TD>
18.                   <TD><A href="#">刘若英</A></TD>
19.                   <TD><A href="#">梁静茹</A></TD>
20.                   <TD><A href="#">谢军</A></TD>
21.             </TR>
22.             <TR>
23.                   <TD><A href="#">张靓颖</A></TD>
24.                   <TD><A href="#">王心凌</A></TD>
25.                   <TD><A href="#">阿宝</A></TD>
26.                   <TD><A href="#"><FONT
27.                    color=red>更多推荐歌手</FONT></A>
28.                   </TD>
29.             </TR>
30.        </TBODY>
31. </TABLE>
```

 在使用表格标签时，在一个"table"中，每个"tr"中的"td"的个数必须是相等的，否则，页面会乱掉。

2.2.7 分区标签

在一间大房间里，可以划分为"多室多厅"，用"分区标签"可以实现这种"划分"的效果。

在HTML文档中常用的分区标签有两个，分别是div标签和span标签。

其中，div称为区域标签（又称容器标签），用来作为多种html标签的组合的容器，对该区域块进行操作和设置，就可以完成对区域块中元素的操作和设置。

div是这本书的重点部分，在后文里会详细说明，通过div，能让网页代码具有很高的可扩展性，div标签的书写语法如下所示。

```
1.   html>
2.   <head>
3.   </head>
```

```
4. <body>
5.  <div>我是第一块</div>
6.  <div>我是第二块</div>
7. </body>
8. </html>
```

 div不能嵌套在p标签对中。在div标签对中可以包含文字、图像、表格等标签，用其属性align来设置其中内容的对齐方式，取值为left、center或right，默认为left。

span用来作为片段文字图片等简短内容的容器标签，其意义有点类似div，但是和div不一样的是，span是文本级元素，默认不会占整行，可以在一行显示多个span。span常在段落、列表条目等项目中使用，该标签不能嵌套在其他的封闭级元素中。

由于span比较简单，所以就不再说明，下面通过一个公司网站的页头，来说明div构建网站模块的方法。

范例2-7：【光盘位置】\sample\chap02\分区标签\index1.html

为什么要用div作为分区标签？我们来看如图2-9所示的一个公司网站的页头部分，从构成上讲，它分为两块，分别是"公司标题"区域和"导航菜单"区域。

图2-9 分区标签显示效果

举例来说，在一室一厅的居室里，房间和厅是用墙分开的，即使在厅里堆放再多的东西也不会侵犯到房间的面积。这里也是，在公司页头部分，如果公司标题区域过大，会显得不美观，所以在设定页头的时候，可以先用div这个"分区"标签，划分出两块的区域，规定好大小，随后再到两个div里分别定义"标题"和"菜单"内容。

下面看一下"公司标题区域"部分的div样式，代码如下所示。

```
1. <div id="logo">
2.   <h1>公司网站</h1>
3.      <h2><a href="#">健康新生活从我们开始</a></h2>
4. </div>
5. <div id="menu">
6.      <ul>
7.          <li class="first"><a href="#" accesskey="1" title="">首页</a></li>
8.          <li><a href="#" accesskey="2" title="">公司简介</a></li>
9.          <li><a href="#" accesskey="3" title="">产品列表</a></li>
10.         <li><a href="#" accesskey="4" title="">关于我们</a></li>
11.         <li><a href="#" accesskey="5" title="">联系我们</a></li>
12.      </ul>
13. </div>
```

在第1行和第4行中使用一对div标签划分好了公司标题区域，然后再在第2行和第3行里定义了在这一块区域里所中显示的内容。

从第5行到第13行，使用DIV定义了右边菜单部分的模块，从中可以看到，DIV本身没有外观效果，只是将页面分出相应的区域，使其内部显示的内容不会影响其他区域的布局。

需要注意，在第1行代码中出现了id = "logo"的代码（第5行也有id = "menu"的代码），说明这个div使用某种CSS来装饰，这里的CSS可以理解成装饰风格，比如公司"办公室"这个DIV里的CSS可以是"严肃"风格，而"休息室"这个DIV的CSS可以是"轻松休闲"的风格。

 一般DIV是和CSS配合使用的，用CSS定义这个DIV块里的效果，这部分内容是本书的重点，请大家在后文里仔细阅读。

2.3　HTML 5简介

HTML 5是用于取代W3C在1999年所制定的HTML 4.01和XHTML 1.0标准的HTML标准版本，现在仍处于发展阶段，但大部分浏览器已经支持某些HTML 5技术。HTML 5有两大特点：首先，强化了Web网页的表现性能；其次，追加了本地数据库等Web应用的功能。

2.3.1　HTML 5的出现

HTML标准自1999年12月发布的HTML 4.01后，后继的HTML 5和其他标准被束之高阁，为了推动Web标准化运动的发展，一些公司联合起来，成立了一个叫做 Web Hypertext Application Technology Working Group（Web 超文本应用技术工作组-WHATWG）的组织。WHATWG致力于Web表单和应用程序，而W3C（World Wide Web Consortium，万维网联盟）专注于XHTML 2.0。在2006年，双方决定进行合作，创建了一个新版本的HTML。

HTML 5草案的前身名为Web Applications 1.0，于2004年WHATWG提出，于2007年被W3C接纳，并成立了新的HTML工作团队。

HTML 5的第一份正式草案已于2008年1月22日公布。HTML 5目前仍处于完善阶段。而且，现今的大部分浏览器已经具备了某些HTML 5支持（如今浏览器的许多新功能都是从HTML 5标准中发展而来的）。因为，无论HTML 5发生了哪些巨大的变化，提供了哪些革命性的特性，如果不能被业界承认并广泛的推广使用，就没有任何的意义了。但现在，HTML 5被正式地、大规模地投入应用的可能性是相当高的。这主要是靠各个浏览器厂商来支持的，他们都在最新版本浏览器中支持HTML 5。

1. Apple

从Apple在2010年6月7日开发者大会上发布的Safari 5起，其浏览器开始正式支持HTML 5的新技术。到如今最新版本的Safari，已经包括了全屏播放、HTML 5视频、HTML 5地理位置、切片元素、HTML 5可拖动元素、表单验证和Web Socket等大部分的HTML技术。Apple官方网址：http：//www.apple.com。

2. Google

早在2010年初，Google的Gems项目经理就宣布将放弃对Gears浏览器插件项目的支持，并开始重点研究HTML 5项目。所以，Google浏览器最新版本对HTML 5的支持程度是极高的。Google官方网址：http：//www.google.com。

3. Microsoft

2010年，Microsoft在MIX l0技术大会上宣布，其推出的Intemet Explorer 9浏览器已经开始支持HTML 5，同时还声称，随后将更多地支持HTML 5的新标准和CSS 3特性。Microsoft官方网址：http：//www. Microsoft.com。

4. Mozila

Mozilta在2010年7月发布了第一款支持HTML 5的Firefox 4浏览器测试版。在该版本的浏览器中就包含了HTML 5语法分析器、在线视频、离线应用和多线程等。目前Firefox的最新版本已经提供了对HTML 5的广泛支持。Mozilta官方网址：http：//www mozilla.org。

5. Opera

2010年Opera软件公司发表了关于HTML 5的看法，称HTML 5和CSS 3将是全球互联网的发展趋势。Opera官方网址：http：//www. opera. com。

综上所述，可以看到目前主流的浏览器都纷纷地投向HTML 5的阵营，并向HTML 5的方向迈进。因此，可以看出HTML 5已经广泛地推行开来，相信HTML 5的未来前景会一片大好。

2.3.2　使用HTML 5的必要性

HTML 5已经成为Web开发的一次重大变革，可以说，它代表着Web技术未来发展的趋势，因此，使用HTML 5有其必然性，它具体表现在以下几个方面。

1. 易用性

CSS 3中提供的新标签和属性可以极大的提高设计网页的效率，可以使以前最耗时的CSS任务不费吹灰之力就能完成。

2. 视频和音频支持

在HTML 5之前，要显示视频或者音频，必须通过Flash或者插件。而在HTML 5中只要通过<video>和<audio>标签就能访问视频或者音频。

例如，在HTML 4中实现播放视频的功能，要使用<embed>和<cobject>标签，并且还要设置一大堆的参数，使得媒体标签将会非常复杂，简直让人眼花缭乱。而HTML 5的视频和音频标签则将它们当作图片"<video src=" " />"来处理，其他参数，如宽度、高度或者自动播放都变成了标签的属性。下面就是一段简单的显示视频的代码：

```
<video poster="firstvideo.jpg" controls>
<source src="firstvideo.m4v"  type="video/mp4" />
<source src="firstvideo.ogg"   type="video/ogg" />
<embed src="/to/my/video/player"></embed>
```

```
video>
```

3. Doctype文档类型

在HTML 5中，省略了复杂的HTML声明，只需要使用doctype就行了。更重要的是，除了简单之外，它可以在各种当前主流的浏览器中工作。

4. 更简洁的代码

如果你是一个对于编写简单、优雅、容易阅读的代码情有独钟的开发者，那么，HTML 5是则是你的最佳选择。它可以让你写出简洁的、描述性的代码，同时，包含了语义的代码可以轻易地将内容与样式分离开来。

5. 更智能的存储

HTML 5最值的称道的是新的本地存储功能，有点像传统的cookie技术和客户端数据库的结合。它比cookie更有优势的地方在于：允许跨多个窗口进行存储，数据在浏览器关闭之后仍然能够被保留，而不用担心cookie被用户删除。

6. 更好的交互

许多用户都喜欢去一些有更多互动效果和动态效果的交互网站，因为他们不想仅仅只是一个网站内容的浏览者，它们更想要的是参与和网站的互动。而通过HTML 5的画图标签，就可以实现大多数的交互操作和动态效果。

7. 游戏开发

采用HTML 5的<canvas>标签可以用来开发强大的，并对移动设备支持的交互游戏。如果你有开发Flash游戏的经验，一定会喜欢上HTML 5的游戏开发过程。

8. 跨浏览器支持

目前主流的浏览器（Chrome、Firefox、Safari、IE 9和Opera）都支持HTML 5，而且HTML 5 doctype可用于所有的浏览器，甚至包括IE 6。不过，老的浏览器可以识别 HTML 5 doctype，并不意味着他们能够处理所有新的HTML 5标签和特性。但值的庆幸的是，针对不支持新标签的老式IE浏览器，只要简单添加Javascript shiv代码，就可以让它们使用HTML 5中的新元素。

9. 移动特性

移动技术正变得越来越流行，这意味着越来越多的用户会使用移动设备来访问网站或者进行Web应用。随着Adobe宣布放弃移动版Flash的开发，人们都将目光转向了HTML 5。这就使得HMML 5有可能成为最适合移动化的开发工具。

2.3.3 HTML 5的新特性

Web 2.0带来的丰富互联网技术让所有人都享受到了技术发展和体验进步的乐趣。作为下一代互联网标准，HTML 5自然也是备受期待和瞩目，技术人员、设计者和互联网爱好者们都在热议HTML 5究竟能带来什么。那么，本节就来看看HTML 5带来了哪些新特性。

1. 新的文档类型（New Doctype）

目前许多网页还在使用XHTML 1.0并且要在第一行中写下如下的声明文档类型：

```
<!DOCTYPE html PUBLIC "-//W3C//DTD XHTML 1.0 Transitional//EN" "http://
www.w3.org/T
R/xhtml1/DTD/xhtml1-transitional.dtd" >
```

在HTML 5中，上面那种声明方式将失效。下面是HTML 5中的简单声明方式：

```
<!DOCTYPE html>
```

这种方法即使浏览器不支持HTML 5，也会按照标准去渲染页面。

2. 脚本和链接无需type

在HTML 4或XHTML中，需要用下面的几行代码来给网页添加CSS的链接link和JavaScript文件。

```
<link rel="stylesheet" href="path/to/stylesheet.css" type="text/css" />
<script type="text/javascript" src="path/to/script.js"></script>
```

而在HTML 5中，不再需要指定类型type属性。因此，可简化代码，如下所示：

```
<link rel="stylesheet" href="path/to/stylesheet.css" />
<script src="path/to/script.js"></script>
```

3. 语义Header和Footer

在HTML4或XHTML中，需要用下面的代码来声明“Header”和“Footer”。

```
<div id="header">
...
</div>
..........
<div id="footer">
...
</div>
```

在HTML 5中，有两个可以替代上述声明的元素，这可使代码更加简洁。

```
<header>
...
</header>
<footer>
...
</footer>
```

4. Hgroup

在HTML5中，有许多新引入的元素，hgroup就是其中之一。假设网站名下面紧跟着一个子标题，可以用<h1>和<h2>标签来分别定义。然而，这种定义没有说明这两者之间的关系。而且，h2标签的使用会带来更多的问题，比如在该页面上还会出现其他的标题。

在HTML5中，可以用hgroup元素来将它们分组，这样就不会影响文件的大纲。

```
<header>
```

```
<hgroup>
     <h1> 召回粉丝页 </h1>
     <h2> 仅对想记忆一生的人们。</h2>
</hgroup>
</header>
```

5. 标记元素（Mark Element）

使用新增的mark元素可以在页面中高亮的显示一段文本，比如下面的示例代码：

```
<h3> Search Results </h3>
```

就在王明说 <mark>"Open your Mind"</mark>之后，他们被打断了。

6. 图形元素（Figure Element）

在HTML 4或XHTML中，下面的这些代码被用来修饰图片的注释。

```
<img src="path/to/image" alt="关于 />
<p>这是一些有趣的图片。 </p>
```

然而，上述代码没有将文字和图片内在联系起来。因此，HTML 5引入了<figure>元素。当和<figcaption>结合起来后，就可以语义化地将注释和相应的图片联系起来。

```
<figure>
<img src="path/to/image" alt="关于图片" />
<figcaption>
     <p>这是一些有趣的图片。</p>
</figcaption>
</figure>
```

7. 占位符（Placeholder）

在HTML 4或XHTML中，需要用JavaScript来给文本框添加占位符。如可以提前设置好一些信息，当用户开始输入时，文本框中的文字就消失。

而在HTML 5中，新的"placeholder"就简化了这个问题。

8. 必要属性（Required Attribute）

HTML 5中的新属性"required"指定了某一输入是否必需。有两种方法声明这一属性。

```
<input type="text" name="someInput" required>
<input type="text" name="someInput" required="required">
```

当文本框被指定为必需时，如果用户输入为空是，表单就不能提交。

9. Autofocus 属性（Autofocus Attribute）

HTML 5的解决方案消除了对JavaScript的需要。如果一个特定的输入应该是"选择"或聚焦，默认情况下，可以利用自动聚焦属性。

```
<input type="text" name="someInput"  autofocus/>
```

10. Audio 支持（Audio Support）

在HTML 4或XHTML中，需要依靠第三方插件来渲染音频。然而在HTML 5中，<audio>元素被引进来了，下面是一个示例代码：

```
<audio autoplay="autoplay" controls="controls">
    <source src="file.ogg" />
    <source src="file.mp3" />
    <a href="file.mp3">下载文件。</a>
</audio>
```

在使用<audio>元素时要注意只支持两种音频格式，Firefox浏览器需要的.ogg格式文件和Webkit浏览器需要的.mp3格式的。IE是不支持的<audio>元素的，并且Opera 10及以下的版本也只支持.wav格式。

11. Video支持（Video Support）

HTML 5中不仅有<audio>元素，而且还有<video>。与<audio>类似，HTML 5中并没有指定视频解码器，这留给了浏览器来决定。虽然Safari和IE 9可以支持H.264格式的视频，Firefox和Opera是坚持开源Theora和Vorbis格式。因此，当使用HTML 5的video时，这些格式必须都提供。

12. 视频预载（Preload attribute in Videos element）

当用户访问页面时这一属性使得视频得以预载。为了实现这个功能，可以在<video>元素中加上preload="preload"或者只是preload，代码如下：

```
<video preload>
```

13. 显示控制条（Display Controls）

为了渲染出视频播放的控制条，必须在video元素内指定controls属性，代码如下

```
<video preload controls>
```

14. 正则表达式（Regular Expressions）

在HTML 4或XHTML中，需要用一些正则表达式来验证特定的文本。HTML 5中新的pattern属性能够在标签处直接插入一个正规表达式，代码如下：

```
<form action="" method="post">
<label for="username">创建用户名：</label>
    <input type="text"  name="username"  id="username"  placeholder="4 <> 10"
    pattern="[A-Za-z]{4,10}"
 autofocus  required>
<button type="submit">提交 </button>
</form>
```

事实上，除了上述介绍的HTML 5新特性，还有很多新元素和特性，以上提到的只是一些网站开发中常用的，其余的就要靠读者自己其参考相关资料了。

2.4 XHTML介绍

　　XHTML是HTML的一种扩展，即Extensible HyperText Markup Langugae的缩写，这表示XHTML是可扩展的超文本标记语言，与HTML相比，具有更加规范的书写标准、更好的跨平台能力。

　　HTML是一种基本的Web网页设计的语言，XHTML是一个基于XML的标识语言，看起来与HTML有些相像，只有一些小的且重要的区别，XHTML就是一个扮演着类似HTML角色的XML，所以，本质上说，XHTML是一个过渡技术，融合了部分XML的强大功能及大多数HTML的简单特性。

2.4.1　什么是XHTML

　　XHTML是在HTML 4.0的基础上进行优化和改进的新语言，目前的最新版本2.0。其实，XHTML 2.0项目启动很早，早在XHTML 1.1 Transitional发布后不久的2001年就开始着手制订了，而且W3C的标准都是建议级的，没有有强制规定浏览器必须这么做，所以到目前为止，没有任何一款浏览器能够完全符台W3C标准，尽管某些厂商或媒体这么宣传，但实际上都做不到100%。第一份XHTML 2.0标准草案在2002年就发布了，但完成度很低，内容也不标准，而且此后的工作进展很迟缓，有的问题到现在也还没有达成一致，所以在2004年的时候，业界一些对此不满的人，联合热心的投资人、浏览器厂商、网页设计师、开发人员甚至普通用户，自立门户，扬言要制订自己的标准，不跟W3C合作了。还成立了一个叫WHATWG的组织，全名叫"Web超文本应用技术工作组"，制订了一份叫"Web ApplIcation 1.0的协议。

　　2007年4月，W3C开会以压倒性的投票决定收编WHATWG并入W3C，继续开发带有传奇色彩的Web Web ApplIcation，并且改名为HTML 5。因此，实际上，XHTML 2.0和HTML 5是两种不同的Web页面标准，并且都是由W3C在推广。对于Web页面来说要么遵循XHTML 2.0，要么遵循HTML 5。这两种标准最终谁会胜出，现在还不得而知。

　　对于Web程序开发人员要了解的是XHTML与HTML最主要的不同之处在于：XHTML元素一定要正确地嵌套、XHTML元素必须要关闭、标签名必须使用小写字母、XHTML文档必须拥有根元素。

　　具体而言，XHTML的特点归纳如下：

　　（1）XHTML元素一定要被正确地嵌套使用。在HTML里一些元素可以不正确嵌套也能正常显示，如：

```
<b><i>This text is bold and italic</b></i>
```

　　而在XHTML必须要正确嵌套之后才能正常使用，如：

```
<b><i>This text is bold and italic</i></b>
```

　　（2）XHTML一定要有正确的组织格式。所有的XHTML应该正确的被嵌套在以<html>

开始以</html>结束的元素里面，其他的元素可以有子元素，并且子元素也要被正确的嵌套在他们的父元素内。

（3）标签必须要成对使用，空标签也必须要使用"/"来关闭，例如<hr>标签，在XHTML中必须要写成<hr/>。

（4）标签和属性的书写必须要使用小写字母。因为 XHTML文档是XML应用程序，XML对大小写是敏感的。比如
和
是两个不同的标记。

（5）属性值必须用引号引起来，属性的缩写将不可使用，而且在XHTML中，是不能使用name属性的，而必须是用id来代替。

2.4.2　HTML转换成XHTML的方法

我们可以根据如下的要点进行HTML到XHTML的转换。

- 在每个页面的首行添加DOCTYPE声明，要使网页成为有效的XHTML就必须声明DOCTYPE。
- 标签和属性的书写都使用小写字母，XHTML区分大小写并且只接受小写HTML标签和属性，查找所有大写标签并替换成小写标签。
- 所有的属性值都应加上双引号。
- 在XHTML文件里，不允许出现空标签，如<hr>、
等这样的空标签就需要用<hr />、
来代替。
- 需要在页头部分，根据W3C DTD的规范，通过填写校验代码，对所有修改过的页面进行验证。

HTML转换成XHTML的方式很多，上面介绍的是其中一种最简单的方法。在网上也有很多工具可以实现转换，有一种开源的软件HTML Tidy就是其中一种比较好用的。下面做一个实例来看一下转换的步骤，例如要转换index.html，它的HTML页面代码如下所示。

```
1.  <html>
2.  <head><title>认识HTML</title></head>
3.  <body>
4.  <table>
5.  <tr>
6.  <td>链接一</td>
7.  <td>链接二</td>
8.  <td>链接三</td>
9.  </tr>
10. </table>
11. </body>
12. </html>
```

可以按照如下的步骤，通过HTML Tidy软件把上述的index.html转换成index.xhtml代码。

（1）安装HTML Tidy软件，这个过程比较简单，所以就不再讲述。

（2）在安装完成后，需要打开"命令提示符"窗口，将当前目录定位到安装的HTML Tidy的目录下，比如安装目录为D:\tidy，那么可以进入到对应的目录，如图2-10所示。

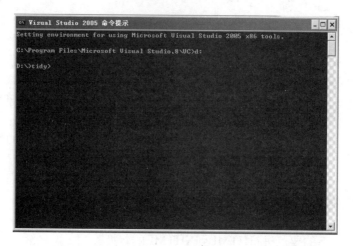

图2-10　命令提示符界面

（3）在这个目录下，可以通过输入命令：tidy -asxhtml index.html -big5 index.html 就可以完成转换操作，如图2-11所示。

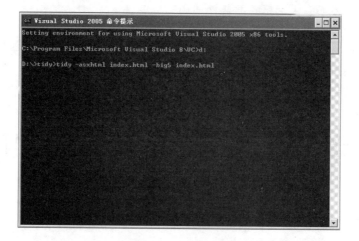

图2-11　转换命令界面

其中-asxhtml参数的意思是将HTML转换成符合标准的XHTML。-big5是指以big5编码输入和输出文档，-gb2312是指以gb2312编码输入和输出文档。

至此就完成了转换的操作，转换后的代码如下所示，从中能看到，这个文档符合XHTML的所有规范。

```
1. <!DOCTYPE html PUBLIC "-//W3C//DTD XHTML 1.0 Transitional//EN" "http://www.
   w3.org/TR/xhtml1/DTD/xhtml1-transitional.dtd">
2. <html xmlns=http://www.w3.org/1999/xhtml>
3. <head>
4. <title>认识HTML</title>
5. <link rel="stylesheet" type="text/css" href="test.css" />
6. </head>
7. <body>
8. <div>
```

```
9.  <ul>
10. <li>链接一</li>
11. <li>链接二</li>
12. <li>链接三</li>
13. </ul>
14. </div>
15. </body>
16. </html>
```

转换成XHTML文档后，可以在任何浏览器上显示，如果要应用到页面开发上，就可以直接建立XML文档，把HTML文档的内容与表现形式的标记进行分离。

在讲述完HTML转换成XHTML的注意点及一个转换工具后，下面给出一个范例。

范例2-8：【光盘位置】\sample\chap02\HTML转换成XHTML\index1.html

在这个范例中，表现的是一个网站论坛部分的热帖列表，这部分的效果如图2-12所示。

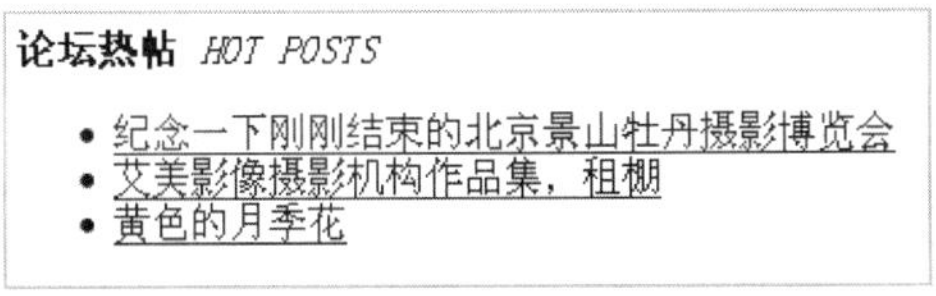

图2-12 XHTML显示效果

由图2-12可以看出，XHTML和HTML的显示效果其实没有什么不同的地方的，它们不同的地方主要体现在代码部分，其代码如下所示。

```
1.  <!DOCTYPE html PUBLIC "-//W3C//DTD XHTML 1.0 Transitional//EN" "http://www.
    w3.org/TR/xhtml1/DTD/xhtml1-transitional.dtd">
2.  <html xmlns="http://www.w3.org/1999/xhtml">
3.  <head>
4.  <meta http-equiv="Content-Type" content="text/html; charset=gb2312" />
5.  <title>HTML转换成XHTML</title>
6.  </head>
7.  <body>
8.    <div class="bd mt posts">
9.     <div class="title clearfix">
10.      <strong>论坛热帖</strong> <em>HOT POSTS</em>
11.     </div>
12.     <ul class="li_word">
13.      <li>
14.      <a href="#" title = "纪念一下刚刚结束的北京景山牡丹摄影博览会" target="_
         blank">纪念一下刚刚结束的北京景山牡丹摄影博览会</a></li>
15.      <li><a href="#" title = "艾美影像摄影机构作品集，租棚" target="_blank">艾美
         影像摄影机构作品集，租棚</a></li>
16.      <li><a href="#" title = "黄色的月季花" target="_blank">黄色的月季花</a></li>
17.     </ul>
18.    </div>
19. </body>
20. </html>
```

在上述代码中，我们主要介绍下如何将HTML转换成XHTML，页面实现效果代码这里就不做分析了。

首先，在第1行中，声明DOCTYPE，DOCTYPE是document type（文档类型）的简写，用来说明所用的XHTML是什么版本。

只有声明了DOCTYPE，这个页面才是一个有效的XHTML页面，否则这个页面的中的所有标签和CSS都不会生效，DOCTYPE必须声明在XHTML文档的最顶部，在所的标签之上。

然后要注意在代码中，每个标签的使用都是用小写字母，因为XHTML是区分大小写的，并且XHTML只认小写为正确的写法。

在使用标签时请注意，所有的标签都需要关闭，即使是空标签也要关闭，使用标签时还需要注意标签在使用属性时都要加上双引号，如第14行的超链标签，它的"href"和"title"属性都加上了双引号。

最后，在第一行的DOCTYPE声明后面，再加上"html PUBLIC "-//W3C//DTD XHTML1.0Transitional//EN" "http://www.w3.org/TR/xhtml1/DTD/xhtml1-transitional.dtd""，这表示根据W3C DTD的规范对所有的代码进行验证。

2.5　实训——综合各种标签的网页

范例2-9：【光盘位置】\sample\chap02\综合各种标签的引用\domo1.html

本章讲解了HTML的一些标签，在本实训里，将综合这些标签，练习开发一个"旅游景点"介绍的页面。

1. 需求描述

本页面的需求如图2-13所示，最上面是一个标题部分，第二行是一些文字介绍，第三行是一些风景图片的展示，最下面是一个装饰条。

图2-13　实训效果图

这个网页可以用作一个旅游景点的"介绍页",为了要实现这个功能,通过本章学习的知识,可以综合各标签来实现。具体开发的步骤如下。

① 用DIV在页面上搭建各区域的效果。

② 在对应的DIV里添加文字、图片等元素。

③ 根据原型效果,做适当调整,比如调整图片大小等。

2. 用分区标签搭建页面框架

在开发一个页面的时候,先用DIV在页面上划分多个"区域",然后在每个区域内放置文字和图像等元素。在图2-14里,我们大致划分一下DIV的构成。效果图共分了4个DIV块,第一个块放置标题的部分;第二个块放置文字内容的部分;第三个块放置图片的部分;第四个块放置最下面的装饰条的部分。

图2-14　DIV布局分布效果图

可以先在HTML文件里搭好如下的DIV分区,分区内部的元素暂时先不写,先通过DIV为其他部分留下位置,DIV布局的代码如下所示。

```
1.  <html>
2.  <head><title>实训题</title></head>
3.  <body>
4.      <div id="article">
5.   这里放页头部分的内容,第一步我们先用DIV留出页头部分的空间,暂不放
6.   置任何元素
7.      </div>
8.      <div id="body">
9.   这里放文字部分的内容,这里也我们先用DIV留出效果
10. </div>
11.     <div id="shows">
12.  这里放图片部分的内容,这里也我们先用DIV留出效果
13.     </div>
14.     <div id="bottom">
15.           这里放页底部分的内容,这里也我们先用DIV留出效果
16.     </div>
17.     <br />
```

```
18. </body>
19. </html>
```

从上面代码可以看出，第1行与第19行是HTML标签，说明这是一个HTML页面。第二行是头部标签，它里面包含了标题部分。第3行到第18行用了<body>标签，这里是用来显示页面的内容，页面中的所有内容都是放在这里的。第4行到第7行是第一个DIV块，这里放置的是上面的标题部分内容；第8行到第10行是第二个DIV块，这里放置的是文字内容部分；第11到第13行是第三个DIV块，这里放置图片的部分；第14到第16行所放置的是第四个DIV块。

这样就将整个页面使用DIV块分解成了若干个小块，这时我们只要分别实现小块的内容就可以。

3. 开发标题和文字部分的样式

在页面中，会出现比较多的文字效果，它通过<p>来实现的。我们已经在页面中搭建好DIV分区，接下来可以在对应的标题和文字DIV里，放置文章标题和内容，其实现代码片段如下所示。

```
1.  <div id="article">
2.    <h2>九寨沟五花海风景介绍|五花海图片和概况介绍</h2>
3.        <hr/> <!—这是个横线标签-->
4.    <div id="desc">
5.                    <b>时间:</b>2008-03-22 02:17
6.                    <b>来源:</b><a href="#">玩客网</a> 
7.                    <b>单击次数: </b><span>256</span> 次
8.    </div>
9.  </div>
10. <div id="body">
11.       <p>九寨沟五花海海拔2472米，水深5米，面积9万平方米,被誉为"九寨沟一绝"，由于
      海底的钙华沉积和各种色泽艳丽的藻类，以及沉水植物的分布差异，使一湖之中形成了许
      多斑斓的色块，宝蓝、翠绿、橙黄、浅红，似无数块宝石镶嵌成的巨形佩饰，珠光宝气，
      雍容华贵。金秋时节，湖畔五彩缤纷的彩林倒映在湖面，与湖底的色彩混合成了一个这部分
      的代码是嵌套在html代码里，凡是此页面的文字部分，均能用类似的方法来定义。</p>
12. </div>
```

这里实现了"页面头部"和"文字"部分的效果，也就是上面所分的第一块及第二块的内容。页面头部分的代码是第1到第9行，第2行代码在标题部分使用了<h2>标签，将这个部分的内容设置成标题2的样式，而第3行则使用了"填充"DIV的方式，用<hr/>定义了一条横线，而在第4到第8行里，使用DIV套DIV的样式，定义了标题下方的一些信息。而第10行到第12行是文字部分的代码，它使用了<p>标签，将这一段文字设置成了段落的样式。

4. 开发图片部分的样式

在页面下方的三张图片，都带有超链效果，在页面框架中，我们也为图片搭好了DIV，所以这里也是通过"填充"的方式来定义图片效果，代码如下所示。

```
1. <div id="shows">
2.   <a href="#"><img src="001.jpg" alt="图片1"/></a>
3.   <a href="#"><img src="002.jpg" alt="图片2" /></a>
4.   <a href="#"><img src="003.jpg" alt="图片3" /></a>
5. </div>
```

其中使用a标签来定义超链，用img来定义所要显示超链接的图片，这里用到了src属性来找到图片的路径，用alt属性定义当图片没显示出来时会显示的文字。

5. 开发最下面的装饰条部分样式

我们只用到了分区标签将这一部分位置占出来，里面的内容没有用到本章节介绍的知识，所以这里也就不介绍了，其效果在后面的章节里会通过相同类型的例题来说明。

通过这一节的实训，大家应该对标签的应用有了基本的了解，并且能够自由地应用到网页的设计中。

 上机题

（1）排版是网页里比较重要的要素，在一个以"软件下载"为主题的页面中，需要用格式标签的形式定义图2-15所示的效果，请使用"ul、li"和"dl、dt"两种方式来分别实现。

图2-15 上机题1

（2）在购物网站里，经常会出现"图片加文字"的商品样式，请用DIV+img标签的方式，实现如图2-16所示的效果，要求如下。

①使用DIV分区标签将效果图分成上下四个块。
②商品列表的部分，使用IMG标签显示图片部分，使用文本标签完成文字部分。

图2-16 上机题2

（3）表格标签在音乐类网站里经常会用到，这里，请用表格等标签，实现如图2-17所示的效果，要求如下。

①用表格的样式实现如图2-17所示的三列两行的效果。

②相关搜索里部分，请用p标签实现。

③"DJ/摇滚/翻唱"部分文字，请用font标签的12号字体定义。

图2-17　上机题3

（4）DIV是搭建网页的基础，请使用DIV开发一个旅游网站里的"旅游菜单"部分的效果，如图2-18所示，其中，请用两个DIV构建"出境游"和"国内游"部分的效果，而用一个大的DIV把两大部分包起来。本上机题主要练习应用DIV嵌套的方法，这种方法在以后的页面布局中应用很广泛，请大家认真研习。

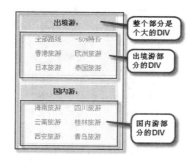

图2-18　上机题4

（5）请用图像、文字和超链等标签，实现如图2-19所示的效果，具体要求如下。

①首先用分区标签DIV将整个页面分成上下两个块，第一块显示上面的推荐商品等内容，第二个块显示下面的商品列表内容。

②第一个DIV块只需用DIV的填充功能，将整个部分填充到块内即可达到效果。第二个块的商品列表部分，先用图像标签定义图片，将显示在靠上的部分，下面的文字部分可以直接将其显示在图片的下方，注意文字部分为右中效果。

③图片及文字部分都要使用超链的标签<a>，使其具有超链的效果。

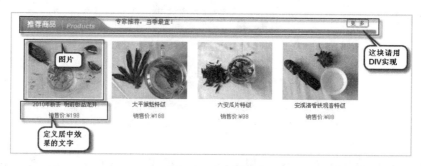

图2-19　上机题5

CSS基础知识介绍

第3章

CSS是Cascading Style Sheets的缩写，中文的意思就是层叠样式表，通过CSS，可以有效地定制、改善网页的显示效果。

CSS是对HTML语言的有效补充，通过使用CSS，能节省许多重复性的格式设定，比如对网页设置其文字的大小、颜色及图片位置等，都是网页显示信息的样式。

通过CSS可以轻松地设置网页元素的显示位置和格式，还可以产生滤镜、图像淡化、网页淡入淡出等渐变效果，这将大大提升网站的美观程度。在本章中，我们将讲述的重点内容如下。

- CSS选择器的概念
- CSS的基本语法
- CSS的颜色、长度单位和URL基本要素

3.1 CSS入门

在HTML中，虽然有<b>、<u>、<i>和<p>等标签可以控制文本或图像等的显示效果，但这些标签的功能非常有限，而且对有些特定的网站需求，用这些标签是不能够完成的，所以我们要引入CSS。

CSS是层叠样式表，即多重样式定义被层叠在一起成为一个整体，在网页设置中是标准的布局语言，用来控制元素的尺寸、颜色和排版。CSS由W3C发明的，用来取代基于表格的布局、框架以及其他非标准的表现方法。

引用样式表的目的是将"网页结构代码"和"网页格式风格代码"分离开，从而使网页设计者可以对网页的布局进行更多的控制。利用样式表，可以将站点上的所有网页都指向某个（或某些）CSS文件，设计者只需要修改CSS文件中的某一行，整个网页上对应的样式都会随之发生改变。

CSS是一组格式设置规则，用于控制Web页面的外观。通过使用CSS样式设置页面的格式，可将页面的内容与表现形式分离。页面内容存放在HTML文档中，而用于定义表现形式的CSS规则则存放在另一个文件中，或HTML文档的某一部分，通常为文件头部分。将内容与表现形式分离，不仅可使维护站点的外观更加容易，而且还可以使HTML文档代码更加简练，缩短浏览器的加载时间。

3.1.1　CSS的历史

从20世纪90年代初，HTML被发明开始，其样式就以各种形式出现了，不同的浏览器结合了它们各自的样式语言为用户提供页面效果的控制，此时的HTML版本只含有很少的显示属性。

随着HTML的成长，为了满足设计师的要求，HTML获得了很多显示功能。但是随着这些功能的增加，HTML代码开始变得越来越冗长和杂乱。于是CSS就随之出现了。

CSS的概念是在1994年被提出的。其实，当时已经有过一些样式表语言的建议了，但CSS是第一个含有"层叠"概念的样式表语言。

1995年，当时W3C刚刚建立，它们对CSS的发展很感兴趣，为此组织了技术小组进行开发。1996年底，CSS初稿已经完成，同年，12月CSS规范的第一版本出版，即CSS 1。

1997年初，W3C内组织了专门管CSS的技术小组开始讨论第一版中没有涉及到的问题，其讨论结果促成了1998年5月出版CSS规范的第二版，即CSS 2。

CCS 3标准最早于1999年开始制订，并于2001年初提上W3C研究议程。在2011年6月7日，W3C发布了第一个CSS 3建议版本。CSS 3的重要变化是采用模块来增加扩展功能，目前CSS 3还在不断完善中。

3.1.2　CCS3简介

CSS 3是之前CSS技术的一个升级版本，以前的规范作为一个模块实在是太庞大了，而且比较复杂。所以，CSS 3把它分解为一些小的模块，也有更多新的模块也被加入进来。这些模块包括：盒子模型、列表模块、超链接方式、语言模块、背景和边框、文字特效、多栏布局等。CSS 3遵循模块化的开发，将有助于理清模块化规范之间的不同关系，减少了完整文件的大小。

CSS 3采用模块化的特点是各个浏览器可以选择对哪个模块进行支持，对哪个模块不进行支持，而且在支持的时候还可以集中把模块完整实现再支持另一个模块，以减少不完全的可能性。例如，台式计算机、笔记本和手机上的浏览器就可以针对不同的设备进而支持不同的模块。

采用模块化的另一个特点是可以避免CSS的总体结构过于庞大，造成支持不完整的情况。

与CSS 2相比，CSS 3的优势主要体现在两个方面：

（1）提供的视觉呈现效果更好。尤其是视觉的渲染，例如，边框圆角、阴影（包括文字阴影）、渐变等。

（2）执行性能更好。CSS 3的加载速度更快，而且对服务器的请求次数也大幅减少。

CSS 3给我们带来了众多全新的设计体验，但是并不是所有浏览器都完全支持它。各主流浏览器都定义了自己的私有属性，以便让用户体验CSS 3的新特性。

- Webkit引擎浏览器使用"-webkit-"作为私有属性，像Safari和Chrome。
- Gecko引擎浏览器使用"-moz-"作为私有属性，像Firefox。
- Konqueror引擎浏览器使用"-khtml-"作为私有属性。
- Opera浏览器使用"-o-"作为私有属性。

● Internet Explorer浏览器使用 "-ms-" 作为私有属性，只有Internet Explorer 8.0以上支持。

下表3-1列出了在Windows系统下，主流浏览器对CSS 3中各个模块的支持情况。

表3-1　CSS 3模块的浏览器支持情况

模块	Chrome 4	Firefox 4	IE 9	Opera 10.5	Safari 4
RGBA	√	√	√	√	√
HSLA	√	√	√	√	√
Multiple Background	√	√	√	√	√
Border Image	√	√	×	√	√
Border Radius	√	√	√	√	√
Box Shadow	√	√	√	√	√
Opacity	√	√	√	√	√
CSS Animations	√	×	×	×	√
CSS Columns	√	√	×	×	√
CSS Reflections	√	√	×	×	√
CSS Gradients	√	√	×	×	√
CSS Transforms	√	√	×	√	√
CSS Transforms 3D	√	×	×	×	√
CSS Transitions	√	√	×	√	√
CSS FontFace	√	√	√	√	√

从表3-1中可以看出，Chrome浏览器对CSS 3的支持最好，而IE 9对CSS 3的支持相对较差。这些专用私有属性虽然可以避免不同浏览器在解析相同属性时出现冲突，但是却给开发人员带来了诸多不便。因为，不仅需要使用更多的CSS样式代码，而且还容易导致同一个页面在不同的浏览器之间表现不一致。当然，这些问题随着CSS 3的普及，一定会得到改善。

3.1.3　CCS3新增的功能

在CSS 3中有许多振奋人心的功能，具有更好的灵活性，如以前复杂的效果现在实现起来游刃有余。这不仅简化了开发人员的工作，还提高了页面的加载速度。尽管CSS 3的很多新增功能目前还不能被所有的浏览器支持，或者说支持的不够好，但它仍然让我们看到了网页样式发展的方向。下面对一些典型的新功能做一个简单的罗列。

1. 属性选择器

与CSS 2相比，CSS 3可以使开发人员更加精确地定位页面中特定的值。CSS 3中新添加了三种选择器：属性选择器、伪类结构选择器和UI元素状态伪类选择器，它们可以解决在页面中添加大量class、id和JavaScript脚本的问题。

2. 透明度

CSS 3允许开发人员为颜色添加Alphat通道，为单个元素中的颜色设置透明度。

3. 多栏布局

使用这个特性可以将元素的内容划分为多栏布局，而不必使用多个div标签，这也是CSS 3中使用频率较高的众多特性之一。

4. 多个背景图像

CSS 3支持使用多个属性设置背景，如background-image、backgroud-repeat、background-size、background-position、background-originand和background-clip等，这样就可以在一个元素中添加多层背景图像。

5. 文本和块阴影

使用CSS实现文本阴影和块阴影虽然不是CSS 3的新增功能，但是在CSS 3之前并没有实现。CSS 3对它们重新进行了定义，提供了一种新的跨浏览器的解决方案，使文本和边框更加醒目。

6. 圆角

在众多的CSS 3的新特性中，实现圆角是最受欢迎的功能之一。在CSS 3之前，想要显示圆角，需要用多个HTML标签并结合JavaScript脚本才能实现。现在使用CSS 3的圆角属性Border-radius即可轻松解决。

7. 边框图片

CSS 3之前只能使用solid、dotted和其他几个有限的值来设置边框的样式。CSS 3增加了border-image属性允许使用图片作为边框，而且还可以控制缩放或者平铺显示。

8. 变形

在CSS 3之前的Web页面中，如果要实现局部旋转、伸缩或者倾斜效果，必须借助于Flash或者JavaScript的帮助。而在CSS 3中，新增了一个变形模块，使实现这些效果将变得非常简单。

9. 媒体查询

媒体查询可以为不同的显示设备定义与其性能相匹配的样式。例如，在可视区域的宽度小于360像素的情况下，将网页的侧边栏显示到主要内容的下方，而不是浮动显示在左侧。

使用媒体查询不再需要为单独的设备编写样式表，也无须编写JavaScript脚本判断浏览器，就能轻松实现更加通用、智能的流体布局，以满足用户浏览器多样的要求。

10. 嵌入字体类型

允许将字体嵌入页面中，这是CSS 3最早实现的模块，也是最被期待的特性之一。它虽然在CSS 2中就已经被引入，但是由于版权问题没有得到广泛应用。CSS 3解决了这个问题，允许用户浏览当前系统中没有的字体效果。

3.2　CSS的基本语法

一个样式（Style）的语法是由三部分构成：Selector（选择器）、属性（Property）和属性值)Value），一个基本的CSS语法的代码片段是的形式如下：

```
selector {property: value}
```

在selector的大括号里，是用属性名和属性值这对参数，定义选择器里的样式。

3.2.1　CSS选择器

我们已经看到了CSS的基本语法，下面来看一个具体的例子。

```
p {color:blue}
```

其中，p是一个HTML元素，是用来定义段落的，它就是一个selector；而大括号里的color是指属性，blue就是属性值。整段CSS的含义是：在HTML页面里，把标签p的样式定义成"字体颜色为蓝色"这种效果。选择器的意思是：定义这种CSS的样式是作用在哪个标签上。比如这里p标签，就是一种"选择器"。

下面我们来把p {color:blue}这个选择器作用到HTML里：

```
1.  <html >
2.  <head>
3.    <meta charset=utf-8" />
4.  <title>CSS选择器</title>
5.   <style type="text/css" >
6.            <!--
7.            p { color:blue;  }
8.  .          -->
9.  </style>
10. </head>
11. <body>
12.   <p>大家好，这是一个文字颜色为蓝的CSS样式</p>
13. </body>
14. </html>
```

这里，"如何应用CSS这部分"的知识点我们还没讲述到，所以请大家只关心重点。其中，在第7行的代码里，定义了P这个选择器里，字体颜色为蓝色；而在第12行，又在p标签里定义里一些文字，这部分的文字将会适用到"以p为选择器"的CSS代码，会体现出"蓝色"的效果，如下图3-1所示。

> 大家好，这是一个文字颜色为蓝的CSS样式
>
> 首先，用 **p { color:blue; }** 定义了"以p为选择器"的样式。
> 然后，由于文字用<p>大家好，这是一个文字颜色为蓝的CSS样式</p>声明，所以会体现出蓝色字体的效果。

图3-1　简单的CSS选择器效果

在HTML中，所有的标签（Tag）都可以作为selector。

如果想为某个选择器加多个属性和属性值，那么在两个属性之间，就需要用分号分隔。在如下的的代码里，Style就包含两个属性，一个是"设置对齐方式居中"；另外一个是设置"字体颜色为蓝色"。请注意，两个属性中间用分号分隔开。

```
1. p
2. {
3.     text-align: center;
4.     color:blue;
5. }
```

可以把上述的代码写在一行里，但为了提升代码的可读性，建议分多行说明。

前面我们讲述了CSS部分的基本语法，在网页设计中，主要有三种类型的选择器：HTML selector、class selector和ID selector，各选择器的说明如表3-2所示。

表3-2 选择器的说明表

标签名	用法
HTML selector（HTML选择器）	这种选择器指的是HTML标签，如p、b、div等，如果在CSS中将某个HTML标签设置成为选择器，则在CSS所应用的网页中，所有的该HTML标签都按照相应的样式规则来定义语句并进行显示
class selector（class选择器）	使用HTML标签的class属性值的选择器就是class selector。有两种类型的class selector，关联class selector和独立class selector。用"HTML标签名.类名"定义的选择器称为关联class selector；以".类名"定义的选择器称为独立class selector
ID selector（ID选择器）	使用HTML标签的ID属性定义的选择器就是ID selector。ID属性定义的是某一个特定的HTML元素，一个网页文件中只能有一个元素使用某一ID的属性值。如果在样式表中指定一个ID selector，需要在ID值前添加一个"#"符号

也就是说，三种选择器在定义的方式上略有差别，但是它们都能通过"声明属性和属性值"来定义HTML里元素的效果。

如p{color:blue;}就是我们这里介绍的第一种HTML选择器，它可以直接定义标签的样式。下面我们来看一下class选择器，其他的语法如下：

```
.xs{color:red;}
```

可以看到，class选择器是在定义时在名称前面加了一个"."，在使用CSS时，只要在标签里加入属性class="xs"就可以了。

而ID选择器的语法和class选择器的书写格式差不多，下面来看一下ID选择器的语法：

```
#xs{color:black;}
```

大家应该注意到，只是前面的符号变了一下，其他地方的写法都一样，只是把"."变成了

"#"，而在使用时，只要给标签加上id="xz"属性就可以使用到我们定义的xz样式了。

下面，我们通过一个范例，来综合学习一下CSS选择器的用法。

范例3-1：【光盘位置】\sample\chap03\CSS选择器\ CSS选择器.html

这里我们将实现一个时装网站的"服饰新闻"模块，效果如图3-2所示。

在其中我们需要用选择器来实现如下的效果：

（1）把页面里所有的文字都设置成蓝色。

（2）把整个DIV的宽度设置成760px。

（3）把整个DIV的外边框设置成1px宽。

这里我们会分别用三种选择器来完成上述效果，其各自承担的部分样式在图3-2中。

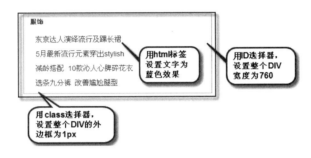

图3-2 CSS选择器的效果图

我们先来看一下HTML代码：

```
1.  <html >
2.  <head>
3.  <meta charset=utf-8" />
4.  <title>CSS选择器</title>
5.  <link href="css/rss.css" rel="stylesheet" />
6.  </head>
7.  <body>
8.  <div id="mian_r_1"> <!—这个css里定义了宽度为760px的效果-->
9.    <div class="cat_rss"><!—这个css里定义了边框宽度为1px效果-->
10.     <h3>服饰</h3>
11.     <ul class="txt_list">
12.       <li><a href="#">东京达人演绎流行及踝长裙</a></li>
13.       <li><a href="#">5月最新流行元素穿出stylish</a></li>
14.       <li><a href="#">减龄搭配10款沁人心脾碎花衣</a></li>
15.       </li>
16.       <li><a href="#">选条九分裤 改善尴尬腿型</a></li>
17.     </ul>
18.   </div>
19. </div>
20. </body>
21. </html>
```

在第5行中，用link的href来引入rss.css样式文件，这是种引入CSS文件的方式，而我们后面定义到的CSS样式，都是放在rss.css文件里的。

由于"设置全部文字变蓝"这个需求是有针对性的，所以需要用针对html的样式来定义，这里用到的是HTML选择器，这部分的代码如下：

```
1.  html { /*声明如下的样式是针对html标签的*/
2.        color: #555; /*这里是定义了字体的颜色*/
3.  }
```

这里选择器是html标签，而color用于定义字体颜色，也就是说，通过定义CSS，实现了html标题内的所有文字都应用颜色变成蓝色的效果。

为了实现"宽度为760px"这个效果，在HTML的第8行的DIV里，通过id引入了mian_r_1这个CSS，代码如下：

```
1.  #mian_r_1{
2.  width:760px
3.  }
```

这是一个ID选择器，所以前方要加"#"，在代码中，是通过了width，指定了宽度。需要注意的是，一般需要重复使用的样式是不会使用ID选择器的，因为ID选择器在某些地方会发生冲突。

为了实现"边框宽度为1px"这个效果，在HTML的第9行里引入了cat_rss这个CSS，这是一个class选择器，代码如下：

```
1.  .cat_rss{
2.  border:1px solid #99D3FB;
3.  }
```

 在这个范例中，我们用到了一些还没讲解到的CSS知识，比如针对宽度和边框的定义，这部分的知识点比较简单，效果也比较显著，所以请大家对着图查看效果。这个范例的重点是：如何定义三类选择器，所以，请大家抓住重点，通过范例掌握定义的方式。

3.2.2 选择器声明

在上文里，我们讲述到了CSS的常规声明方式，即采用"selector {property: value}"的方式来定义，此外还有"嵌套声明"和"集体声明"两种方式。

在集体声明里，可以为多个HTML标签声明同一个CSS样式，比如在下面的CSS代码里，同时为h1到h5标签声明了相同的样式。

```
1.  h1, h2, h3, h4, h5, p{    /* 集体声明 */
2.  color:red;      /* 文字颜色 */
3.  }
```

此外，还可以通过嵌套的方式，对特殊位置（一般是多层嵌套）的HTML标签进行声明，比如，当<p>标签里包含<b>时，就可以使用嵌套选择器进行控制。通过下面的代码，来加深对"嵌套"含义的了解。

```
1.  p b{
```

```
2.          color:blue;
3.          font-family: arial
4.  }
```

第1行里，声明了<p>标签（段落标签）内部的<b>标签（字体加粗标签）的样式，请注意这个CSS仅仅在嵌套时有效，而对单独的<b>标签是无效的。

 通过在CSS里编写选择器的嵌套代码，能大大减少对class和id的声明。具体的做法是：通过只给外层标记定义class或者id来引入CSS样式；内层标签则是通过嵌套表示来引入样式，而不需再定义新的class或id。

下面我们来看一个"以嵌套方式"声明选择器的例子。

范例3-2：【光盘位置】\sample\chap03\选择器声明\ fashion.html

其中，将用CSS选择器来声明<a>标签和<p>标签里文字的颜色，效果如下图3-3所示。

图3-3 CSS选择器声明的效果

我们首先，定义HTML文件代码如下：

```
1.  <html >
2.  <head>
3.  <meta charset=utf-8" />
4.  <title>CSS选择器声明</title>
5.  <link href="css/category_1.css" rel="stylesheet" />
6.  </head>
7.  <body>
8.  <br /><br />
9.  <div class="list_col_1_1" style="margin-left:400px;">
10.   <div class="list_col_1_2">
11.     <!—这部分里，以嵌套标签的方式，定义h1里的<a>标签的样式-->
12.     <h1><a href="#" target="_blank" class="">
13.       <span class="c_orange">浪漫系森林女超清新美搭</span>
14.     </a></h1>
15.     <!—这里也是通过嵌套标签的方式，定义list_col_1_2 里的<p>标签样式-->
16.     <p>清新自然装扮的优雅女生们，成为街头最妩媚的一抹阳
         光，感受夏日的妩媚时光的同时，迷倒身边的他们... </p>
17.   </div>
18. </div>
19. </body>
20. </html>
```

这里用到了两个嵌套选择器的地方，第一个是从第12到第14行，通过声明h1内部的<a>标签，定义其中的文字颜色，相关代码如下：

```
1. .list_col_1_2 h1 a {
2. color:#5B6FA9;
3. }
4. a{
5. color:#555;
6. }
```

其中，由于h1标签是包含在第10行list_col_1_2的DIV里，所以这里是个"三层嵌套"的样式，由此定义字体颜色为"5B6FA9"。此外，虽然在第2行里，定义了<a>标签的样式，但这里<a>标签由于是嵌套在h1和list_col_1_2里的，所以第2行的样式不会生效。

在CSS文件里，还定义了如下的代码，由此定义HTML里第16到17行的<P>标签里的"文字颜色"效果。

```
1. .list_col_1_2 p {
2. color:#515151
3. }
```

需要注意的是，使用不同的选择符来定义相同的元素时，要考虑到不同的选择符之间的优先级。ID选择符、类选择符和HTML标记选择符，因为ID选择符是最后加上元素上的，所以优先级最高，其次是类选择符。如果想超越这三者之间的关系，可以用!important提升样式表的优先权，例如：

```
1    .p { color: #FF0000!important }
2.   .blue { color: #0000FF}
3.   #id1 { color: #FFFF00}
```

如果同时对页面中的一个段落加上这三种样式，那么它最后会按照被!important申明的HTML标记选择符样式为红色文字。如果去掉!important，则按照优先权最高的ID选择符为黄色文字。

3.2.3 CSS 3新增的选择器

选择器（Selector，也称为为选择符），是W3C在CSS 3工作草案中独立引入的一个概念。实际上，在CSS 1和CSS 2已经非系统性地定义了很多常用选择器，本节主要介绍CSS 3中新增加的选择器。

1. 属性选择器

CSS 3新增加了三种属性选择器，这三个属性选择器形成了CSS的功能强大的标签属性过滤体系。表3-3所示为三种属性选择器的说明。

表3-3　属性选择器说明

选择符类型	表达式	描述
子串匹配的属性选择符	E[att^="val"]	匹配具有att属性、且值以val开头的E元素
子串匹配的属性选择符	E[att$="val"]	匹配具有att属性、且值以val结尾的E元素
子串匹配的属性选择符	E[att*="val"]	匹配具有att属性、且值中含有val的E元素

CSS 3遵循了惯用的编码规则，选用了"^"、"$"和"*"这三种通用匹配运算符。其中，"^"表示匹配起始符，"$"表示匹配终止符，"*"表示匹配任意字符，使用它们更符合编码习惯和惯用编程思维。

新增的这三种属性选择器可以在开发中使用，不用担心浏览器兼容问题，也不用考虑IE浏览器的版本问题（IE 6以上的版本才能支持这些选择器）。

2. 结构性伪类选择器

在介绍结构伪类选择器之前，先来了解什么是伪类选择器，伪类选择器是已经定义好的选择器，不能随便命名。常用的伪类选择器有：a:hover、a:link、a:visited等

结构性伪类（Structural pseudo-classes）是CSS 3中新增的类型选择器。顾名思义，结构伪类就是利用文档结构树（DOM）实现元素过滤，也就是，通过文档结构的相互关系来匹配特定的元素，从而减少文档内对class属性和ID属性的定义，使得文档更加简洁。常用的结构伪类选择器如表3-4所示。

表3-4　结构性伪类选择器

选择符类型	表达式	描述
结构性伪类	E:root	匹配文档的根元素。在HTML中，根元素永远是HTML
结构性伪类	E:nth-child(n)	匹配父元素中的第n个子元素E。参数可以是数字、关键字、公式，参数的索引值是1，而不是0。例如， tr:nth-child(4)表示匹配所有表格里第四行的tr元素； tr: nth-child(2n+1)表示匹配所有表格的偶数行； tr: nth-child(2n) 表示匹配所有表格的偶数行
结构性伪类	E:nth-last-child(n)	匹配父元素中的倒数第n个结构子元素E，该选择器的计算顺序与E:nth- child (n)相反，但语法和用法相同
结构性伪类	E:nth-of-type(n)	匹配同类型中的第n个同级兄弟元素E，参数可以是数字、关键字、公式，参数的索引值是1，而不是0。例如，p: nth-of-type(2)匹配<div><h1></h1><p></p><p></p></div>片段中的第二个p元素，但是不匹配片段中第二个位置的p元素
结构性伪类	E:nth-last-of-type(n)	匹配同类型中的倒数第n个同级兄弟元素E，该选择器的计算顺序与E: nth-of-type (n)相反，但语法和用法相同
结构性伪类	E:last-child	匹配父元素中最后一个E元素，例如，h1:last-child表示匹配<div><p></p><h1></h1></div>片段中的h1元素
结构性伪类	E:first-of-type	匹配同级兄弟元素中的第一个E元素，该选择器的功能类似与E:nth-of-type(1)

（续表）

选择符类型	表达式	描述
结构性伪类	E:last-of-type	匹配同级兄弟元素中的最后一个E元素，该选择器的功能类似与E:nth-last-of-type(1)。例如，p: last-of-type表示匹配\<div>\<h1>\</h1>\<p>\</p>\<p>\</p>\</div>片段中第二个p元素
结构性伪类	E:only-child	匹配属于父元素中唯一子元素的E，例如，p:only-child表示匹配\<div>\<p>\</p>\</div>片段中的p元素，但不匹配\<div>\<h1>\</h1>\<p>\</p>\</div>片段中的p元素
结构性伪类	E:only-of-type	匹配属于同类型中唯一兄弟元素的E，例如，p: only-of-type表示匹配\<div>\<p>\</p>\</div>片段中的p元素，也匹配\<div>\<h1>\</h1>\<p>\</p>\</div>片段中的p元素
结构性伪类	E:empty	匹配没有任何子元素（包括text节点）的元素E
目标伪类	:target	匹配相关URL指向的E元素

各主流浏览器对结构性伪类选择器的支持存在较大的差异：IE 8及其以下版本的浏览器完全不支持结构伪类选择器；Firefox从3.5版本开始全面支持，Firefox 3.5以前的版本支持不是很完善；Opera、Safari和Chrome浏览器对结构伪类选择器的支持比较完善。

3. UI元素状态伪类选择器

UI元素状态伪类（The UI element states pseudo-classes）也是CSS 3新增的全新类型选择器。其中UI是User Interface（用户界面）的简写，UI设计是指网页的人机交互、操作逻辑、界面美观的整体设计。优秀的UI设计不仅是让网页更具个性和品位，还要让网页操作变得便利和简单，充分体现网站的定位和特点。

有些HTML元素有enable或disable状态（例如：输入框）和checked或unchecked状态（例如：单选按钮、复选框）。这些状态就可以使用enabled选择器、disabled选择器、Checked选择器等伪类元素来分别定义，它们的共同特征是，指定的样式只有当元素处于某种状态下才起作用，在默认的状态下不起作用。

UI元素的状态一般包括：可用、不可用、选中、未选中、获取焦点、失去焦点、锁定、待机等多种。其中，CSS 3中定义了四种常用的状态伪类选择器如表3-5所示。

表3-5 UI元素状态伪类选择器

选择符类型	表达式	描述
UI元素状态伪类	E:enabled	匹配所有用户界面（form表单）中处于可用状态的E元素
UI元素状态伪类	E:disabled	匹配所有用户界面（form表单）中处于不可用状态的E元素
UI元素状态伪类	E:checked	匹配所有用户界面（form表单）中处于选中状态的E元素
UI元素状态伪类	E::selection	匹配E元素中被用户选中或处于高亮状态的部分

除了IE浏览器外，各主流浏览器对UI元素状态伪类选择器的支持都非常好，但IE 9也开始全面支持这些UI元素状态伪类。因此，在当前状态下，考虑到IE 7、IE 8是国内用户数最多的浏览器，暂时不建议在页面中普及使用。但是，当IE 9普及之时，Web设计师应该积极使用它们。

范例3-3：【光盘位置】\sample\chap03\CSS 3新增选择器\Select.html

在这个范例中，将使用结构性伪类中E:nth-child(n)选择器和E:nth-last-child(n)选择器实现快速为数据表中偶数行或奇数行定义分色背景的功能，效果如图3-4所示。

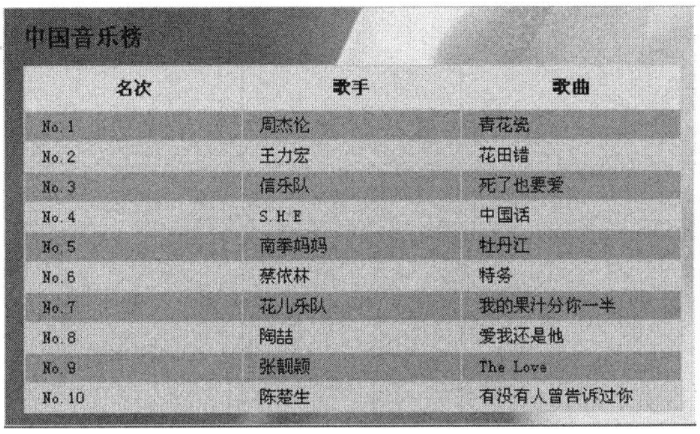

名次	歌手	歌曲
No.1	周杰伦	青花瓷
No.2	王力宏	花田错
No.3	信乐队	死了也要爱
No.4	S.H.E	中国话
No.5	南拳妈妈	牡丹江
No.6	蔡依林	特务
No.7	花儿乐队	我的果汁分你一半
No.8	陶喆	爱我还是他
No.9	张靓颖	The Love
No.10	陈楚生	有没有人曾告诉过你

图3-4 表格隔行分色效果

还可以通过编写HTML代码加CSS样式文件的方式来实现这个效果，具体的HTML代码如下：

```
<style type=” text/css” >
  body{
        background-image:url(flower.jpg);
        background-repeat:no-repeat;
}
  div{
        margin-top:175px;
        margin-left:5px;
  }
  h1{
        font-size:16px;
  }
  table{
        width:100%;
        font-size:
        12px;table-layout:fixed;
        empty-cells:show;
        border-collapse:collapse;
        margin:0 auto;
        border:1px solid #000000;
  }
  th{
        background-color:#CCFFFF;
        height:30px;
  }
  td{
        height:20px;
  }
  td,th{
        border:1px solid #cad9ea;
        padding:0 1em 0;
  }
```

```
    tr:nth-child(even){
        background-color:#FF9900;
    }
    tr:nth-last-child(odd){
        background-color:#FFCCCC;
    }
</style>
</head>
<body>
  <div>
    <h1>中国音乐榜</h1>
    <table summary="中国音乐榜">
    <tr><th>名次</th><th>歌手</th><th>歌曲</th></tr>
    <tr><td>No.1</td><td>周杰伦</td><td>青花瓷</td></tr>
    ......
    </table>
  </div>
</body>
```

上述的代码中，最关键的代码是使用选择器tr:nth-child(even)为表格中所有的偶数行定义背景色；使用选择器tr:nth-last-child(odd)为表格中所有的奇数行定义背景色。

3.2.4 CSS的继承

　　CSS的继承是指，被包在内部的标签可以拥有外部标签的样式性质，通常用于整个网页的样式设置的场合。

　　CSS的继承允许样式不仅可以应用于某个特定的元素，还可以应用于该元素的后代，但在CSS中继承是有局限性的，有些属性是不能继承的。例如，border、padding和margin等属性都没有继承性。

　　CSS的继承机制有点像树型结构里的"父子关系"，在树型结构中，如果某个元素包含另一个元素，则该元素就是被包含元素的"父"，而被包含元素就是该元素的"子"，在一个HTML文档中，各元素的包含关系如图3-5所示。

　　在图3-5所示的关系中，body是html的"子"，同时是ul的"父"，html是所有元素的"祖先"，li是html的"子孙"。CSS的继承机制就是基于这种"父子关系"的。应用于某个"祖先"元素的样式，同时被其"子孙"继承，应用其所有"子孙"。

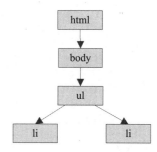

图3-5 继承关系的效果图

3.3　CSS的4种引入方式

前面讲到了CSS的基本语法，在讲述的过程中也提到了"CSS引入方式"某些知识点，本节将综合地讲述四种"把CSS引入到HTML文档"的方式。

第一种，直接把CSS代码添加到HTML的标识符（tag）里，其代码如下：

```
1.  <html >
2.  <head>
3.  <meta charset=utf-8" />
4.  <title>CSS选择器</title>
5.  </head>
6.  <body>
7.       <p style="color:red">红色文字</p>
8.  </body>
9.  </html>
```

其中，在第7行里，用段落的方式定义"红色文字"，并把这段文字的颜色定义成"红色"，效果如图3-6所示，这里是直接把css代码用"style"包含起来，然后放到<p>标签里。

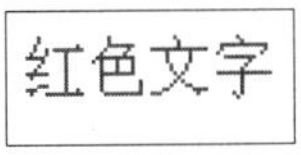

红色文字

图3-6　显示"红色文字"的效果

　尽管使用简单、显示直观，但是这种方法不常用，因为这样添加无法完全发挥样式表的"内容结构和格式控制分别保存"优势。而且这种方法也不利于样式的重用。

第二种，把CSS代码添加到HTML的头信息标识符<head>里的<style>块里，其代码如下：

```
1.  <html >
2.  <head>
3.  <meta charset=utf-8" />
4.  <title>CSS选择器</title>
5.  <style type="text/css">
6.          <!--
7.          p { color:red; }
8.          -->
9.  </style>
10. </head>
11. <body>
12.      <p >红色文字</p>
13. </body>
14. </html>
```

其中，在第5行到第9行中，我们是用<style>标签来包含css样式，而把"定义p标签为红色"的样式写在第7行。这样，一旦在该HTML文档里用到<p>标签（如同第12行那样），<p>标签里的文字就会自动变红。

虽然这种写法还是没有完全实现"分开保存"，但我们可以把一些比较简单的样式用这种方法go 定义。

 为了让在style里定义的css样式能在多种浏览器里都能正常运行，建议把这部分的代码用<!------>包括起来，就如同上述代码中的第6行和第8行那样。

第三种，用链接样式表的方法，也就是，通过类似<link rel=" stylesheet" href=" *.css" media=" screen" >的语句，引入css文件，而把CSS声明部分的代码写到对应的css文件里，为了实现刚才"文字变红"的效果，可以用以下的两个步骤。

（1）编写如下的html代码。其中，在第4行里，通过link语句，引入style.css这个文件。

```
1.  <html >
2.  <head>
3.  <meta charset=utf-8"  />
4.  <link rel=" stylesheet"  href=" style.css"  media=" screen" >
5.  <title>CSS选择器</title>
6.   </head>
7.  <body>
8.          <p style=" color:red" >红色文字</p>
9.  </body>
10. </html>
```

（2）在style.css文件里，编写如下的代码，定义p部分的文字颜色。

```
1.  p { color:red; }
```

这里，*.css是单独保存的样式表文件，其中不能包含<style>标识符，并且只能以css为后缀（这种是最常用的引入CSS的方式）。

第四种，联合使用样式表，这里同样是把CSS代码添加到HTML的头信息标识符<head>里，这种定义方式基本不会用到，所以就不给出代码说明了。

3.4 CSS里的单位和值

单位和值是设置CSS属性的基础，它们涉及的范围是比较广泛的，例如颜色单位、长度单位、文件位置等。只有正确的识别这些单位，才能准确的设置属性，从而达到更好的CSS设计效果。

3.4.1 颜色

在CSS中颜色设置的方法有四种：命名颜色、RGB颜色、十六进制颜色、网络安全色。下面来依次说明。

1. 命名颜色

直接用英文单词命名与之相应的颜色，这种方法的优点就是简单、直接、容易掌握，比如在前面的范例中，就是把p元素中的颜色设置为红色：

```
p {color:red;}
```

它的缺点是，在不同的浏览器中，命名颜色的种类也是不同的，即使使用了相同的颜色名，它们的颜色也有可能是有差异的，所以，虽然每一种浏览器都命名了大量的颜色，但是这些颜色大多数在其他浏览器上却是不能识别的，而真正通用的标准颜色只有16种而已。

2. RGB颜色

RGB颜色是以红、绿、蓝三种颜色为基本色，在计算机中，其他颜色都是由这三种颜色按不同比例叠加而形成。设置方法一般分为两种：百分比设置和直接用数值设置。例如将<p>标签设置为黑色，就有以下两种方法：

```
1. p {color:RGB(0%,0%,0%);}
2. p {color:RGB(0,0,0);} //三个值分别表示红，绿，蓝的颜色值
```

这两种方法里，都是用三个值表示"红"、"绿"和"蓝"三种颜色，下面是通过代码来定义的颜色。

```
1. color:rgb(255,0,0);  /*红色*/
2. color:rgb(0,255,0);  /*绿色*/
3. color:rgb(0,0,255);  /*蓝色*/
4. color:rgb(100%, 0%, 0%); /*红色*/
5. color:rgb(0%, 100%, 0%); /*绿色*/
6. color:rgb(0%, 0%, 100%); /*蓝色*/
```

这三种基本色的取值范围为是0~255，在这个范围内，就可以用百分比或数值两种方式进行设置。而通过定义三种基本色的分量，就能定义出各种各样的颜色。

3. 十六进制颜色

这种方法的原理和RGB颜色的原理是相同的，都是设置红、绿、蓝三种基本色在颜色中所占的比例，只是十六进制颜色的表达方式和RGB颜色不同，它的方法是将三种基本色的取值范围转换为十六进制的"00~FF"，每一种基本色都是用两位十六进制数字来表示，并且必须要按照既定的格式：#RRGGBB来表示，即每种颜色值占两位，如不足则以零来代替。例如下面的代码是将<p>标签设置为绿色。

我们来看一个例子。

```
color:#1199ff;
```

我们把6位数分为两组，其中11代表R的颜色的分量（十六进制的11就等于十进制中的17），其中99代表G的颜色(十六进制的99就等于十进制中的153)，ff代表B的颜色（十六进制的ff就等于十进制中的255）。

在Dreamweaver里，我们可以通过色板来定义颜色，如图3-7所示，通常情况下，我们不是通过手动的方式定义颜色，而是通过色板来定义。

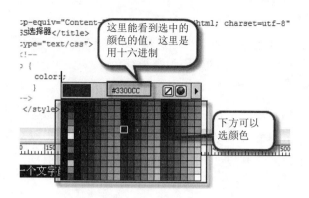

图3-7 在Dreamweaver里用色板定义颜色的效果图

4. 网络安全色

什么是网络安全色？

网络安全色是由216种颜色组成，是被认为在任何操作系统和浏览器中都是相对稳定的，也就是显示的颜色是相同的，而这216种颜色就被称为是"网络安全色"。这216种颜色都是由红、绿、蓝三种基本色从0、51、102、153、204、255这6个数中取值，组成的6*6*6=216种颜色。

为什么使用网络安全色？

在网络中，即使是一模一样的颜色也会由于显示设备、操作系统、显示卡以及浏览器的不同而显示出不同的效果。

（1）现如今，使用最为广泛的操作系统莫过于Windows、MAC、Linux、UNIX等几种了，而这些操作系统内置的调色板之间存在着或多或少的差异，所以即使使用同一台显示器显示同一个颜色，其显示出的效果也会略有不同。

（2）计算机所使用的显卡的优劣也会直接影响颜色的显示效果。例如分别以使用支持8位真彩色（256种颜色）和24位真彩色（1600万种颜色）显卡的两台计算机显示同一个图像的效果会就有很明显的差距。

（3）计算机要浏览网页内容时，必须使用相应的网页浏览工具。而不同的浏览器内置了不尽相同的调色板，因此浏览器的不同也会影响颜色的显示效果。

所以在CSS配色的时候，最好是使用网络安全色，这样就更能够使所显示的颜色适用于众多的网页浏览器。

3.4.2 CSS 3中新增的颜色

颜色模块是CSS 3的最大看点之一，它不仅允许开发人员对颜色进行设置，还可以控制色调、饱和度、亮度和透明度，包括使用RGBA和HSLlA模式设置透明度，HSL模式设置颜色以及opacay设置不透明度。

1. RGBA

RGBA方式是RGB色彩模式的扩展，在红、绿、蓝三个基色的基础上，增加了表示不透明度的参数Alpha。其语法格式如下：

```
ragb(r,g,b,alpha)
```

其中，前三个参数与RGB的含义相同，alpha参数是一个介于0.0（完全透明）和1.0（完全不透明）之间的数字。

例如，下面的代码使用RGBA模式为div元素指定了透明度为0.8，颜色为黑色的样式。

```
div{
    background-color:rgba(0,0,0,0.5);
}
```

目前支持RGBA颜色的浏览器有WebKit核心系列浏览器、Firefox 3+、Opera 9.5+和IE 9。

2. HSL和HSLA

在CSS 3中，除了使用RGBA颜色外，还可以使用HSL颜色。HSL色彩模式是工业界的一种颜色标准，是通过对色调、饱和度和亮度三个颜色通道的变化以及它们相互之间的叠加来得的各种不同的颜色。HSL即是代表色调（Hue）、饱和度（Saturation）和亮度（Lightness）三个通道的颜色，这个标准几乎包括了人类视觉所能感知的所有颜色，在屏幕上可以重现16777216种颜色，是目前运用最广的颜色系统之一。

CSS 3的HSL颜色表示语法格式如下：

```
hsl(length, percentage, percentage)
```

其中，各个参数的含义如下。

- length：表示色调（Hue）。Hue衍生于色盘，取值可以为任意数值，其中0（或360，或-360）表示红色，60表示黄色，120表示绿色，180表示青色，240表示蓝色，300表示洋红，当然可以设置其他数值来确定不同的颜色。
- percentage：表示饱和度（Saturation。该色彩被使用了多少，即颜色的深浅程度和鲜艳程度。取值为0%～100%之间的值，其中0%表示灰度，即没有使用该颜色；100%的饱和度最高，即颜色最鲜艳。
- percentage：表示亮度（Lightness）。取值为0%～100%之间的值，其中0%最暗，显示为黑色；50%表示均值，100%最亮，显示为白色。

例如，下面的代码使用HSL模式为div元素指定颜色为蓝色，饱和度为55%，亮度为80%的样式。

```
div{
    background-color:hsl(240, 55%,80%);
}
```

HSLA色彩模式是HSL色彩模式的扩展，在色调、饱和度、亮度三要素的基础上增加了不透明度参数。使用HSLA色彩模式，开发人员能够更灵活地设计不同的透明效果。其语法格式如下：

```
hsla(length , percentage , percentage , opacity)
```

其中，前3个参数与hsl的参数的意义和用法相同，第4个参数opacity表示不透明度，取值在0~1之间。下面是一个使用HSLA定义样式的代码：

```
div{
    background-color:hsla(0,100%,50%,0.2);
}
```

3. opacity属性

CSS 3除了在HSLA和RGBA颜色表示方式中支持色彩的不透明度外，还专门定义了opacity属性，通过设置该属性能够使任何元素呈现出半透明效果，opacity属性的语法格式如下：

```
opacity: alphavalue
```

其中，参数alphavalue是由浮点数和单位标识符组成的长度值。不可为负值，默认值为1。opacity取值为1时，则元素是完全不透明的；反之，值为0时，元素是完全透明的，不可见。0~1之间的任何值都表示该元素的不透明程度。例如，下面的代码设置div元素为半透明效果。

```
div{
    opacity:0.5;
}
```

范例3-4：【光盘位置】\sample\chap03\CSS 3中新增的颜色\hsla.html

在这个范例中，将使用HSLA颜色模式实现在网页中模拟显示渐变色条的效果，效果如图3-8所示。

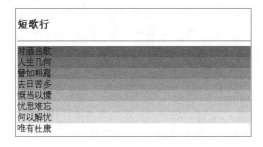

图3-8 模拟渐变色条效果

还可以通过编写HTML代码加CSS样式文件的方式来实现这个效果，具体的HTML代码如下：

```
1.  <head>
2.  <style type="text/css">
3.  .log div{
4.          height: 20px;
5.   }
6.  .log div:nth-child(7) {
7.              background-color:hsla(355,50%,50%,0.1);
8.   }
9.  .log div:nth-child(6) {
```

```
10.                           background-color:hsla(355,50%,50%,0.2);
11.     }
12.     .log div:nth-child(5) {
13.                           background-color:hsla(355,50%,50%,0.3);
14.     }
15.     .log div:nth-child(4) {
16.                           background-color:hsla(355,50%,50%,0.4);
17.     }
18.     .log div:nth-child(3) {
19.                           background-color:hsla(355,50%,50%,0.5);
20.     }
21.     .log div:nth-child(2) {
22.                           background-color:hsla(355,50%,50%,0.6);
23.     }
24.     .log div:nth-child(1) {
25.                           background-color:hsla(355,50%,50%,0.7);
26.     }
27. </style>
28. </head>
29. <body>
30.     <h3>短歌行</h3>
31.     <hr>
32.     <div class="log">
33.       <div>对酒当歌</div><div>人生几何</div> <div>譬如朝露</div><div>去日苦多
34.       </div><div>慨当以慷</div><div>忧思难忘</div><div>何以解忧</div><div>唯有
          杜康</div>
35.     </div>
36. </body>
```

上述的代码中，第2行到第27行是CSS样式表的内容。其中，第6行到第26行使用了结构性伪类选择器nth-child对7个div子元素进行了背景颜色样式的设置，其中使用了HSLlA颜色模式，并且在各自定义透明度的的opacity属性中，依次让透明度从0.1上升到0.7。

3.4.3　长度单位

在CSS属性中，边框大小、页边距等都是需要靠长度来设置的。长度是由数值和单位组合而成。只有当数值带上了合适的单位，长度才会正确显示。

长度的单位分为两类：绝对单位和相对单位。

绝对单位分为五种：英寸（in）、厘米（cm）、毫米（mm）、磅（pt）和pica（pc）。其中，前三个还是比较常见的。而磅和pica都是印刷术语，1pica=12磅，就很少看到。

不同的显示器和不同的分辨率对绝对单位的显示都是有很大影响的，所以只有把这些细节都确定好以后，绝对单位才能正确的显示。

相对单位是基于一个参照标准来取值的，这个参照标准并不是固定的，比如屏幕分辨率、可视区域的宽度、用户个人的设置等，这些相对单位将随着参照标准的变化而发生改变，以保持比例的协调。

相对单位主要有以下三种单位：

- em：1em其实就是当前字体的font-size。例如，如果当前的字体大小为16pt，那么1em=16pt，即em的值是不固定的，它始终是随着当前字体大小的变化而变化的。
- ex：ex是以给定字体的小写字母的"x"高度做为基准，对于不同的字体来说，小写字母的"x"高度是不同的，所以ex单位的基准也不同。
- px：px也叫像素，这是目前来说使用最为广泛一种单位，1像素也就是屏幕上的一个小方格，通常是看不出来的。由于显示器有多种不同的大小，它的每个小方格的大小都有所差异，所以，像素单位的标准也都不一样。在CSS的规范中是假设90px=1英寸，但是在通常情况下，浏览器都会使用显示器的的像素值来作为标准

范例3-5：【光盘位置】\sample\chap03\CSS颜色+长度单位\index.html

在这个范例中，将实现一个手机论坛里的"人气手机专区"部分，其中，将用CSS来定义颜色，并采用了"数字"加"单位"的方式，定义整个DIV的宽度，效果如图3-9所示。

图3-9 颜色和长度单位部分的效果图

还可以通过编写HTML代码加CSS样式文件的方式来实现这个效果，首先来看一下HTML代码：

```
1.  <html >
2.  <head>
3.  <meta charset=gb2312" />
4.  <title>CSS颜色</title>
5.  <!—这里是引入css文件-->
6.  <link rel="StyleSheet" href="css/style.css" media="screen" />
7.  </head>
8.  <body>
9.  <br /><br />
10. <div style="margin-left:200px;" class="index_box">
11.    <!—这里是通过引入i_tit这个css定义颜色-->
12.    <div class="i_tit">人气手机专区TOP3</div>
13.    <div class="index_box_bg">
14.     <table border="0" cellspacing="0" cellpadding="0" class="tab_top">
15.       <tr>
16.        <td width="146" class="td1"><a href="#" target="_blank">
           诺基亚 N78</a></td>
17.        <td width="68" class="td3">今日<span>(<a href="#">35</a>)
           </span></td>
18.       </tr>
19.       <tr>
20.        <td class="td1"><a href="#" target="_blank">诺基亚 N97</a></td>
```

```
21.        <td class="td3">今日<span>(<a href="#">35</a>)</span></td>
22.      </tr>
23.      <tr>
24.        <td class="td1"><a href="#" target="_blank">诺基亚 E71</a></td>
25.        <td class="td3">今日<span>(<a href="#">35</a>)</span></td>
26.      </tr>
27.    </table>
28.  </div>
29.  <div class="index_d"></div>
30. </div>
31. </div>
32. </body>
33. </html>
```

这里，为了引入CSS，所以需要在第6行中通过<link rel="StyleSheet" href="css/style.css" media="screen" />代码来引入style.css文件。

在第12行中，则用到了DIV来定义"人气手机专区"部分的文字，在这个DIV里，是通过i_tit来定义样式的，这部分的代码很重要，其中是用通过color：#03c来定义字体的颜色，这里是用带"#"的十六进制来定义颜色。

```
1.  .i_tit{
2.      color:#03c; /*设置字体颜色*/
3.  }
```

虽然有四种定义颜色的方式，但"用十六进制定义颜色"的方法，由于通用性强，能定义出的色彩也多，所以其使用频率也是最高的。

同样，在18行中，由于引入了td2，所以"今日"后面的21是红色，这部分的CSS代码如下：

```
1.  .tab_top td.td2 span{ color:#03f;}
```

接着来看一下"长度单位"的使用情况。在上述代码的第10行中，通过css引入了一个ID为index_box的css，这部分的关键代码如下，需要注意的是，在其中定义了宽度为322，后面的单位是px像素，也就是，整个DIV的宽度是由index_box这个DIV定义的。

```
1.  .index_box{ width:322px;}
```

在中文网站里，一般是用px作为长度单位，其他的长度单位，只会偶尔地用到。

3.4.4　通过URL引入外部资源

在CSS样式里，一般是通过background-image: url属性来定义背景图片（我们将在后面详细讲到background-image这个属性），其中的url是用于引入"文件"的地址，如通过如下的代码，就能通过引入，把背景图片设置成指定的bg.jpg。

```
background-image: url(img/shop_show_jj_bg.jpg);
```

URL可以用两种形式引入外部资源：绝对URL和相对URL。

绝对URL的格式是：url(http://server/pathname)，其中server是地址名，pathname是文件名。

相对URL的格式是：url(pathname)，相对路径的使用一般都是用于指定在同一个目录下的文件位置。

不仅在background-image这个属性下会用到url，在CSS里，只要涉及到文件的路径，都会和url有关联，下面通过一个范例来看一下URL的用法。

范例3-6：【光盘位置】\sample\chap03\URL范例\index.html

在这个范例中，将开发一个娱乐资讯网站里的"店铺介绍"和"店铺公告"两部分。其中，它们的背景图片分别采用了"相对路径"和"绝对路径"的两种定义方法，如图3-10所示。

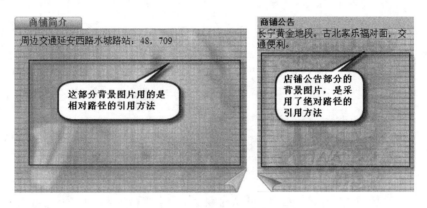

图3-10 ULR部分的效果图

先来看一下左边"商铺简介"部分的HTML代码，其中是在第4行里，通过lib_contentbox引入这部分的背景图片。

```
1.    <UL>
2.       <LI class=hover id=one1 >商铺简介 </LI>
3.     </UL>
4.   <DIV class="lib_Contentbox "> <!—通过lib_contentbox引入背景图片-->
5.        <DIV id=con_one_1>
6.           <P id=Bdesc>周边交通延安西路水城路站：48，709</P>
7.        </DIV>
8.   </DIV>
```

相关的CSS代码如下，在第2行里用到了url。

```
1.  .lib_Contentbox {
2.       background-image: url(img/shop_show_jj_bg.jpg);
3.  }
```

其中，在第2行的url里，采用的是相对路径。因为在图3-11所示的目录里有shop_show_jj_bg.jpg这张图片，所以在图3-10的左边，才有DIV的背景图。

图3-11 背景图的路径演示

右边部分的HTML代码如下所示：

```
1.  <DIV class="gonggao_tou">
2.      <P>商铺公告</P>
3.  </DIV>
4.  <DIV class="gonggao_k"> <!—在这里，通过绝对路径引入了背景图-->
5.      <p>长宁黄金地段。古北家乐福对面，交通便利。</p>
6.  </DIV>
```

其中，在第4行的gonggao_k里，通过绝对路径来定义背景图，关键代码如下：是在第3行里，由http://www.52wank.com/images/shop_show_gg_bg.jpg，来指定背景图片。

```
1.  .gonggao_k
2.  {
3.      background-image: url(http://www.52wank.com/images/shop_show_gg_bg.jpg);
4.  }
```

在第3行中，由http://www.52wank.com/images/shop_show_gg_bg.jpg，来指定背景图片。

 # 3.5　实训　CSS基本语法的演练

范例3-7：【光盘位置】\sample\chap03\CSS基本语法的演练\index.html

在本章中讲述了关于CSS选择器声明等的一些基本知识，在本实训中将用CSS，练习开发一个"结婚网站"中的"物品采购"模块。

1. 需求描述

本页面的需求如图3-12所示，需要在模块的最上方给出标题和背景图片，标题下方是正文部分，其中包含"喜宴酒店"和"一站式婚礼服务、婚庆公司"两大块。

在设计这个网站的时候，需要把"偶要结婚"这个标题设置成h2大小，同时用CSS的url相对路径的方法，设置头部DIV的背景图效果为粉红色，而且使用CSS选择器的方式，把"新进酒店"等文字颜色设置成"红色"。

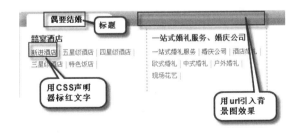

图3-12 实训效果图

2. 构建HTML页面，使用DIV搭框架

首先我们需要创建一个HTML页面，同时使用DIV在页面中划分"标题"、"喜宴酒店"和"一站式婚礼服务、婚庆公司"等部分的区域。

这部分的知识点已经在第2章里讲解过，所以这里就不再赘述了。

3. 引入CSS文件

在第二步构建的HTML文件的页头部分，通过link语句，引入CSS文件，这样我们就能定义在如下两个CSS文件中的所有样式，其关键代码如下所示：

```
1.  <link href="css/reset.css" rel="stylesheet" />
2.  <link href="css/liba_index.css" rel="stylesheet" />
```

4. 开发标题部分的样式

这里首先需要设置页头部分的DIV，关键代码如下，其中在第1行中，通过class选择器的方法，引入b-t这个css。

```
1.  <div class="b-t">
2.   <h2><a href="#" target="_blank">偶要结婚</a></h2>
3.  </div>
```

设置好DIV部分的代码后，需要定义b-t部分的CSS代码，其中是通过url，以相对路径的方式引入头部分的背景图。

```
1.  .b-t
2.  {
3.        background:url(../img/index_bg.gif);
4.  }
```

5. 开发正文部分的代码和样式

正文部分包含两个模块，首先开发HTML代码，其中，需要在第1行中引入b-c部分的CSS，需要在第6行、第16行和第17行，引入标红文字的redlink_k样式。

```
1.  <div class="b-c">
2.      <ul>
3.        <li class="leftborder">
4.          <dl>
5.          <dt><a href="#" target="_blank">囍宴酒店</a></dt>
6.            <dd><a href="#" target="_blank" class="redlink_k">
            新进酒店</a></dd>
7.            <dd><a href="#" target="_blank">五星级酒店</a></dd>
8.            <dd><a href="#" target="_blank">四星级酒店</a></dd>
9.            <dd><a href="#" target="_blank">三星级酒店</a></dd>
10.           <dd><a href="#" target="_blank">特色饭店</a></dd>
11.         </dl>
12.       </li>
13.       <li class="leftborder">
14.         <dl>
15.         <dt><a href="#" target="_blank">一站式婚礼服务</a>、
16.          <a href="#" target="_blank">婚庆公司</a></dt>
17.           <dd><a href="#" target="_blank" class="redlink_k">
18.               一站式婚礼服务</a></dd>
19.           <dd><a href="#" target="_blank" class="redlink_k">
            婚庆公司</a></dd>
```

```
20.                <dd><a href="#" target="_blank">酒店婚礼</a></dd>
21.                <dd><a href="#" target="_blank">欧式婚礼</a></dd>
22.                <dd><a href="#" target="_blank">中式婚礼</a></dd>
23.                <dd><a href="#" target="_blank">户外婚礼</a></dd>
24.                <dd><a href="#" target="_blank">现场花艺</a></dd>
25.            </dl>
26.        </li>
27.    </ul>
28. </div>
```

在上述代码中，第1行引用了CSS "b-c"，这个CSS定义了正文部分的高度，并使用选择器声明中的嵌套声明来声明了其中超链接标签的样式，而且，redlink_k部分的CSS代码，也是通过嵌套在 "b-c" 样式里实现的，关键代码如下：

```
1.  .b-c { height:118px;}        /*定义高度*/
2.  .b-c ul li dl dd a.redlink_k:link{   /*这里通过嵌套的方式，定义redlink_k的样式*/
3.  color:#FF3300;  /*定义字体颜色*/
4.  }
```

至此，就能实现了本实训部分的所有需求。

3.6　上机题

（1）请实现图3-13的效果，在实现并定义CSS的过程中，请综合使用ID属性和CLASS属性的选择器。其中，通过CSS样式，将"店铺介绍"的字体大小定义为20px，把"大柏树店"字体的颜色定义为"#CC0033"。

其他的图片和文字的效果，请用前面章节里的<img>和<p>等标签实现。

图3-13　上机题1

（2）嵌套的选择器声明是CSS中比较常见的，本题里，请开发一个以世博为题材的模块，如图3-14所示。本题的要求如下：

①声明一个选择器，定义h1标签的字体大小是16px。

②在h1标签下嵌套一层<a>标签，在这个嵌套<a>标签中，把字体颜色定义成红色，用这个"嵌套在h1标签下的a标签"作用到"中国参加世博会历史"文字上。

③定义一个传统的针对<a>标签的css样式，其中把文字颜色定义成"#26437e"，随后把<a>标签作用到下文中的诸如"世博会的最大杯具！不看后悔！笑翻人了"等的超链接上。

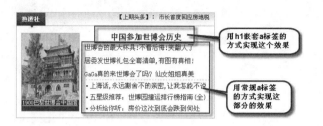

图3-14 上机题2

（3）我们在浏览网站时，经常见到有很多的图片上都有文字，这种做法用CSS也可以实现。请在本题里，用包含"文字颜色定义语句"和"URL声明语句"的CSS代码，实现如图3-15所示的效果。具体的要求如下：

①选择一张图片，并通过background-image:url的方式，把这张图片设置成本页面的背景图片，设置的时候，请用"相对路径"的方法。

②通过CSS里的Color元素，把"美食介绍"部分的文字颜色设置为"#0000FF"效果。

（4）在本题中，实现一个新闻综合网站中的"新闻导航"模块。其中，通过CSS的"长度单位"把整个DIV的高度和宽度分别设置成150px和300px。同时，通过在CSS里定义border属性，把整个DIV的边框设置成1px，如下图3-16所示。

图3-15 上机题3   图3-16 上机题

（5）在本题中，用CSS的"继承"机制，实现一个摄影网站的资讯部分，并为最外层的body层声明一个css选择器，在其中声明字体大小为12px，这样在整个页面中的文字，都是通过"继承12px"，显示出这个大小的样式，如图3-17所示。

图3-17　上机题5

（6）请使用CSS样式完成如图3-18所示的效果图。该效果图的要求如下：

①标题部分使用CSS的类选择器设置样式。文字部分需要加粗样式，而背景色要求使用蓝色。

②下面的内容主题部分使用CSS的ID选择器设置样式。将字体大小设置为16px；字体为加粗显示。

③下面的正文部分需要使用ul加li来进行布局，所有文字部分字体为10px。

④使用标签选择器来完成对边框的设置，边框的宽度为2px；边框的颜色为淡青色。

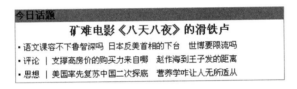

图3-18　上机题6

（7）请使用CSS样式完成如图3-19所示的效果图。该效果图的要求如下：

①请使用标签选择器来设置整个效果图边框的样式，其中边框的宽度为2px；边框的颜色为淡青色。

②请使用类选择器完成对标题部分的样式设置。首先将标题处的背景色设置为绿色，并且字体为加粗显示，将文字大小设置为14px。

③请使用ul与li完成对正文部分的排版，并且使用标签选择器完成对正文部分的样式设置。

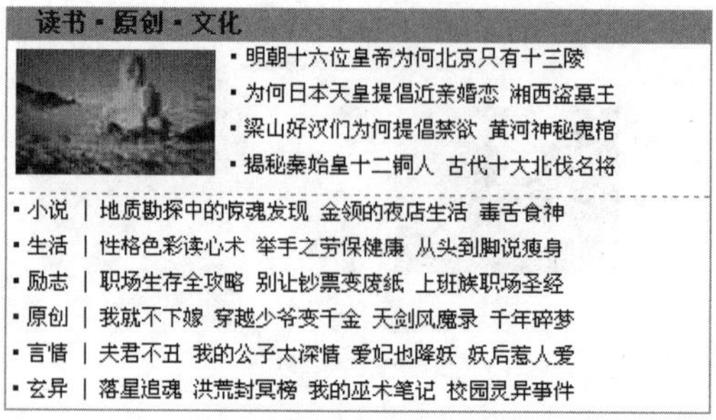

图3-19 上机题7

（8）请使用CSS样式完成如图3-20所示的效果图。该效果图的要求如下：

①请使用标签选择器，来完成整个效果图样式的设置，可以使用\<body\>标签来完成。将文字左对齐，边框颜色设置为淡青色，边框的宽度为2px。

②请用ID选择器完成对标题部分样式的设置。标题部分的字体为加粗显示，背景色为蓝色。

③请将内容主题部分的文字大小设置为16px，文字部分距离边框位置为20px。

④内容部分的文字距离边框位置为5px；文字大小为10px。

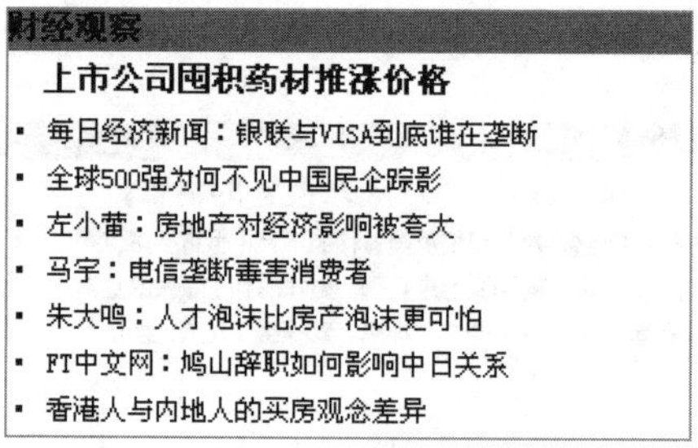

图3-20 上机题8

通过CSS控制字体样式

第4章

文本编辑在网页设计中占了很大的比重，因为网页是用来传递信息的，而最经典最直接的信息传递方式就是文字。

通过CSS的本文编辑的标记语言，可以设置文字的样式、颜色和粗细等属性，在本章中，我们将讲述的重点内容如下。

- CSS控制文字样式的方法
- CSS控制边距与段落的方法
- 通过CSS定义样式表的方法

4.1 通过CSS控制文本样式

文字是网页设计里不可缺少的元素，如果把大段文字不加任何修饰就堆积到网页上，会让人产生枯燥的感觉，换句话说，如果我们通过CSS样式代码把网页上的文字装饰得美轮美奂，就能很好地留住访问者。

4.1.1 定义文字颜色

在HTML页面中，为了定义文字的颜色，首先要用HTML标签（tag）把文字包含起来，代码如下所示。

```
<b>这是一个粗体</b>
```

我们知道，任何HTML标签（比如<b>）都可以做为CSS的选择器，所以，可以把定义文字颜色的代码写到修饰文字的CSS选择器里，就像下面代码一样。

```
<b style="color:rgb(0,0,255)">这是一个蓝色的粗体文字</b>
```

这里使用CSS把文字定义成蓝色，由于它作用在b这个标签里的，所以文字同时会加粗，效果如图4-1所示。

这是一个蓝色的粗体文字

图4-1 定义文字颜色的代码效果

 一般在定义字体颜色的时候，可以使用Dreamweaver的调色板，根据网站的总体风格来定义颜色，另外，这里直接把样式文件写到标签里，我们这样做仅仅是为了让大家能尽快了解文字定义的方法。还是建议把这部分代码放到CSS文件里，通过在head部分引用的方法来引入CSS样式代码。

在对网页里的文字进行设置时，有时候还需要给出文字设置的阴影效果，并为文字阴影添加颜色，这时需要用到CSS的text-shadow属性，语法如下所示。

```
{text-shadow:16位色值}
```

文字阴影的颜色值设置和文字颜色设置基本是一样的，它的值可以是数值，也可以是英文字母。

不过这个"文字阴影"效果，IE浏览器并不支持，只在Firefox浏览器里有效，这点请大家特别注意。

4.1.2 通过CSS设置字体

字体是指字的各种不同的形状，也可以理解成笔画的姿态。可以通过如下的语法定义字体的样式。

```
{font:font-style font-variant font-weight font-size font-family}
```

在font后面，定义字体样式的属性，其中有两个属性与CSS字体控制有关，我们通过表4-1来说明一下，其他属性将在后文再做叙述。

表4-1 字体样式语法说明表

定义字体的属性	作用	参数
font-variant	设置字体的变形	Normal，small-caps Normal是正常的字体，small-caps是小型的大写字母字体，或检索对象中的文本是否为小型的大写字母
font-family	字体类形	比如黑体、宋体、隶书，网页中默认的是宋体

 在font-family后加上的多种字体一定要是计算机里已经安装的字体，否则浏览器就会用默认的字体（比如宋体）来替代以显示网页的内容。

我们可以通过如下代码的方式综合定义文字的字体。

```
1. P{
2.   font:italic12pt/14ptTimes
3. }
```

其中，指定P段落里的文字是italic（斜体），采用Times字体，字体是12点大小，行高为14点。下面看一个通过font定义字体的例子。

范例4-1：【光盘位置】\sample\chap04\字体颜色+字体设置\index.html

这个范例将实现一个时尚美容网站的"化妆推荐"模块，效果如图4-2所示，我们要用选择器实现如下的效果。

①设置第一行的文字为红色的，并把它的字体设置成幼圆样式。
②把第二行的文字设置成绿色的隶书样式。
③把第三行的文字设置成蓝色的华文新魏样式。

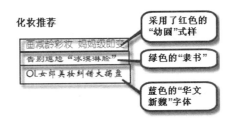

图4-2　通过CSS设置字体颜色和字体样式的效果图

为了实现这个效果，首先需要定义HTML代码，如下所示。

```
1.  <html >
2.  <head>
3.  <meta charset=utf-8" />
4.  <title>字体颜色+设置字体</title>
5.  <link href="css/index.css" rel="stylesheet" /> <!—引入CSS代码-->
6.  </head>
7.  <body>
8.  <div class="index_col_11" style="width:230px; margin-left:400px;">
9.    <h2>化妆推荐</h2>
10.   <ul class="index_col_11_1">
11.     <li>
12.       <a href="#" target="_blank" class="r">画减龄彩妆 妈妈级即变美少女</a>
13.     </li>
14.     <li>
15.       <a href="#" target="_blank" class="g">告别尴尬"冰淇淋脸"妙招不花妆</a>
16.     </li>
17.     <li>
18.       <a href="#" target="_blank" class="b">OL女郎美妆纠错大揭盘</a>
19.     </li>
20.   </ul>
21. </div>
22. </body>
23. </html>
```

代码中定义字体颜色等样式的CSS代码写在css/index.css文件里，在第5行通过link语句引入。

为了实现要求的三个效果，在第12、第15和第18行的三个CLASS选择器里定义对应的代码，这部分的代码是放在css/index.css文件里，内容如下所示。

```
1.  .r{
2.    color:red; /*定义文字为红色*/
3.    font-family:"幼圆"; /*定义字体是幼圆*/
4.  }
5.  .g{
6.    color:green; /*定义文字为绿色*/
7.    font-family:"隶书"; /*定义字体是隶书*/
8.  }
9.  .b{
10.   color:blue; /*定义文字为蓝色*/
11.   font-family:"华文新魏"; /*定义字体是华文新魏*/
12. }
```

以第1行的r这个CSS为例，它通过color定义字体的颜色为红色，通过font-family定义字体是幼圆，由此实现了第一个需求。另外两个需求的实现方法很相似，是通过CSS代码里的第5到第12行来实现的，这里就不再重复说明。

 在网络开发的过程中，会经常通过定义CSS来设置字体颜色，而设置字体虽然也会经常用到，但一般只会用到其中的"宋体"和"黑体"等字体。

4.1.3 字体粗细与斜体

通过设置字体的粗细程度，可以让文字显示不同的外观。我们可以通过font-weight属性来设置字体的粗细程度，具体的语法如下所示。

```
{font-weight:100-900|bold|bolder|lighter|normal;}
```

在设置字体的粗细时，可以直接输入粗细数值，取值范围从100~900，浏览器默认的字体粗细为400，另外也可以通过参数lighter和bolder使得字体在原有基础上显得更细或更粗些，设置字体粗细的参数如表4-2所示。

表4-2 设置字体粗细样式的参数说明表

参数	说明
Bold	粗体（相当于数值700）
Bolder	特粗体
Lighter	细体
Normal	正常体（相当于数值400）

下面通过一个例子来看一下各种字体粗细的效果，如图4-3所示。

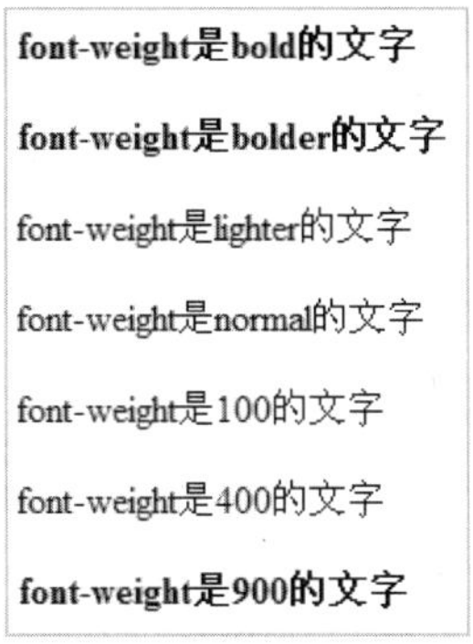

图4-3 通过CSS设置字体粗细的效果图

此外，在某些场合下，需要把文字设置成斜体，这部分的语法如下所示。

```
{font-style:inherit|italic|normal|oblique}
```

其中，针对斜体部分的属性说明如表4-3所示。

表4-3 设置字体斜体样式的参数说明表

参数	说明
inherit	继承
italic	斜体
normal	正常
oblique	偏斜体

下面将通过一个形象的例子，说明斜体部分各属性值的作用，其中代码的第7到第9行，通过font-style来定义各种斜体的效果。

```
1.  <html >
2.  <head>
3.  <meta charset=utf-8" />
4.  <title>通过CSS设置斜体</title>
5.  </head>
6.  <body>
7.      <p style="font-style:italic">font-style:italic的文字</p>
8.      <p style="font-style:oblique">font-style:oblique的文字</p>
9.      <p style="font-style:normal">font-style:normal的文字</p>
10. </body>
11. </html>
```

这部分的代码的效果如图4-4所示。

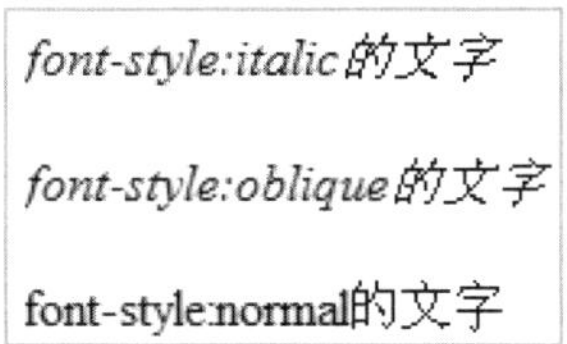

图4-4 通过CSS设置斜体的效果图

4.1.4 定义字体大小和行高

在一个网站里，文字的大小往往会影响访问者浏览的速度，同时，如果合理地设置行高，也能提升文字的整体外观，下面我们将介绍一下定义文字大小和行高的语法。

1. 定义字体大小

字体的大小可以通过font-size的属性来定义，具体的语法如下。

```
{font-size:数值|inherit| medium| large| larger| x-large| xx-large| small| smaller| x-small| xx-small}
```

其中，通过数值来定义字体大小，比如用font-size:12px的方式定义字体大小为12个像素这样的样式。

此外，还可以通过诸如medium之类的参数定义字体的大小，这些参数如表4-4所示。

表4-4 设置字体大小样式的参数说明表

参数	说明
xx-small	用这个参数定义的字体，是所有相对大小取值中最小的
x-small	用这个参数定义的字体，仅大于xx-small的字体
small	用这个参数定义的字体，在文字大小的相对大小值中默认为小字体
medium	默认值。也是7种字体大小中的中字体
large	用这个参数定义的字体，在大小值中默认为大字体
x-large	用这个参数定义的字体，在相对大小值中仅小于xx-large的字体
xx-large	用这个参数定义的字体，是所有相对大小值中最大的字体

用上述参数设置出的字体大小之间是有固定比例的，比如x-small是xx-small的1.5倍，small是x-small的1.5倍，medium是small的1.5倍，large又是medium的1.5倍。依此类推。

文字大小属性值使用xx-small设置出的字体最小，用xx-large设置出的字体是最大的。

2. 定义行高

在CSS中，行高通过line-height来定义，这部分语法如下。

```
{line-height:数值}
```

这里，可以使用数字定义行高，一般单位为px，比如定义行高是50个像素的代码如下所示。

```
{line-height:50px;}
```

这里也可以把参数值设置为"normal"，指定行高是"默认数值"，默认的行高的数值是"字体大小"的数值（也就是在CSS里设置的font-size参数的数值），比如我们已经在CSS里设置好了字体的大小是14px，这样就可以通过line-height:normal语句，设置默认的行高是14px。

在实际应用中，"行高"这个CSS样式的使用频率还是比较大的，下面来看一个例子，从中可以大致看到line-height参数的作用，如图4-5所示。

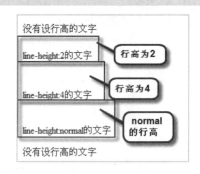

图4-5 定义行高的作用

4.1.5　下划线、顶划线、删除线

在文本编辑中有的文字需要突出重点，这时往往就会添加下划线，此外，还会有顶划线和删除线效果。要为文本添加下划线、顶划线与删除线，可以通过如下的语法实现。

```
{text-decoration:inherit|none|underline|overline|line-through|blink}
```

其中，CSS里的text-decoration属性用于控制文本的效果，它的属性值以及含义如表4-5所示。

表4-5　tect-decoration属性

参数	说明
inherit	继承
none	无文本修饰，缺省设置
underline	为为文本添加下划线
overline	为文本添加顶划线
line-through	为文本添加删除线
blink	使文本闪烁

上面已经讲述了通过CSS控制文本样式的一些知识点，接下来通过一个范例，巩固一下这些知识。

范例4-2：【光盘位置】\sample\chap04\下划线等的综合应用\index.html

范例4-2实现如图4-6所示的效果，其要求如下。

①为了突出标题，使之醒目，所以设置标题文字为红色黑体，并设置它的字体大小是16个像素。

②为了突出重点，所以用下划线等样式标示正文里的某段文字。

③为了方便读者注意一些关键文字，所以把某些文字的行高设置成25个像素。

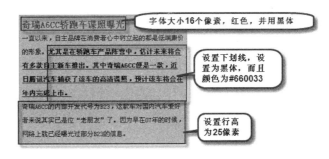

图4-6　定义下划线、字体、行高等的效果图

为了实现上述效果，我们首先需要定义HTML代码：

```
1.  <html >
2.  <head>
3.  <meta charset=utf-8" />
4.  <title>综合效果演示</title>
5.  </head>
6.  <body>
7.  <div class="big">
8.      <p class="da">奇瑞A6CC轿跑车谍照曝光</p>
9.    <p>一直以来，自主品牌在消费者心中树立起的都是低端廉价的形象。
10.     <span class="cs">尤其是在轿跑车产品阵营中，估计未来将会有多款自主新车推出。
```

奇瑞A6CC便是其中一款，近日腾讯汽车捕获了该车的高清谍照，预计该车将会在年内完成上市。

```
11.        </span>
12.        <br />
13. 奇瑞A6CC的内部开发代号为B23，这款车对国内汽车爱好者来说其实已是位"老朋友"了。
        因为早在07年的时候，网络上就已经曝光过部分B23的信息。
14. </p>
15. </div>
16. </body>
17. </html>
```

上面代码已经把文字包含在许多的HTML元素里了，接下来就能通过设置CSS来定义上文里的效果。

为了定义"红色黑体而且大小为16个像素"的效果，我们需要定义ID为big的CSS代码，如下所示。

```
1.        .da{
2.        font-size:16px; /*定义字体大小*/
3.        font-weight:bold; /*定义是黑体*/
4.        color:#FF0000; /*定义字体颜色*/
5.        }
```

为了定义"下划线"样式，我们需要定义ID为cs的CSS代码，如下所示。

```
1. .cs{
2.        font-weight:bold; /*定义字体为黑体*/
3.        text-decoration:underline; /*定义下划线*/
4.        color:#660033; /*定义字体颜色*/
5.        }
```

为了定义"行高"这部分的样式，由于这部分的文字包含在ID为big的div中的p元素里，所以需要定义如下的一个嵌套的CSS代码。

```
1. .big p{
2.  line-height:25px; /*定义行高*/
3. }
```

请注意这里使用px单位，也就是说行高的单位是像素。

 4.2 用CSS控制字间距和对齐方式

文本之间的间距虽然不起眼，但如果处理不好，就会出现过于紧密或者是过于松散的外观。

对齐方式也是比较重要的，通过正确地设置对齐方式，能让访问者看到一种整齐规范的效果。

4.2.1 设置字间距

设置字间距，顾名思义是设置字与字之间的距离。

在CSS代码里，调整字间距的属性是letter-spacing，该属性定义了在文本字符之间插入多少空间，这里允许使用负值，这会让字母之间挤得更紧。定义字间距的的语法如下：

```
{letter-spacing:数值}
```

其中，数值是设置字间距长度，正值表示加进指定的长度，而负值则表示减去正常长度。在设置字间距时，还需要在数字后指定度量单位：ex（小写字母x的高度），em（大写字母M的宽度）。

通过下面的代码，我们分析一下字间距的效果。

```
1.  <html >
2.  <head>
3.  <meta charset=utf-8" />
4.  <title>通过CSS设置字间距</title>
5.  </head>
6.  <body>
7.      <p style="letter-spacing:1ex">这里的字间距是1ex</p>
8.      <p style="letter-spacing:2ex">这里的字间距是2ex</p>
9.      <p style="letter-spacing:-1ex">这里的字间距是-1ex</p>
10.     <p style="letter-spacing:1em">这里的字间距是1em</p>
11.     <p style="letter-spacing:2em">这里的字间距是2em</p>
12. </body>
13. </html>
```

在上述代码的第7到第10行里，通过letter-spacing定义了多个字边距的效果，特别注意，在第9行里，由于设置的字边距是-1ex，所以文字就粘到一起去了，效果如图4-7所示。

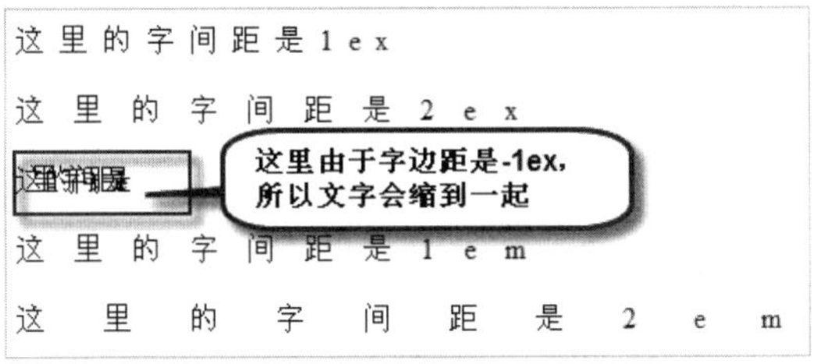

图4-7　通过CSS设置字边距的效果

4.2.2 控制对齐方式

对齐方式有很多种，字行排在一行的中央位置叫"居中"，文章的标题和表格中的数据一般都居中排。有时文字内容需要靠右边对齐排，叫右对齐，如目录的页码等内容。此外，还有左对齐等方式。

在CSS里，可以通过text-align来设置文本的对齐方式，语法如下：

```
{text-align:left|right|center|justify}
```

其中，四个参数的含义分别是：

- left：左对齐；
- right：右对齐；
- center：居中；

● justify：两端对齐，均匀分布。

 text-alight是块级属性，只能用于<p>、<blockquqte>、<ul>、<h1>~<h6>等标识符里。文本水平对齐可以控制文本的水平对齐，而且并不仅仅指文字的内容。

下面通过一个例子来看一下水平对齐的效果，如图4-8所示。

图4-8　水平对齐效果演示图

这个效果的代码如下所示。

```
1.  <html >
2.  <head>
3.  <meta charset=gb2312" />
4.  <title>文本对齐</title>
5.  <style type="text/css">
6.       .wai{
7.     font-size:16px;
8.         margin:20px 0 0 20px;
9.         border:1px #FF0000 solid;
10.        width:400px;
11.       }
12.      .left{
13.         text-align:left;
14.       }
15.      .right{
16.            text-align:right;
17.       }
18.      .center{
19.               text-align:center;
20.       }
21.      .justify{
22.     text-align:justify;
23. }
24. </style>
25. </head>
26. <body>
27.      <div class="wai">
28.           <br />
29.           <div class="left">这是左对齐</div><br />
30.           <div class="right">这是右对齐</div><br />
31.           <div class="center">这是居中对齐</div><br />
```

```
32.              <div class="justify">这是两端对齐</div><br />
33.              <br />
34.      </div>
35. </body>
36. </html>
```

请注意，代码中把CSS样式写到head中的style里，在第27到第30行里，定义对齐部分的文字，而在第12到第23行，分别用4个CSS定义各种对齐的方式。从第27到第34行的DIV里，通过了引用left等CSS，在文字中实现各种对齐的效果。

4.3 通过CSS定义样式表

在展示文字的时候，经常会用到"无序"和"有序"这两种形式的列表，图4-9展示了没有使用任何CSS样式的两种形式的列表。

从图中能看到，有序列表前，默认采用的是数字形式的项目符号，而无序列表前，默认采用的是圆点形式的项目符号。

可以通过CSS代码，更新这两种列表前的项目符号，下面将详细说明。

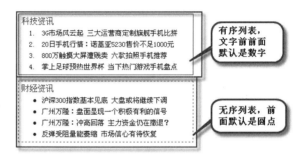

图4-9 默认情况下无序和有序列表的样式

4.3.1 通过CSS定义无序列表的效果

在CSS里，可以通过list-style-type属性来设置无序列表前的项目符号，它的语法是：

```
{list-style-type: disc|circle| square|none}
```

这个属性的参数值说明如表4-6所示。

表4-6 针对无序列表的对齐方式说明表

参数	说明
disc	实心圆
circle	空心圆
square	实心方块
none	不使用任何标号

也就是说，通过为list-style-type属性设置上表里的参数值，就能为无序列表设置不同的项目符号。

4.3.2 通过CSS定义排序列表的样式

通过list-style-type属性，也能定义排序列表前的标号，它的语法是：

```
{list-style-type: decimal|lower-roman|upper-roman|lower-alpha|upper-
alpha|none}
```

这个属性的参数值说明如表4-7所示。

表4-7 针对无序列表的对齐方式说明表

参数	说明
decimal	阿拉伯数字圆
lower-roman	小写罗马数字
upper-roman	大写罗马数字
lower-alpha	小写英文字母
upper-alpha	大写英文字母
none	不使用项目符号

下面通过一个例子来了解一下list-style-type属性的用法。

范例4-3：【光盘位置】\sample\chap04\有序和无序列表\index.html

在范例4-3中，实现了如图4-10所示的效果，用罗马数字作为有序列表的项目符号，用空心圆点作为无序列表的项目符号。

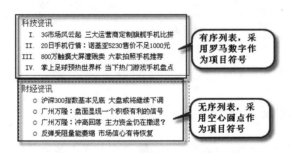

图4-10　无序列表和有序列表的效果图

范例的HTML代码如下所示。

```
1.  <html >
2.  <head>
3.  <meta charset=utf-8" />
4.  <title>ol-ul</title>
5.  </head>
6.  <body>
7.  <div class="big">
8.   <p>科技资讯</p>
9.   <ol>
10.    <li>3G市场风云起  三大运营商定制旗舰手机比拼 </li>
11.    <li> 20日手机行情：诺基亚5230售价不足1000元 </li>
```

```
12.        <li> 800万触摸大屏遭贱卖 六款拍照手机推荐 </li>
13.        <li> 掌上足球预热世界杯 当下热门游戏手机盘点</li>
14.    </ol>
15. </div>
16. <div class="big01">
17.    <p>财经资讯</p>
18.    <ul>
19.        <li>沪深300指数基本见底 大盘或将继续下调 </li>
20.        <li> 广州万隆：盘面显现一个积极有利的信号 </li>
21.        <li>广州万隆：冲高回落 主力资金仍在撤退？ </li>
22.        <li> 反弹受阻量能萎缩 市场信心有待恢复</li>
23.    </ul>
24. </div>
25. </body>
26. </html>
```

其中，在第9到第14行，通过ol实现有序列表，在第18到第23行，用ul实现无序列表。

随后，我们需要定义对应的CSS代码，由于有序列表和无序列表分别包含在big和big01里，所以下面定义了两个嵌套的CSS选择器，它们通过list-style-type属性，设置了两个项目符号。

```
1. .big ol {
2.        list-style-type: upper-roman; /*设置有序列表的项目符号是大写罗马数字*/
3. }
4. .big01 ul {
5.        list-style-type: circle; /*设置有序列表的项目符号是空心圆*/
6. }
```

在上面代码的第2行设置了list-style-type属性，将其设置为upper-roman，这样就可以将使用这个样式的页面部分有序列表的项目符号设置为大写罗马数字的形式；而第5行代码同样通过list-style-type属性，将项目符号设置为空心圆的格式。

这样就实现了图4-10所示的效果，如果读者有兴趣还可以将其他的格式也都试着设置一下，查看一下效果，这样能够使我们更加了解列表的样式，在以后的设置时也能够更好地协调列表样式，使页面更加整齐美观。

4.4 CSS 3新增的文本属性

设置文本样式一直以来都是CSS的基本功能，在早期的版本中就开始定义丰富的属性来设置字体的大小、颜色和对齐方式等。所以，在文本样式控制方面，CSS 3也加大了革新的力度，新增了几个文本属性，使CSS的功能更为强大。

1. text-shadow属性

CSS 3新增的text-shadow属性的作用是为页面上的文本添加阴影效果。目前，Safari、Firefox、Chrome和Opera浏览器都支持，Internet Explorer 9以上也支持。text-shadow属性的语法格式如下：

```
text-shadow: h-shadow v-shadow blur color;
```

上面各个参数的含义如下。

- h-shadow指定水平方向上阴影的位置，可以为负值。
- v-shadow指定垂直方向上阴影的往置，可以为负值。
- blur指定阴影的模糊半径，值越大模糊范围越大，省略时表示不向外模糊。
- color指定阴影的颜色。

参数顺序不可以颠倒。如果使用三个参数作为该属性的值时，第1个参数表示h-shadow和v-shadow的值，后面的参数不变。此时将第1个参数设置为0，表示只有模糊效果，不产生阴影。例如，下面的代码：

```
<div style="text-shadow:16px 16px 6px #FF000;">强大的CSS 3</div>
```

上面代码中定义了阴影的水平和垂直都是16像素，模糊半径为6像素，阴影的颜色是"#FF000"。

在使用text-shadow属性时，如果前两个参数的值为负值，那么阴影将沿着反方向显示。例如，对上面div元素使用反方向的阴影代码：

```
<div style="text-shadow:-16px -16px 6px #FF000;">强大的CSS 3</div>
```

上述的代码text-shadow属性中的第1个和第2个参数使用了负值。

除了上述text-shadow属性的简单应用之外，该属性还可以实现显示多个阴影的效果，并且针对每个阴影使用不同的参数。具体方法是使用一个以逗号分隔的阴影列表作为该属性的值，此时阴影效果按照指定的顺序显示，因此有可能会出现互相覆盖，但是它们永远不会覆盖文本本身。另外，阴影效果不会改变边框的尺寸，但可能延伸到边界之外。借助text-shadow的这个多阴影机制，可以利用阴影制作出非常漂亮的文本效果。

使用text-shadow多阴影机制实现阴影叠加的燃烧文字效果。代码如下：

```
/*CSS主要代码 */
p{
    text-align:center;
    padding:20px;
    margin:0;
    font-famliy:helvetica,arial,sans-serif;
    color:#000;
    background:#000;
    font-size:70px;
    text-shadow:0  0  4px  white, 0  -5px  4px  #ff3, 2px  -10px  6px  #fd3,
              -2px  -15px  11px  #f80,2px  -25px  18px  #f20;
    }
</style>
/* HTML主要代码*/
<p>强大的CSS 3</p>
```

上述代码中，使用了text-shadows属性为p元素定义了5个阴影，共同组合构成燃烧字体的效果，运行后的效果如图4-11所示。

图4-11 燃烧字体效果

2. text-overflow属性

在设计Web页面时，设计师通常会给栏目设置固定宽度。这样来，当实际内容超过宽度时，为了避免不影响整体的布局必须对内容进行截取。例如，当一个列表栏的宽度为100像素，而内容有120像素时，有部分的内容就无法显示，需要在100像素处增加一个省略号。这个工作以前通常会使用JavaScript脚本来实现。而现在CSS 3中新增的text-overflow属性就可以使上面的问题迎刃而解。

text-overflow属性的作用其实就是决定当内容超过宽度时的显示方式。它的语法格式如下：

```
text-overflow: clip | ellipsis| ellipsis-word
```

上面各个参数的含义如下。

- clip属性值表示不显示省略标记，而是简单地裁切。
- ellipsis属性值表示当对象内文本溢出时显示省略标记，省略标记插入的位置是最后一个字符。
- ellipsis-word表示当对象内文本溢出时显示省略标记，省略标记插入的位置是最后一个词（word）。

下面的代码使用text-overflow属性来实现新闻列表有序显示时对于超出指定宽度的新闻标题，通过省略并附加省略号来避免新闻换行或者撑开版面。

```
/*CSS主要代码 */
.one p{
 margin:10px;
line-height:15px;
color:#006699;
          font-size:12px;
font-weight:800;
font-family:"宋体";
          text-decoration:underline;
white-space: nowrap;
          overflow: hidden;
text-overflow:ellipsis;
    }
/*  HTML主要代码*/
<p>新闻列表</p>
<div class="one">
   <p>•曝途观改款车海外测试谍照  换代途安更多消息曝光</p>
   <p>•华泰元田配上汽1.8T发动机  全新奔驰CLS十月首发</p>
   ……
</div>
```

上述的代码中，需要注意的是，white-space属性为应用text-overflow作准备，禁止换行；overflow属性为应用text-overflow作准备，禁止文本溢出显示；最后，设置text-overflow属性值为ellipsis显示省略号标记，运行效果如图4-12所示。

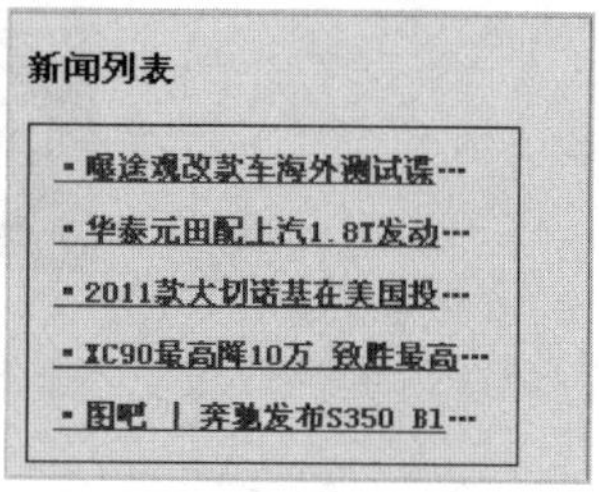

3. word-wrap属性

在CSS 3之前，word-wrap是Internet Explorer浏览器的专有属性，不能被其他浏览器支持，为了增强文本换行显示的功能，CSS 3吸纳了IE定义的word-wrap属性，并对其进行了标准化，使得Safari、Firefox、Chrome和Opera浏览器都可支持了。

图4-12 显示省略号标记

word-wrap属性用于确定当内容到达容器边界时的显示方式，可以是换行或断开，其语法格式如下：

```
word-wrap: normal | break-word
```

上面各个参数的含义如下。

normal属性值表示控制连续文本换行，就是采用浏览器的默认换行方式。

break-word属性值表示内容将在边界内换行。如果需要，词内换行（word-break）也会发生。

下面通过代码来比较一下使用word-wrap属性和不使用该属性的区别，具体代码如下：

```
<style type="text/css">
  p {
    width:200px;
    border: 1px solid;
    background-color:#FFDCCC;
    font-weight:bold;
    padding: 5px;
    word-wrap:break-word;
  }
</style>
</head>
<body>
    <p>春眠不觉晓，处处闻啼鸟，夜来风雨声，花落知多少。
    http://www.w3cplus.com/resources/css3-tutorial-and-case.</p>
</body>
```

上述的代码中，break-word作为换行方式，因此在内容碰到边界时会显示，而不管单词（连续的单词）是否显示完整，运行效果如图4-13所示。如果不使用该属性或将属性值设置为normal，此时内容会顶开容器的边界，也即是内容将撑破容器，如图4-14所示。

图4-13 break-word效果

图4-14 normal效果

4. content属性

content属性早在CSS 2.1的时候就被引入了，用于为指定元素添加内容，满足设计师在样式设计中临时添加非结构性的样式服务标签或者添加补充说明性内容等的功能，替代了原来需要使用JavaScript脚本来实现的角色任务。它常常与before选择器和after选择器配合使用。但在当时，支持的浏览器极少，而目前该属性已被大部分的浏览器支持。另外，Opera 9.5+和Safari 4已经支持所有元素的content属性。其语法格式如下：

```
content: normal | string | attr() | uri() | counter()
```

上面各个属性的含义如下。

- normal是默认值。
- string用于插入文本内容，使用双引号括起来的字符串。
- attr()用于插入元素的属性值。
- uri()用于插入一个外部资源（图像、声频、视频或浏览器支持的其他任何资源）。
- counter()表示计数器，用于插入排序标识。

下面的CSS示例代码实现了使用content属性在空元素中插入文本和在每个列表项前插入递增的序号值。

```
h2:before {
 content: "美女列表";
         font-family:"黑体";
}
ol {
 list-style-type:none;
    counter-reset:sectioncounter;
}
ol li:before {
content:"美女" counter(sectioncounter) ":  ";
         counter-increment:sectioncounter;
}
```

上述的代码中，针对h2元素使用before选择器，并且使用content属性来定义h2元素前面插入的内容"美女列表"；针对li元素使用before选择器指定content属性的属性值"content(计数器名)"，为了使用连接的自动编号，需要指定counter-increment属性，并将它的属性值设置为content属性值中指定的计数器名"sectioncounter"。

对应与上面CSS 3的HTML中的主要代码如下：

```
<h2></h2>
<ol>
<li><img src="http://pic14.nipic.com/20110614/2786001_073255808000_2.jpg"
width="128" height="96" /></li>
    <li><img src="http://pic11.nipic.com/20101129/2457331_093820153517_2.jpg"
width="128" height="96" /></li>
</ol>
```

上述的代码中，需要注意的是，h2元素中是没有内容的，完全是依靠CSS中content属性来插入文本的，运行效果如图4-15所示。

图4-15 插入列表序号和文本

 4.5　实训——CSS字体样式综合演练

范例4-4：【光盘位置】\sample\chap04\CSS字体样式综合演练\index.html

上面一节讲述了关于CSS控制字体样式的一些知识，在本节的实训里，将用CSS练习开发一个综合网站中的新闻模块。

1. 需求描述

本页面的需求如图4-16所示，要求在模块的最上方显示出新闻标题，标题下方是正文部分和相关阅读部分，其中正文部分就是文字段落部分，相关阅读部分则是无序列表组成的部分。

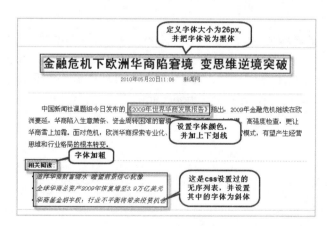

图4-16　实训效果图

在设计这个模块的时候，需要把"新闻标题"设置为黑体，用CSS字体加粗的方法把

"相关阅读"标题加粗,并把相关阅读部分的内容设置为斜体,以示与正文部分区别。

2. 构建HTML页面,而且用DIV搭框架

首先需要构建一个HTML页面,同时用DIV在页面中划分"新闻标题"、"正文"和"相关阅读"三个部分。

这部分的知识点在第2章里已经讲到,所以就不再重复讲述了。

3. 引入CSS文件

在第2步构建的HTML文件的页头部分,通过link语句,引入CSS文件,在这个CSS文件中定义了这个页面的所有样式,关键代码如下所示。

```
<link type="text/css" href="index.css" rel="stylesheet" />
```

4. 开发标题部分的样式

这里首先需要实现标题部分的DIV,关键代码如下所示。

```
1.  <div class="hd">
2.  <h1>金融危机下欧洲华商陷窘境 变思维逆境突破</h1>
3.  <div class="titBar">
4.  <div class="info">
5.  2010年05月20日11:06
6.  <span class="infoCol"><span class="where">新闻网</span></span>
7.  </div>
8.  </div>
9.  </div>
```

从上述代码可以看出,这篇新闻的标题是放在第2行的h1标签里的。而从第4到第7行的DIV里,放置了正文部分。

单凭h1并不能将样式定义成上图的效果,所以,这里为h1定义一个CSS,其代码如下所示。

```
1.  h1 {
2.  font-family:"黑体",arial; /*设置字体*/
3.  font-size:26px;  /*设置字体大小*/
4.  margin-bottom:6px; /*设置底边距*/
5.  font-weight:800;  /*设置字体的粗细*/
6.  }
```

在上述代码中,第2行设置这个标题为黑体,第3行将字体的大小设置为26px。

5. 开发正文部分的代码和样式

正文部分就是新闻的内容部分,我们把"《2009年世界华商发展报告》"这个部分加上了下划线,以示它的重要性,这个效果的代码如下所示。

```
1.  <div id="Cnt-Main-Article">
2.  <P style="TEXT-INDENT: 2em">
3.  中国新闻社课题组今日发布的<span class="sc">《2009年世界华商发展报告》</
    span>指出,2009年金融危机继续在欧洲蔓延,华商陷入生意萧条、资金周转困难的窘境,各
    国多频率、大规模、高强度检查,更让华商雪上加霜。面对危机,欧洲华商探索专业化、正规
    化、规模化的新经营模式,有望产生经营思维和行业格局的根本转变。</P>
```

```
4.    </div>
```

在上面代码中，第3行的"<span class="sc">"引用了sc，这个CSS定义了"《2009年世界华商发展报告》"这部分字体的颜色，并把字体加上了下划线，其CSS代码如下所示。

```
1.  .sc{
2.  text-decoration:underline; /*字体加下划线*/
3.  color:#0066FF;/*定义字体颜色*/
4.  }
```

6. 开发相关阅读部分的代码和样式

相关阅读部分由DIV+无序列表组合而成，这部分要求把标题部分的字体加粗，内容部分的字体设置为斜体，搭建代码如下所示。

```
1.  <div class="otherNews">
2.     <span class="cu">相关阅读:</span>
3.     <ul>
4.      <li>&middot;
5.        <a href="#" class="RelaLinkStyle">
6.           迪拜华商财富缩水 瞻望前景信心犹豫
7.        </a>
8.      </li>
9.      <li>&middot;
10.       <a href="#" class="RelaLinkStyle">
11.          全球华商总资产2009年恢复增至3.9万亿美元
12.       </a>
13.     </li>
14.     <li>&middot;
15.       <a href="#" class="RelaLinkStyle">
16.          华商基金胡宇权：行业不平衡将带来投资机会
17.       </a>
18.     </li>
19.    </ul>
20.   </div>
21.</div>
```

在上述代码中，第2行引用了cu，这个CSS实现了将"相关阅读"这个标题加粗的效果，代码如下所示。

```
1.  .cu{
2.  font-weight:bold; /*将字体加粗*/
3.  padding-top:10px;
4.  padding-left:9px;
5.  }
```

在HTML代码的第5、10、15这三行中，都引用了RelaLinkStyle，这个CSS将字体设置为斜体，CSS代码如下所示。

```
.RelaLinkStyle{
font-style:italic
}
```

到这里，我们就实现了实训要求的样式。

4.6 上机题

（1）用CSS设置字体的大小、文本的行高以及为字体设置下划线等是比较常见的网页样式，请开发一个汽车新闻的模块，其效果如图4-17所示，要求如下。

①为标题设置字体大小为16px。
②为文章中重要的部分设置下划线，以示此为重点。
③为文章中和重要部分相对应的部分设置删除线，和下划线的重点部分形成对比。
④设置整个文章的行高为25px。

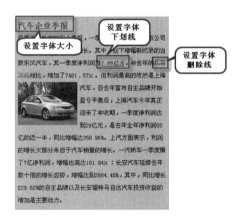

图4-17　上机题1

（2）请实现一个新闻标题模块，如图4-18所示，要求如下。

①设置字体为宋体。
②将前面的分类部分的颜色设置为红色。
③将前面的分类部分的字体加粗。

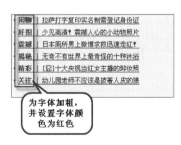

图4-18　上机题2

（3）无序列表是网站开发中最常用的一种列表，请实现一个购物网站的衣服导航模块，如图4-14所示，要求如下。

①这是一个以绿色为基础色的模块，所以请先将背景色设置为淡绿色，边框颜色为草绿色，边框宽度为2px。

②请使用无序列表完成每行只显示三个标题的效果，请各自定义外边DIV的宽度和里面li的宽度，使他们自动换行，列表符号为一个实心的小圆点，效果如图4-19所示。

图4-19　上机题3

（4）字间距的使用在网页设计中是比较好用的，通常为了拉长标题而用到它，请实现一个新闻模块的效果，将这个模块的标题间的字间距设置为20px，在模块标题下使用hr这个标签来作为分隔符，如图4-20所示。

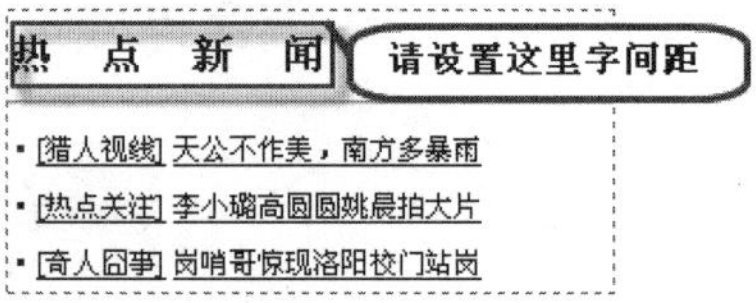

（5）字体的对齐方式、文本的行高、使用的字体这三种元素之间搭配方法比较多，请使用以上三种方式定义了一个页面模块，效果如图4-21所示，具体要求如下。

图4-20　上机题4

①将这部分的内容居中对齐，这里请使用text-align来实现。
②设置字体为"宋体"，将段落的行高设置为30px。
③图片部分恰当地放置在文字里。

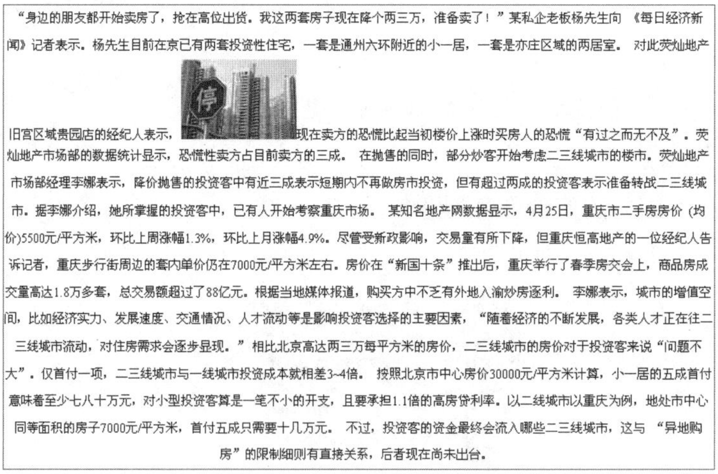

"身边的朋友都开始卖房了，抢在高位出货。我这两套房子现在降个两三万，准备卖了！"某私企老板杨先生向《每日经济新闻》记者表示。杨先生目前在京已有两套投资性住宅，一套是通州六环附近的小一居，一套是亦庄区域的两居室。对此荧灿地产旧宫区域贵园店的经纪人表示，现在卖方的恐慌比起当初楼价上涨时买房人的恐慌"有过之而无不及"。荧灿地产市场部的数据统计显示，恐慌性卖方占目前卖方的三成。在抛房的同时，部分炒客开始考虑二三线城市的楼市。荧灿地产市场部经理李娜表示，降价抛售的投资客中有近三成表示短期内不再做房市投资，但有超过两成的投资客表示准备转战二三线城市。据李娜介绍，她所掌握的投资客中，已有人开始考察重庆市场。某知名地产网数据显示，4月25日，重庆二手房房价（均价）5500元/平方米，环比上周涨幅1.3%，环比上月涨幅4.9%。尽管受新政影响，交易量有所下降，但重庆恒高地产的一位经纪人告诉记者，重庆步行街周边的套内单价仍在7000元/平方米左右。房价在"新国十条"推出后，重庆举行了春季房交会上，商品房成交量高达1.8万多套，总交易额超过了88亿元。根据当地媒体报道，购买方中不乏有外地人入渝炒房逐利。李娜表示，城市的增值空间，比如经济实力、发展速度、交通情况、人才流动等是影响投资客选择的主要因素，"随着经济的不断发展，各类人才正在往二三线城市流动，对住房需求会逐步显现。"相比北京高达两三万每平方米的房价，二三线城市的房价对于投资客来说"问题不大"。仅首付一项，二三线城市与一线城市投资成本就相差3-4倍。按照北京市中心房价30000元/平方米计算，一小一居的五成首付意味着至少七八十万元，对小型投资客算是一笔不小的开支，且要承担1.1倍的高房贷利率。以二线城市以重庆为例，地处市中心同等面积的房子7000元/平方米，首付五成只需要十几万元。不过，投资客的资金最终会流入哪些二三线城市，这与"异地购房"的限制细则有直接关系，后者现在尚未出台。

图4-21　上机题5

（6）请通过针对文字的CSS样式代码，实现如图4-22所示的效果，文字部分样式的具体要求如下。

①所有文字部分采用下划线的样式，且文字颜色定义为浅蓝色。
②文字采用宋体，而且字体大小采用12像素的样式。
③行高为15个像素。

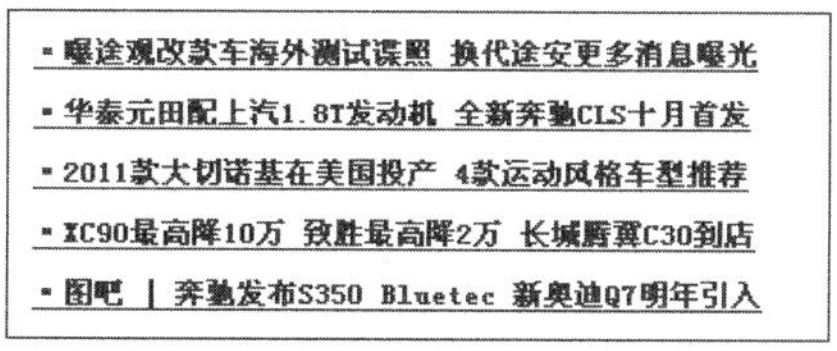

图4-22　上机题6

（7）用针对文字的CSS样式，实现如图4-23所示的效果，要求如下。

①文字部分需要整体包含在p标签里。
②如下图所示，在一段话里，用三种划线的方式来强调某段文字。
③部分文字采用红色，并采用斜体样式。

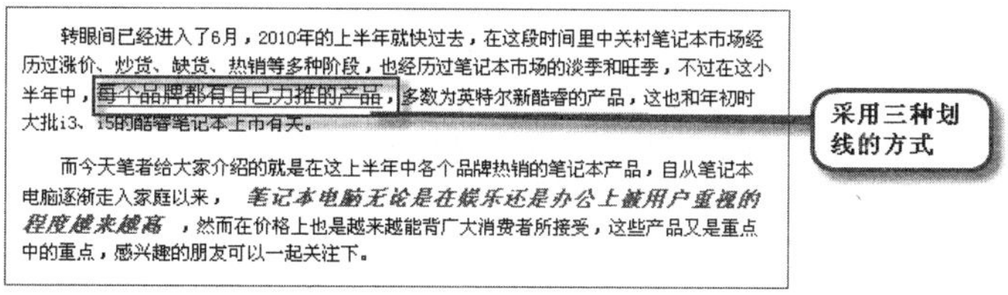

图4-23　上机题7

（8）请使用CSS来完成如图4-24所示的字体样式设置，要求如下。

①请使用CSS完成效果图中黑体字部分的样式，文字为粗体字。
②完成列表的符号与文本内容部分的文字的颜色设置。
③整个网页内的文字为左对齐。
④行与行之间的距离为2倍行距。

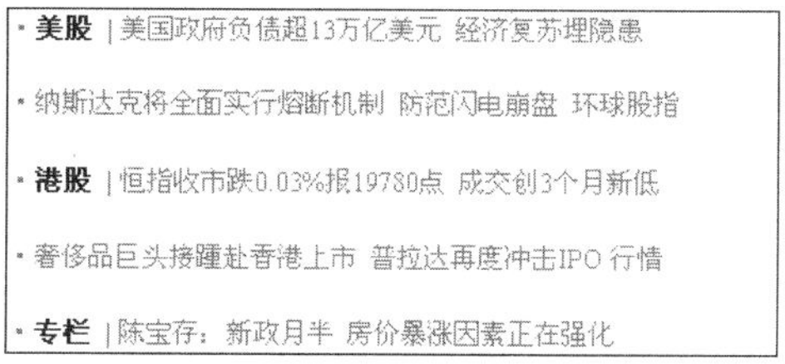

图4-24　上机题8

（9）请使用CSS完成如图4-25所示的字体样式设置，要求如下。

①请使用CSS完成整个效果图的边框设置。

②请将所有的单数行的文字及列表符号设置为绿色，文字为加粗显示，文字大小为16px，同时文字具有下划线，下划线为单行实线。

③所有双行文字样式为宋体，文字大小为14px。

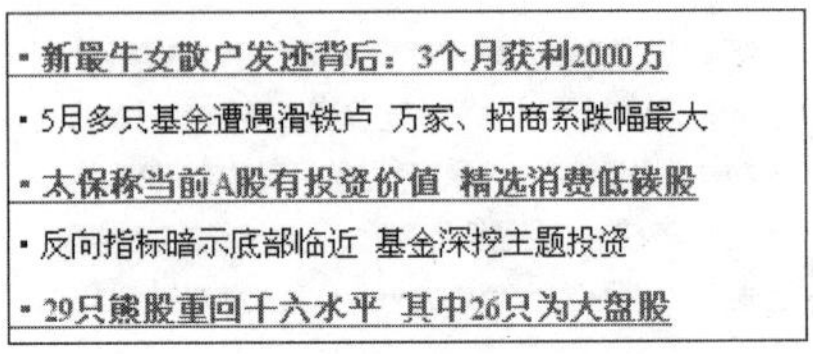

图4-25　上机题9

（10）请使用CSS完成如图4-26所示的样式设置，要求如下。

①请先将整个页面的边框设置为暗红色，边框的宽度为1px。

②请将第一行的文字设置为加粗显示，并且文字的颜色为绿色。

③请将第三行的文字设置为双倍字间距，并且对齐方式为右对齐，同时文字有顶划线，文字及顶划线的颜色为红色。

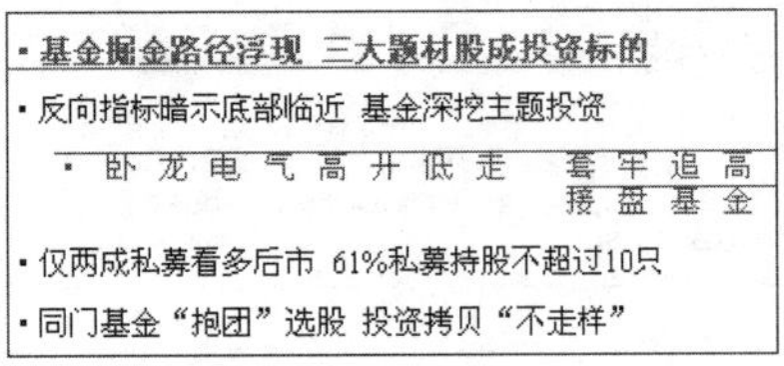

图4-26　上机题10

通过CSS定义链接样式

第 5 章

所谓超链接是指从一个网页指向一个目标的连接关系，这个目标可以是另一个网页，也可以是相同网页上的不同位置。多个"超链"可以组成"导航"菜单，如果把导航条比作网站的服务台，那么超链接就可以理解为网站的"服务生"。

网页中的超链接标签是使用最频繁的HTML元素之一，网站的所有页面都由超链接串接而成，超链接完成了页面之间的跳转，此外超链接也是目前浏览者和服务器交互的主要手段。

通过CSS，可以设置超链接和导航栏的样式及其外观属性，在本章中，我们将讲述的重点内容如下。

- 为超链接定义CSS伪类属性的方法
- 通过CSS定义各种丰富的超链接效果的方法
- 通过CSS定义针对超链的鼠标特效的方法

5.1 针对链接的CSS基本概念

超链接的标签是<a></a>，给文字添加超链接类似于其他修饰标签。添加了链接后的文字有其特殊的样式，以和其他文字区分，默认链接样式为蓝色文字，有下划线。超级链接是跳转到另一个页面的入口，<a></a>标签有一个href属性负责指定新页面的地址。href指定的地址一般使用相对地址。

通过CSS代码，可以修饰超链对象，使之达到美观的效果。

5.1.1 CSS伪类别

为了更好地定义针对a标签的效果，需要用到"CSS伪类"这个概念。伪类可以看做是一种特殊的类选择符，它能被支持CSS的浏览器自动所识别。它的最大的用处就是在不同状态下可以对链接定义不同的样式效果。它是CSS的内部类，CSS本身赋予它一些特性和功能，在用到这些伪类的时候，就不用再通过"class"或"id"这种声明方式，可以直接在代码中使用。

比如，如果要定义没有用户访问过的页面的样式，可以通过如下的方式：

```
1.  a:link{
2.  color:red
3.  }
```

其中link就是CSS的伪类，用来声明没有用户访问过的超链的样式，由于设置了color:red，所以能指定没有用户访问过的超链是红色的效果。

其实这个伪类与正常的样式语法差不多，区别就在于定义及使用方法，定义时只要使用名称定义就可以了，就像上面的a:link就是设置没有用户访问过的超链接样式，而使用时可以直接用，也不需要使用什么选择器。

在定义超链样式效果的时候，会大量用到CSS伪类，我们在下文里将详细讲到。

5.1.2 用伪类定义动态超链接

如果不用伪类别定义，那么在默认的情况下，超链是蓝色的并有下划线，访问过的超链是紫色的，也有下划线，效果如图5-1所示。

这种比较传统的超链，无法满足广泛的用户需求，在实际的网页设计里，我们或许对超链的文字、背景色和字体颜色等样式都有要求，针对这种要求，就可以通过伪类来定义。

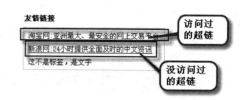

图5-1　默认的超链的样式

先来了解一下针对超链标签的伪类的用法，如表5-1所示。

表5-1　用伪类修饰超链标签的用法一览表

伪类	用途
a:link	设置a对象在未被访问前的样式表属性
a:hover	设置对象在其鼠标悬停时的样式表属性
a:active	设置对象在被用户激活（在鼠标单击与释放之间发生的事件）时的样式表属性
a:visited	设置a对象在其链接地址已被访问过时的样式表属性

也就是说，如果要定义未被访问过超链的样式，可以通过定义a:link来实现，如果要设置被访问过的超链的样式，可以定义a:visited来实现。其他要定义悬浮和激活时的样式，也能按上表所示，用hover和active来实现。

下面通过一个范例，来看一下通过a标签的伪类定义各种动态超链接样式的方法。

范例5-1：【光盘位置】\sample\chap05\CSS伪类别\ index.html

范例5-1实现一个新闻网站的"杂谈新闻"模块，效果如图5-2所示。

在这个模块中我们要用选择器实现以下的效果。

①把页面中所有的文字都设置成蓝色。

②把整个DIV的宽度设置成760px。

③把整个DIV的外边框设置成1px宽。

图5-2　使用伪类定义后的样式

　　下面先来看一下这部分的HTML代码，其中第10行到第14行，用ul和li的方式显示了许多a标签。

```
1.  <html >
2.  <head>
3.  <meta charset=gb2312" />
4.  <title>CSS伪类别</title>
5.  <link href="css/index.css" rel="stylesheet" />
6.  </head>
7.  <body>
8.  <div class="wrap_l clearfix">
9.    <div class="bd r mt piazza">
10.    <ul class="li_word  clearfix">
11.      <li><a  href="#"  title="那日松：欧阳星凯，重要的是要重新站起来……"
         target="_blank">那日松：欧阳星凯，重要的是要重新站起来……</a></li>
12.      <li><a  href="#"  title="“金像奖”何以再爆造假门？ " target="
         _blank">“金像奖”何以再爆造假门？ </a></li>
13.      <li><a  href="#"  title="关于“评测门”事件的思考" target="_blank">
         关于“评测门”事件的思考</a></li>
14.    </ul>
15.   </div>
16. </div>
17. </body>
18. </html>
```

　　为了实现所需的效果，需要在CSS里定义一些伪类别。

```
1.  a{ /*定义本身a标签的样式*/
2.    color:#545454; /*定义文字颜色*/
3.    text-decoration:none; /*定义下划线效果*/
4.  }
5.  a:link{
6.    color:#545454;
7.    text-decoration:none;
8.  }
9.  a:hover{ /*定义鼠标停留上的效果*/
10.    color:#f60;
11.    text-decoration:underline;
12. }
13. a:active{
14.    color:#FF6633;
```

```
15.    text-decoration:none;
16. }
```

其中，当用鼠标停留在a标签上时，会出现第9行a:hover定义的颜色为#f60、带下划线的效果。而没访问过的超链，会出现第5行a:lilnk定义的颜色是#545454、不带下划线的效果。

 a:link和针对a的CSS代码都是定义超链标签的，一般这两部分的样式代码是一致的，如果有差异，以在后面定义的代码为准，比如a:link定义在a后面，那以a:link为主。

5.2 定义丰富的超链特效

如果使用图片或Flash实现超链，那么实现的超链效果会是比较美观的，但如果用文字实现超链，那么，为了达到美观的效果，就需要通过设置成按钮或添加背景图等方式来美化超链效果，本节我们就来学习一下实现超链接效果的方法。

5.2.1 给链接添加提示文字

很多情况下，超级链接的文字不足以描述所要链接的内容，超级链接标签提供了title属性，可以很方便地给浏览者做出提示。title属性的值即为提示内容，当浏览者的光标停留在超级链接上时，会出现提示内容，这样不会影响页面排版的整洁。

下面来看一下给链接添加提示文字的实例。先来看一下效果图，如图5-3所示。

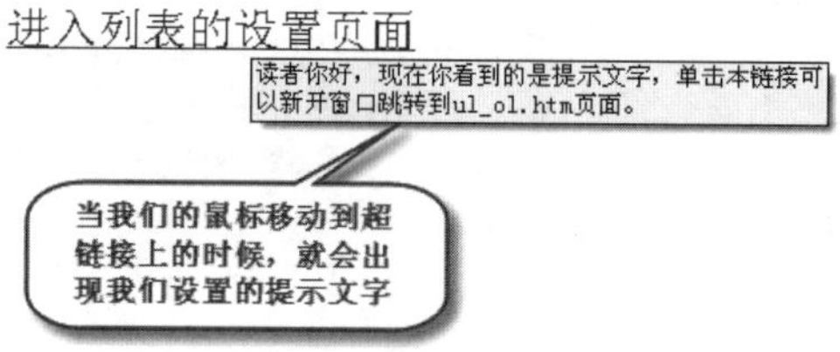

下面再来看一下HTML代码。

进入列表的设置页面

读者你好，现在你看到的是提示文字，单击本链接可以新开窗口跳转到ul_ol.htm页面。

当我们的鼠标移动到超链接上的时候，就会出现我们设置的提示文字

图5-3 链接提示文字效果图

```
1.  <html>
2.  <head>
3.    <title>超级链接的设置</title>
4.  </head>
5.  <body>
6.  <font size="5">
7.  <a href="ul_ol.htm" target="_blank" title="读者你好，现在你看到的是提示文字，
    单击本链接可以新开窗口跳转到ul_ol.htm页面。">进入列表的设置页面</a>
8.  </font>
9.  </body>
10. </html>
```

在上述的代码中，我们着重来看一下第7行，这就是设置提示信息部分的重点部分。这

里有一组<a>标签，里面设置了它的href属性，这是它所要链接到的页面名字，还有一个title的属性，这就是我们所设置的要显示的提示文字了，只要在这里设置内容，就可以达到显示提示信息的效果。

5.2.2 按钮式超链接

本小节要实现一个按钮式超链接的效果，按钮式超链接的一般表现方式为：当鼠标指针移动到一个超链接上的时候，超链接的文字或是图片就会像被按下去一样，有一种凹陷的效果。

这种效果如何实现呢？在CSS中有一个事件是a:hover，它用来定义鼠标经过链接时所发生的效果。我们定义当鼠标经过链接时，将链接向下、向右各移一个像素，这时候显示的效果看起来就像按钮被按下了。

下面用表格的形式，介绍一下与按钮效果有关的一些CSS属性，如表5-2所示。

表5-2　和按钮式超链效果有关的CSS属性

CSS属性	作用
font-family	设置超链文字的字体
font-size	设置超链文字的字体大小
text-align	设置文字的对齐方式
margin	设置外边距
padding	设置内边距
border	和外边框有关的效果
background-color	设置背景的颜色

为了实现按钮式超链效果，更重要的工作是，需要定义一些CSS伪类样式。下面就通过一个范例学习一下这方面的知识。

范例5-2：【光盘位置】\sample\chap05\按钮超链\index.html

这个范例实现一个新闻门户网站的导航条效果，如图5-4所示。其中，鼠标停留和鼠标离开时的按钮背景图是不同的。

图5-4　按钮式超链接

为了实现这个效果，先要编写HTML代码如下所示。

```
1.  <html >
2.  <head>
3.  <meta charset=utf-8" />
4.  <title>链接按钮-横</title>
5.  </head>
```

```
6.  <body>
7.  <div class="big">
8.  <ul>
9.      <li><a href="#">首页</a></li>
10.     <li><a href="#">国内新闻</a></li>
11.     <li><a href="#">体育新闻</a></li>
12.     <li><a href="#">国际新闻</a></li>
13.     <li><a href="#">娱乐新闻</a></li>
14.     <li><a href="#">财经新闻</a></li>
15. </ul>
16. </div>
17. </body>
18. </html>
```

其中从第8行到第15行，用ul和li定义了一些超链，主要用于显示导航条的内容部分。这时还显示不出"按钮"的效果，因为按钮效果定义在CSS样式里。

为了实现按钮式超链接的效果，CSS样式的代码如下所示。

```
1.  a:link,a:visited{
2.      width:100px;
3.      height:20px;
4.      line-height:20px;
5.      border:1px #3333FF solid; /*外边框*/
6.      background-color:#99CC66; /*设置背景图效果*/
7.      text-decoration:none; /*设置无下划线效果*/
8.      color:#FFFFFF; /*设置文字颜色*/
9.      }
10. a:hover{
11.     color:#FF0000;
12.     background-color:#CCCC00;
13.     }
```

其中从第1到第9行的代码设置了外边框、背景图片和文字颜色部分样式，这样从外观上看起来，超链部分的文字就很像是一个"按钮"样式了，但这里只设置了超链部分没有链接的部分样式。接下来需要设置鼠标悬停时的样式，在代码的第10行到第13行里，通过a:hover定义鼠标停留在菜单上的样式，设置了文字的颜色和背景色。

由于a:hover与前面的a:visited和a:link里声明的background-color不一样，所以当鼠标移动到超链上时，就会有鼠标移动上去后颜色变幻的效果。

这种超链的效果在现在的网页设计上应用很广泛，很多网页的菜单部分都是用这种方法来设置的，以实现动态的效果。

5.2.3 为超链添加背景图效果

如果把背景图也加入到超链效果里，会让超链具有更加精美的效果，下面我们做一个这方面的示例来详细说明超链使用背景图的方法。

范例5-3：【光盘位置】\sample\chap05\超链使用背景图\index.html

这个范例搭建一个购物网站的导航菜单，它使用了两种背景图来体现其效果，如图5-5所示。

在这个模块中，我们需要用CSS定义如下效果。

①所有导航的背景图片都引用蓝色背景图片。
②当鼠标停留时，背景图片变为粉红色。
③所有的文字都是白色。
④当鼠标停留，文字颜色设置为#006600。

首先需要搭建这部分的HTML代码，具体的代码如下所示。

图5-5　超链背景效果图

```
1.  <html">
2.  <head>
3.  <meta charset=utf-8" />
4.  <title>背景图切换</title>
5.  </head>
6.  <body>
7.  <div class="big">
8.      <ul>
9.      <li><a href="#">电脑硬件</a></li>
10.         <li><a href="#">手机报价</a></li>
11.         <li><a href="#">数码产品</a></li>
12.         <li><a href="#">办公用品</a></li>
13.         <li><a href="#">化妆品</a></li>
14.         <li><a href="#">流行服饰</a></li>
15.         <li><a href="#">家具用品</a></li>
16.     </ul>
17. </div>
18. </body>
19. </html>
```

在上述代码中，在第7行引入了一个big样式，通过这个CSS，定义了背景图切换等效果。而在第8到第16行里，通过使用ul和li无序列表的方式将导航菜单内的数据显示出来。但现在这个菜单什么效果也没有，因为这需要CSS样式的配合才能显示出效果，下面来看一下CSS部分的代码。

```
1.  .big a{ /* 原有效果 */
2.          background-image:url(nav01.jpg); /* 引用背景图片-蓝色 */
3.          width:100px; /* 定义宽度为100px */
4.          height:30px;  /* 定义高度为30px */
5.          line-height:30px; /* 定义行高为30px */
6.          text-align:center; /* 将文字居中 */
7.          color:#FFFFFF; /* 定义字体颜色为白色 */
8.          text-decoration:none; /* 去掉超链的下划线 */
```

```
9.                    }
10.         .big a:hover{ /* 鼠标停留效果 */
11.              background-image:url(nav02.jpg); /* 定义背景图片-粉红色 */
12.              color:#006600;        /* 定义文字颜色 */
13.                    }
```

在上述代码中，第1行到第9行定义原有效果与鼠标移开时效果，其中第2行引用了一张蓝色的图片做为背景图片，第3行定义这个导航栏的宽度，第4行定义每个超链接的高度，第5行定义每个超链接的行高，第6行将超链接中的文字都设置为居中，第7行将超链接中文字颜色都设置为白色，第8行去掉超链接中的下划线，这样在鼠标没有停留在超链文字上的效果都设置好了。

接下来设置鼠标悬停时的效果。在第10行到第13行就是设置这个效果的样式代码，第11行定义鼠标停留时所显示的背景颜色，它定义为粉红色，这样就与原来的样式有了区分，而第12行设置了文字的颜色，将文字的颜色变成了墨绿色。

这样我们就完成了这个模块所要求的效果，当鼠标不在超链文字上的时候，就会显示白色文字蓝色背景效果，而当鼠标移动超链文字上时，文字的颜色马上变成墨绿色，背景也马上变成粉红色，这样就实现了动态菜单的效果。

5.3 用CSS定义针对超链的鼠标特效

用惯了Windows的人对各种各样的样式一定不会陌生。当鼠标移动到不同的地方时，当鼠标执行不同的功能时，当系统处于不同的状态时，都会使鼠标的形状发生变化。而在网页上往往只有当鼠标位于超链接上时才出现一个手形，在其他地方似乎没有什么变化，同充满动感的网页显得不怎么和谐。实际上，用CSS可以方便地定义许多种类的鼠标形状。用本节介绍的方法，可以在网页的任何地方设置鼠标的不同样式。

这种方法其实很简单，只要记住一些样式的设置就可以实现效果了，下面我们就来介绍如何实现这种效果。

5.3.1 用CSS设计鼠标的箭头

CSS样式中的cursor属性用于定义鼠标样式，基本格式如下：

```
选择符{
cursor: [<url>,]*[ auto | crosshair | default | pointer | move | e-resize | ne-resize | nw-resize | n-resize | se-resize | sw-resize | s-resize | w-resize | text | wait | help | progress ]
}
```

其中，[<url>,]*为根据用户定义的资源显示，即可以用图标的绝对或相对路径代替鼠标的样式。而cursor属性可以在任何选择符下设定且可以继承。

cursor属性的参数值如表5-3所示。

表5-3 cursor属性的参数值

CSS属性	作用
auto	正常鼠标样式
crosshair	十字鼠标
default	默认鼠标
pointer	点状鼠标
move	移动鼠标
e-resize,ne-resize,nw-resize,n-resize, se-resize,sw-resize,s-resize,w-resize	改变大小鼠标
text	文字鼠标
wait	等待鼠标
help	求助鼠标
progress	过程鼠标

用CSS设计鼠标箭头的范例代码如下所示。

```
1.  <html >
2.  <head>
3.  <meta charset=gb2312" />
4.  <title>鼠标箭头效果展示</title>
5.  </head>
6.  <body>
7.  <style type="text/css">
8.  <!--
9.  span {
10. display:block;
11. line-height:30px;
12. margin:5px 0;
13. background:#f0f0f0;
14. text-align:center;
15. width:200px;
16. }
17. -->
18. </style>
19. <span style="cursor:hand;">hand 手型</span>
20. <span style="cursor:crosshair;">crosshair 十字</span>
21. <span style="cursor:text;">text 文本</span>
22. <span style="cursor:wait;">wait 等待</span>
23. <span style="cursor:help;">help 问号</span>
24. <span style="cursor:e-resize;">e-resize 右的箭头</span>
25. <span style="cursor:ne-resize;">ne-resize 右上的箭头</span>
26. <span style="cursor:n-resize;">n-resize 上的箭头</span>
27. <span style="cursor:nw-resize;">nw-resize 左上的箭头</span>
28. <span style="cursor:w-resize;">w-resize 左的箭头</span>
29. <span style="cursor:sw-resize;">sw-resize 左下的箭头</span>
30. <span style="cursor:s-resize;">s-resize 下的箭头</span>
```

```
31. <span style="cursor:se-resize;">se-resize 右下的箭头</span>
32. <span style="cursor:move;">move 移动</span>
33. </body>
34. </html>
```

其中，第19行通过cursor:hand;将鼠标设置为手型，第20行通过cursor:crosshair;将鼠标定义十字型，第21行通过cursor:text;将鼠标设置为文本型，其他代码都是这样的效果，这部分的样式效果如图5-6所示。

因为我们的截图软件没有办法截到鼠标的指针，所以这里不能给出示例图，有兴趣的朋友可以自己在电脑上试一下，只要将上面的代码保存为一个HTML文件，再双击这个文件用浏览器打开就可以看到效果了。

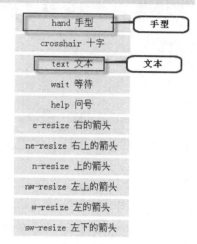

图5-6　各种鼠标变幻效果的演示

5.3.2 定义鼠标的变幻效果

在上一小节中，我们讲述了用CSS定义鼠标箭头的一些方法，这里将通过一个范例，来说明定义鼠标变幻效果的方法。

范例5-4：【光盘位置】\sample\chap05\鼠标\index.html

这个范例实现如图5-7所示的效果。其中不仅要通过定义背景图片来实现按钮式超链的效果，而且，当鼠标移动到不同的导航链接上，还需要定义"帮助"、"文本"、"等待"和"斜箭头"等样式。这样就应用到了前面讲到的几种样式效果，也使我们对前面讲的内容有更深刻的理解。

图5-7　鼠标变换效果演示

首先还是先来看一下HTML部分的代码。

```
1.  <html >
2.  <head>
3.  <meta charset=utf-8" />
4.  <title>鼠标手势</title>
5.  </head>
6.  <body>
7.  <ul>
8.    <li> <a href="#" class="help">帮助</a></li>
9.    <li> <a href="#" class="text">文本</a></li>
10.   <li> <a href="#" class="wait">等待</a></li>
11.   <li> <a href="#" class="sw-resize">斜箭头</a></li>
12. </ul>
13. </body>
14. </html>
```

　　这段代码很简单，它把导航菜单里的各项使用ul和li标签给列了出来，并且在第8到第11行的li里，分别为每个菜单项引入了诸如help之类的CSS样式。

　　但在上述代码运行后，不会看到任何变幻效果，因为还没有完成CSS部分的代码，这个鼠标变幻效果的代码如下所示。

```
1.  a{ /*定义a标签的基本样式*/
2.       display:block;
3.       background-image:url(nav03.jpg);
4.       background-repeat:no-repeat;
5.       width:100px;
6.       height:30px;
7.       line-height:30px;
8.       text-align:center;
9.       color:#FFFFFF;
10.      text-decoration:none;
11.      }
12. .help{
13.      cursor:help;
14.      }
15. .text{
16. cursor:text;
17. }
18. .wait{
19. cursor:wait;
20. }
21. .sw-resize{
22. cursor:sw-resize;
23. }
```

　　其中，第1行到第11行定义了a标签的基本样式，第3行通过background-img:url，定义了背景图效果，从第5行到第7行设置了宽度及高度，第8行设置了文本的对齐方式，而在第9行里，通过了color属性，定义了超链文字的颜色，这样就设置好了超链的初始效果。

　　而从第12行到第23行设置了鼠标的指针效果。第12行到第14行用于将鼠标指针变成一个帮助的样式，第15行到第17用于将鼠标变成文本输入时的样式，第18到第20行用于将鼠标变成等待时的样式，第21行到第23行用于将鼠标变成左下方向的斜箭头样式。

　　这样，我们在浏览器上打开这个网页就可以看到效果了。

5.4　实训——用CSS美化超链接

范例5-5：【光盘位置】\sample\chap05\用CSS美化超链接\index.html

　　本章讲述了关于美化超链接的一些CSS的基本概念，在本节实训中，我们将用CSS来练习开发一个"搜索网页"的效果。

1. 需求描述

这个搜索页面的需求如图5-8所示，需要在模块的最上方显现出导航菜单，导航菜单由背景图片加文字组成，导航菜单下方是搜索栏、热门搜索和标签搜索。

图5-8　实训效果图

这个页面的具体要求如下。

①在设计这个页面的时候，需要把"导航菜单"放置在一个DIV中，在里面放入导航的超链接，同时用CSS里url属性，通过"相对路径"的方法，设置每个导航的背景图的效果为粉红色。

②当鼠标停留在导航菜单上时，背景图片会变为蓝色。

③当鼠标悬浮到导航菜单上时，会出现"移动"、"十字"和"手形"等鼠标变幻效果。

④当鼠标停留在"热门搜索"的超链上，会出现字体变蓝色且文字带下划线的效果，如图5-9所示。

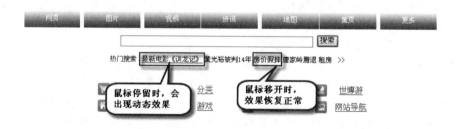

图5-9　鼠标动态效果演示

2. 构建HTML页面，并使用DIV搭框架

首先创建一个HTML页面，并使用DIV在页面中划分"导航菜单"、"搜索部分"和"标签搜索"等部分的区域。

这个范例页面可以分为四块，菜单项、中间的搜索按钮行、热门搜索一行和下面的分类。

这部分具体分块的知识点已经在第2章里讲到，所以就不再重复讲述了。

3. 定义CSS文件

在第2步构建的HTML文件的页头部分，直接定义CSS文件，在\<head>中声明"\<style type="text/css">\</style>"，并在这个标签中间写入所需要的CSS文件，从而达到与引入CSS

文件相同的效果。

4. 开发菜单导航部分的样式

这部分的HTML代码还是比较简单的，它由一个DIV加上多个超链接标签组成的，只要显示的内容放置到超链标签内就可以了。其中第1行引入了soTab这个CSS样式。

```
1.  <div class="soTab">
2.      <a href="#" style="cursor:move;">网页</a>
3.      <a href="#" style="cursor:crosshair;">图片</a>
4.      <a href="#">视频</a><a href="#">资讯</a>
5.      <a href="#">地图</a><a href="#">黄页</a>
6.      <a href="#">更多</a>
7.  </div>
```

这部分的样式主要还是由超链接的伪类所定义的，第2行通过cursor:move把鼠标定义成"移动"效果，第3行通过cursor:crosshair把鼠标定义成"十字"效果，其他与超链有关的效果定义在如下所示的CSS代码中。

```
1.  .soTab a:link,.soTab a:visited{
2.      height:30px;  /* 设置高度为30px */
3.      line-height:30px; /* 设置行高为30px */
4.      width:100px; /* 设置跨度为100px */
5.      background-image:url(nav02.jpg); /* 引用背景图片 */
6.      background-repeat:no-repeat;  /* 背景图片不拉伸 */
7.      color:#FFFFFF; /* 设置字体颜色为白色 */
8.      text-decoration:none; /* 去掉超链的下划线 */
9.      border-left:1px solid #FFFFFF; /* 设置超链的左边框为1px，边框颜色为白色 */
10.     }
11. .soTab a:hover{ /* 鼠标停留时效果 */
12.     background-image:url(nav01.jpg);
13.     }
```

在上面代码中，从第1行到第10行通过a:visisted伪类定义访问过后的超链效果，第2行通过height设置了整个超链的高度，第4行设置了宽度，第5行使用了一张图片做为背景，而第7行通过color属性设置字体颜色为白色，第8行通过text-decoration:none属性设置了去掉超链下划线的效果。这样就设置好了鼠标没有移到菜单上的时候所显示的样式了。

接下来看一下在鼠标停留在菜单上时的样式设置。在第11行里，通过a:hover定义了鼠标停留时的超链的样式，通过background-image属性更新了超链的背景图片，这里的nav01.jpg是一张蓝色的图片。

由此，我们实现了当鼠标离开时，出现"粉红底色白字"的效果，当鼠标停留时，出现"蓝底白字"的效果。

5. 定义搜索模块的样式

在搜索模块中，用户可以通过输入搜索关键字然后单击搜索按钮，找到感兴趣的内容，这部分的代码和链接标签没有关系，所以只给出代码，不做说明。

```
1.  <div class="soCon">
2.    <div class="outer">
```

```
3.      <div class="inner">
4.       <div class="boccc">
5.        <input name="kw" id='webkw' type="text" value="" />
6.        <span class="btn btnA"><span>
7.        <button type="submit">搜索</button>
8.        </span></span> </div>
9.      </div>
10.    </div>
11.   </div>
```

6. 定义热门搜索的样式

热门搜索模块包含着一些热门搜索的关键字，这部分的HTML代码如下所示。

```
1.  <div class="soHot" >
2.     热门搜索
3.     <a href="#">最新电影《驯龙记》</a>
4.     <a href="#">黄光裕被判14年</a>
5.     <a href="#">房价假摔</a>
6.     <a href="#">唐家岭腾退</a>
7.     <a href="#">租房</a>
8.     <a href="#" target="_blank">&gt;&gt;</a>
9.  </div>
```

其中，第1行引入了这个DIV里要用到的soHot样式，第3到第8行使用a标签实现了一些热门的搜索链接。

为了实现范例页面的第4点要求的样式变幻的需求，我们需要在soHot里定义如下所示的CSS代码。

```
1.  .soHot {
2.      margin-right:10px;
3.      margin-top:15px;
4.      color:#249
5.  }
6.  .soHot a, .soHot a:visited { /*集体定义*/
7.      color:#000;
8.      text-decoration:none;
9.      margin-left:3px;
10. }
11. ..soHot a:hover{
12.     color:#0000FF; /*设置颜色*/
13.     text-decoration:underline; /*设置下划线*/
14.     }
```

其中，第6行通过"集体定义"的方式，声明了a标签默认的访问前和访问过后的样式；第11行通过hover这个伪类别，定义了鼠标停留上去后变换颜色及显示下划线的效果。

7. 定义最下方导航模块的样式

导航模块的HTML代码如下所示，第1行为整个ul声明了soGuide样式，而在后面第2到第9行里，为每个li声明了g1到g8等8个不同的CSS样式。

```
1.  <ul class="soGuide">
2.    <li class="g1">
3.      <a href="#">购物</a></li>
4.    <li class="g2">
5.      <a href="#">分类</a></li>
6.    <li class="g3">
7.      <a href="#" target="_blank">机票</a></li>
8.    <li class="g4">
9.      <a href="#" target="_blank">世博游</a></li>
10.   <li class="g5">
11.     <a href="#" target="_blank">生活</a></li>
12.   <li class="g6">
13.     <a href="#">游戏</a></li>
14.   <li class="g7">
15.     <a href="#" target="_blank">餐馆</a></li>
16.   <li class="g8">
17.     <a href="#" target="_blank">网站导航</a></li>
18. </ul>
```

下面我们分析一下这个模块的CSS代码，代码如下所示。

```
1.  .soGuide li a { /*定义li下的a标签，这属于嵌套调用*/
2.      width:70px;
3.      height:21px;
4.  }
5.  .soGuide li a, .soGuide li a:visited { /*定义访问后的样式*/
6.      color:#666 /*设置颜色*/
7.  }
8.  .soGuide .g1 {
9.      background-position:0 0 /*设置位置*/
10. }
11. .soGuide .g2 {
12.     background-position:0 -20px
13. }
14. .soGuide .g3 {
15.     background-position:0 -40px
16. }
17. .soGuide .g4 {
18.     background-position:0 -60px
19. }
20. .soGuide .g5 {
21.     background-position:0 -80px
22. }
23. .soGuide .g6 {
24.     background-position:0 -100px
25. }
26. .soGuide .g7 {
27.     background-position:0 -120px
28. }
29. .soGuide .g8 {
30.     background-position:0 -140px
31. }
```

在上面样式代码中，与a标签有关的代码包括：第1到第7行设置这个DIV里li下的a标签的样式，这属于嵌套调用，其中设置了宽度和高度信息；而从第8到第31行，通过定义每个导航块的位置，来实现排版的效果。

至此，我们实现了本节实训的所有需求。在本节实训中主要学习如何应用CSS来使超链接看起来更加美观，这样也能够使我们设计的页面更具吸引人。

5.5 上机题

（1）动态超链接是网站中使用最多的一种超链接方式，请实现一个购物网站的"服饰频道"模块，如图5-10所示，要求如下。

①设置本模块的背景色为#5B6EA8。

②设置本模块中的字体颜色都为#fff。

③设置超链的鼠标悬停的模式：当鼠标悬停时，超链的文字颜色将变成红色，并且文字下方有下划线。

图5-10　上机题1

（2）使用CSS，将导航栏设置成动态效果，这种实现方式在很多网站中是非常常见的，请实现一个个人网站的导航栏，如图5-11所示，要求如下。

①使用无序列表排列导航，并使导航横向排列。

②使用两张不同的背景图片，在鼠标停留时，背景图片切换。

③鼠标停留时，请将文字的颜色设置为#FFFFFF，并在文字下方加上下划线。

图5-11　上机题2

（3）多级菜单一般都是用JavaScript实现的，但是，使用DIV+CSS也可以实现这种效果，请使用DIV+CSS实现如图5-12所示效果，要求如下。

①主菜单竖向排列，并且所有的字体颜色均为#fff，背景色为#710069。

②鼠标停留时主菜单背景色为#36f。

③弹出子菜单时，子菜单的背景色为#eee。
④鼠标移到子菜单时，子菜单的背景色为#6fc。

图5-12　上机题3

（4）将超链接做成按钮的样式，这种效果比较实用，请实现如图5-13所示的效果，要求如下。

①设置超链标签的宽度为50px，高度为20px。

②设置超链标签原本的背景色为#99CC66，文字颜色为#FFFFFF，左边框与下边框设置为1像素，颜色都是#0033CC，上边框与右边框也是设置为1px，颜色为#0066CC。

③设置超链标签鼠标停留时的背景色为CCCC00，文字颜色为#FF0000，左边框与下边框设置为1像素，颜色都是#0066CC，上边框与右边框也是设置为1px，颜色为#0033CC。

图5-13　上机题4

（5）鼠标箭头样式的变幻会给一个网站带来更直观的效果，请实现如图5-14所示的鼠标变幻效果，要求如下。

①网站导航使用背景图片来实现效果图中的效果。
②当鼠标没有停在导航栏上时，导航的菜单项为黑色字体，并且为宋体普通字样。
③当鼠标停留在导航栏的菜单项上时，字体颜色变为#FFFFFF，并且字体加粗显示。
④将"网站帮助"导航的鼠标样式设置为"帮助"，将"下载项目"导航的样式设置为"等待"。

图5-14　上机题5

（6）请实现如图5-16所示的鼠标及背景色变换的效果，要求如下。
①整个导航条使用背景图片完成效果。

②导航条的内部文字的颜色为暗红色。（要求①、②完成的效果如图5-15所示）

③当鼠标移动到导航条上时，文字颜色变为白色，导航条相应项的背景色变成为另外一张图片的效果，同时鼠标变成一个小手状态，如图5-16所示。

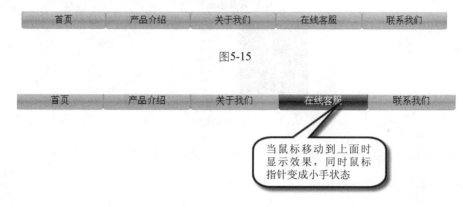

图5-15

图5-16　上机题6

通过CSS定义图片样式

第6章

在网站上，能给用户留下最深印象的，往往是图片了，所以，在页面中，通过CSS定义好图片的样式，是设计网站的一个重要的工作点，通过CSS代码，我们能在"图片素材不变"的情况下，让网站的面貌焕然一新。在本章中，我们将讲述的重点内容如下。

- 通过CSS定义图片样式的方法
- 通过CSS设置图文交互效果的方法
- 通过CSS设置背景图片的方法
- 通过CSS处理背景图样式的方法

6.1　CSS定义图片样式

图片的效果很大程度上影响到网页效果，要使网页图文并茂并且布局结构合理，我们就要注意图片的设置。

通过CSS统一管理，不但可以更加精确地调整图片的各种属性，还可以实现很多特殊的效果。本节将对图片边框、图片大小与缩放、图片阴影、图片透明、浮动广告等作详细说明。

6.1.1　定义图片边框

在HTML的语法里，可以直接通过img元素的border属性，定义图片的边框宽度，语法如下所示：

```
<img src="图片路径" border="数值"">
```

定义后，图片就能显示出指定宽度的图片边框。

但是，单用这样的样式是没法设计出丰富多彩的图片效果，我们还需要使用CSS里的border-style、border-color和border-width三个属性来定义边框，其语法的如下：

```
1.  {
2.      border-style:参数;
3.      border-color:参数;
```

```
4.       border-width:数值;
5.  }
```

这3个属性的作用如表6-1所示。

表6-1 定义图片边框的三个属性说明表

属性名	用途
border-style	边框的样式，比如可以是"点划线"、"虚线"等
border-color	边框的颜色
border-width	边框的宽度

其中，border-style属性用得比较多的是两个参数：用"dotted"表示点划线，用"dashed"表示虚线，其他的一些值如表6-2所示。

表6-2 border-style的取值列表

参数名	含义
none	无样式
solid	实线
outset	外凸
groove	槽线
dotted	点划线
dashed	虚线
inset	内凹
ridge	脊线
double	双线

接下来，我们通过一个例子观察一下边框的效果。

例子的代码如下所示，其中，关键代码是从第28到第34行，通过ul和li放置了多张图片，并在图片的边框上实现各种效果。

```
1.  <html >
2.  <head>
3.  <meta charset=utf-8" />
4.  <title>图片边框效果</title>
5.  <style type="text/css">
6.      *{
7.              margin:0px;
8.              padding:0px;
9.              }
10.     body{
11.             font-family:"宋体";
12.             font-size:12px;
13.             }
14.     .big{
15.             width:100px;
16.             margin:10px 0 0 20px;
17.             }
```

```
18.        .big ul{
19.            list-style-type:none;
20.            }
21.        .big li{
22.            margin-bottom:3px;
23.            }
24. </style>
25. </head>
26. <body>
27. <div class="big">
28.         <ul>
29.        <li><img src="pic.jpg" border =0></li>
30.        <li><img src="pic.jpg" border = 2 style = "Border-style:dotted" ></li>
31.        <li><img src="pic.jpg" border = 2 style = "Border-
            style:dashed"></li>
32.        <li><img src="pic.jpg" border = 2 style = "Border-
            width:10px"></li>
33.        <li><img src="pic.jpg" border = 2 style = "Border-
            color:#99FF00"></li>
34.     </ul>
35. </div>
36. </body>
37. </html>
```

其中，第29行代码没实现任何效果，第30行设置了边框大小，并通过了border-style属性，把边框设置为点划线效果；第31行通过border-style属性，把边框设置成虚线效果；第32行通过border-width属性，把边框大小设置成10个像素；第33行通过border-color属性，把边框颜色设置成绿色，总体效果如图6-1所示。

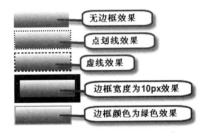

图6-1　图片边框样式效果图

 在上述代码的第32行里，通过如下的代码声明边框宽度，

`<li><img src="pic.jpg" border = 2 style = "Border-width:10px"></li>`

其中使用border和style里的border-width两个属性同时设置边框宽度，这里是"最后定义"的border-width属性起作用。这里我们再强调一下：以后在"多个相同CSS属性但它们有不同参数值"的情况下，都是最后一个CSS参数起作用。

6.1.2　定义图片大小

在网页中放置图片时，可能会遇到图片太大或者太小的问题，这时可以根据实际情况来设置图片的宽度和高度来解决图片的大小问题。设置图片大小只需设置图片的宽度属性width和高度属性height即可，设置图片大小的语法如下：

```
1.  img {
2.  width:数值;
3.  height:数值;
4.  }
```

在设置图片的宽度属性width值时，可以是px，也可以是百分比，图片的高度属性heigth值设置要求与width属性设置要求相同。

要注意的是因为缩小和增大图片的宽度及高度都会使图片变形、失真，所以在设置图片的宽度和高度属性值时一定要适中。

由于这个知识点本身是通过img的属性实现的，没用到CSS，所以这里不给出演示例子，但这部分的知识对实现下面的图片缩放效果很有帮助。

6.1.3 通过CSS保证图片不变形

在上一小节中讲到了修改图片的宽度属性和高度属性，可以改变图片大小，由于图片缩放的比例不当，以至于会影响网页效果，遇到很多图片需要缩放的时候也很不方便。

本小节将介绍两个方法，来保证图片不变形。

1. 通过max-width

这个参数是用来设置图片最大值，如果图片的尺寸超过这个图片的最大值（max-width），那么就按设置的max-width值显示宽度，而图片的高度将做同比例变化。但是，如果图片的尺寸小于最大宽度值，那么图片是按原尺寸显示，不做缩放。

这个参数的语法如下：

```
1.  img {
2.  max-width:最大宽度值;
3.  width:图片大小值
4.  }
```

其中max-width属性的值一般为数值类型，只要将其定义一个固定的数值，就可以控制住图片的最大宽度了。例如使用"max-width:500px；"语句，就可以将图片的最大宽度定义为500px大小，那么图片最大的宽度只能是500px，就算超出了这个范围也只会显示500px的宽度；而图片的宽度小于这个数值时，则会按照原来的大小来显示。

2. 通过 CSS的width和height

在CSS中，也可以通过width和height属性来控制图片缩放的效果，只不过这里是通过设置"比例"来实现。它们属性的语法如下：

```
1.  img{
2.  width:百分比
3.  height:百分比
4.  }
```

通过width和height后面定义的百分比，能将图片按设定的比例值进行缩小和放大。

在下面的代码中，通过设置CSS的width和height属性，把图片设置成原图的一半大小。

```
1.  <!DOCTYPE html >
```

```
2.  <html >
3.  <head>
4.  <meta charset=utf-8" />
5.  <title>图片边框效果</title>
6.  </head>
7.  <body>
8.  <div class="big">
9.       <ul>
10.      <!—原图-->
11.      <li>
12.        <img src="pic.jpg" border =0>
13.      </li>
14.      <!—按宽度和高度按50%缩放-->
15.      <li>
16.          <img src="pic.jpg" style = "width:50%;height:50%" >
17.      </li>
18.  </ul>
19.  </div>
20.  </body>
21.  </html>
```

在上述代码第16行的img元素中，通过style定义width和height为原图的50%，由此实现缩放的效果。第12行用img元素给出了体现对比效果的原图，原图和缩小的效果如图6-2所示。

图6-2 缩放图片的效果

3. 两种方法的对比

上面讲述了两种保证图片不变形的方法，这里使用一个例子来对比一下这两种的效果，例子代码如下所示。

```
1.  <style>
2.       .one {
3.              max-width:75px;
4.              }
5.       .two{
6.              width:75px;
7.              height:100px;
8.              }
9.  </style>
10. </head>
11. <body>
12. 样式1:
13. <img src="flms.jpg" border="0" class="one" />
14. 样式2:
15. <img src="flms.jpg" border="0" class="two" />
16. 原图:
17. <img src="flms.jpg" border="0" />
18. </body>
```

代码的第1到第9行，在style中定义了针对两种缩图的样式，在第2行的one样式中，使用第3行的max-width来设置图片的最大宽度，而在第5行的two样式中，通过CSS的width和height

来保证图片不变形。

在HTML代码的第13、15和17行里，定义了具有三种效果的图，效果如图6-3所示，可以看到，左边的两张图里，均没有发生图片变形的效果。

样式1： 样式2： 原图：

图6-3 图片缩放的效果图

6.1.4 定义图片的对齐方式

当图片出现在页面上的时候，如何用合理的方法对齐图片，这是个能影响到整体网站效果的问题。

当网页上同时出现两张以上图片时，就要设置图片的对齐方式了。总的说来，针对图片的对齐方式有"横向对齐"和"纵向对齐"两种方式。

1. 横向对齐

图片的横向对齐和文字的横向对齐方法很相似，有"左、中、右"三种，但是，图片本身没有text-align属性，需要通过"CSS属性继承"的方式来定义横向对齐的方式，也就是说，需要通过定义"外层属性"的对齐方式，从而影响到内层属性的图片对齐方式。

比如，可以把图片属性定义在文字的属性之内，通过定义文字属性的对齐方式来影响图片的对齐方式，代码如下所示。

```
1.  <html>
2.  <head>
3.  <meta charset=utf-8" />
4.  <title>图片水平对齐</title>
5.  </head>
6.  <body>
7.  <table width="100%" border="2">
8.      <tr>
9.        <td style="text-align:left">
10.           <img src="500.jpg">
11.       </td>
12.     </tr>
13.     <tr>
14.       <td style="text-align:center">
15.           <img src="500.jpg">
16.       </td>
```

```
17.     </tr>
18.     <tr>
19.         <td style="text-align:right">
20.             <img src="500.jpg">
21.         </td>
22.     </tr>
23. </table>>
24. </div>
25. </body>
26. </html>
```

在代码的第7到第23行里，用一个table来实现图片的水平对齐方式，这里要注意，text-align样式没有设置在img里，而是在img元素的外层td里，如第9行所示。正是因为在第9行里设置了td里的text-align属性为left，所以第8行里定义的图片才能靠左对齐。

在第14和第19行里，同样是用"属性继承"的方式，定义了"居中"和"靠右"的两种对齐方式，它们的效果如图6-4所示。

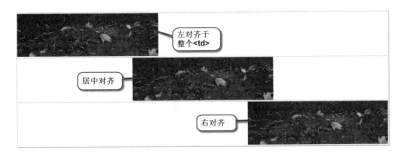

图6-4 图片的水平对齐方式

2. 纵向对齐

图片一般是和文字搭配使用的，当图片的高度和文字部分不一致的时候，可以通过CSS里的vertical-align属性来设置"纵向对齐"，定义纵向对齐样式的语法是：

```
{vertical-align:参数}
```

vertical-align取值和text-align是不一样的，该参数的取值以及含义如表6-3所示。

表6-3 vertical-align取值列表

参数名	含义
baseline	默认值
sub	垂直对齐文本的下标
super	垂直对齐文本的上标
top	顶端对齐
middle	中部对齐
bottom	底部对齐
text-top	顶端对齐
text-bottom	底端对齐

下面通过一段代码，观察一下纵向对齐的效果。

```
1.  <html>
2.  <head>
3.  <meta charset=utf-8" />
4.  <title>图片纵向对齐</title>
5.  <style>
6.  img {
7.       border:2px;
8.       width:10%;
9.       height:10%;
10. }
11. </style>
12. </head>
13. <body>
14.     <p>纵向对齐方式：baseline<img src="500.jpg" style="vertical
        -align:baseline">
15.     </p>
16.     <p>纵向对齐方式：bottom<img src="500.jpg" style="vertical
        -align:bottom">
17.     </p>
18.     <p>纵向对齐方式：middle<img src="500.jpg" style="vertical
        -align:middle">
19.     </p>
20.     <p>纵向对齐方式：sub<img src="500.jpg" style="vertical-align:sub">
21.     </p>
22.     <p>纵向对齐方式：super<img src="500.jpg" style="vertical
        -align:super">
23.     </p>
24. </body>
25. </html>
```

在上述代码里从第14到第23行实现了各种纵向对齐的方法，baseline定义图片和文字的底部对齐，bottom定义图片和p段落的底部对齐，middle定义图片的中轴线和文字对齐，而sub和super对齐方式与baseline和bottom的方式有稍许的差别，差别如图6-5所示。

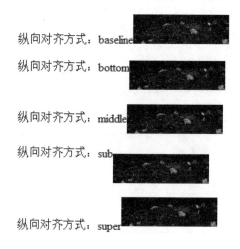

图6-5　纵向对齐的演示图

6.2 通过CSS设置文字和图片交互的效果

在一个页面中，只有图文并茂，才能最大程度地吸引住访问者的眼球，本节将讲述一下实现多种图文并茂的效果的方法。

6.2.1 设置文字环绕的效果

在实际开发过程中，经常会用到"文字环绕"的效果。这个效果可以通过设置CSS里的width、height和float三个属性来实现。

其中，width和height分别用来定义图片的宽度和高度，以前都分析过，下面解释一下float属性，这个一个定义"悬浮"方式的参数，它用来定义"浮动"方式，其语法如下：

```
{float:left|right|none;}
```

float的属性一共有三个值，这三个值的作用如表6-4所示。

表6-4 float取值列表

参数名	含义
none	默认值对象不飘浮
left	文本流向对象的右边
right	文本流向对象的左边

除了上述的一些参数外，我们可以通过CSS里的padding，设置图片和文字之间的间距。

padding 属性是CSS用于在一个声明中设置所有 padding 属性的简写属性，它包含的属性如表6-5所示。

表6-5 padding属性列表

参数名	含义
padding left	左补距离（设置距左内边距）
padding top	头顶补距离（设置距顶部内边距）
padding right	右补距离（设置距右内边距）
padding bottom	底补距离（设置距低内边距）

我们可以通过如下的语法定义4个方向的内边距数值，其中四个数字分别指定上方、右方、下方和左方的内边距。

```
{padding: 数值1 数值2 数值3 数值4}
```

比如，可以通过"padding 4px 5px 6px 7px"的语法，定义上、右、下和左四个方向的内边距分别为4px、5px、6px和7px。

下面，我们通过综合运用width、height、float和paddin等属性，实现"文字在图片间环绕"的效果。

范例6-1：【光盘位置】\sample\chap06\图文环绕+图文间距\index.html

在这个范例中，实现的是一个汽车新闻模块，这部分的效果如图6-6所示，这个范例的要求如下。

①将图片设置在文字的左边，这里请使用"float:left;"，这样就能达到文字环绕的效果。

②请设置图片与文字的间距为10px，这里请使用padding属性。

这部分的关键代码如下所示。

图6-6 文字环绕和图文间距效果图

```
1. <html >
2. <head>
3. <meta charset=utf-8" />
4. <title>图文环绕+文字间距</title>
5. </head>
6. <body>
7. <div class="big">
8.    <p>丰田汽车（中国）投资有限公司5月21日宣布，因转向控制系统缺陷，预计将自2010年
      6月21日起，召回部分2009-2010年款进口的雷克萨斯LS 460L和LS 600hL，据统计，
      在中国共涉及818辆。
9. <img src="che.jpg" alt=""  />
10. 本次召回范围内的车辆的可变齿轮比转向系统（VGRS）的控制程序不恰当，方向盘打满后如果方
      向盘回轮速度过快，有可能短时造成与方向盘正中位置的偏离角偏大。由于相对轮胎直行方向，短
      时发生方向盘位置的偏离，可能导致驾驶员判断失误和操作失误，造成安全隐患。丰田汽车（中
      国）投资有限公司决定免费为存在上述缺陷的车辆更换可变齿轮比转向系统的电控单元
      （ECU），以消除隐患。汽车（中国）投资有限公司将从5月21日起发送用户通知。更换用零件目
      前仍在准备中，预计将于6月21日前完成，届时该公司和各地LEXUS雷克萨斯特许经销商将再次与
      用户联系，请车主前往就近的特许经销商对车辆进行免费维修。在受影响车辆完成召回修理前，
      请有关车主尽量避免方向盘打满后回轮速度过快的操作，如无法避免，请在留意车辆行驶方向的
      情况下再操作方向盘，同时避免急起步及急加速。 </p>
11. </div>
12. </body>
13. </html>
```

其中，在两个段落之间，也就是第9行加入了一张图片，并在CSS中为这张图片定义样式，从而实现了文字环绕效果和图文之间的间距效果，定义这部分效果的CSS代码如下所示。

```
1. .big img{
2.     border:0px;
3.     float:left;
4.     width:120px;
5.     padding:10px;
6. }
```

其中，第1行不设置图片边框，第2行设置图片为左浮动，再加上这张图片是放置在文字

中的，所以就达到文字环绕效果，第4行设置文字的宽度，第5行设置这张图片和文字的间距为10px。

6.2.2 浮动广告

利用CSS固定定位可以制作网页中常见的悬浮效果，例如对联广告，通过设置属性值可以让广告出现在页面左侧、页面的右侧或是居中显示。本小节将详细讲解浮动广告的制作。

为了制作浮动广告，我们需要用到position参数，这个参数起到了定位的作用，它有多种取值，比如可以设置成"固定定位"和"相对定位"等，这部分的知识将在第10章里详细讲述，这里只需用到其中的fixed，把广告设置成"针对浏览器"的"固定定位"即可。

由于把广告块设置成了"固定定位"，那么页面不管如何上下拉动，广告位就会相对浏览器保持原来的位置，当浏览器滚动条上下滚动时，广告图片就会有"浮动"的效果。

归纳一下设置浮动广告的一般方法是，在定义广告的CSS代码里，放置position:fixed的语句，关键代码如下所示。

```
1. #广告 {
2. position: fixed;
3. }
```

下面我们来看一个浮动广告的范例。

范例6-2：【光盘位置】\sample\chap06\浮动广告\index.html

这个范例将使图片随着页面的滚动而浮动，效果如图6-7所示。

为了实现这个效果，我们先来看一下HTML代码，代码比较简单，在第8行引入图片，而在第11到13行的p标签里引入文字。

```
1. <html >
2. <head>
3. <meta charset=utf-8" />
4. <title>浮动广告</title>
5. </head>
6. <body>
7. <div class="guanggao">
8.    <img src="005.jpg" border="0"  />
9. </div>
10. <div class="big">
11.       <p>记者获悉，长安汽车集团于5月11日和12日分别与黑龙江省政府、景德镇市政府签署
          了《战略合作协议》，将哈尔滨生产基地产能扩充至50万~60万辆整车、新建具备50万辆
          整车产能的景德镇生产基地，届时哈尔滨、景德镇、合肥三地整车产能就可达118万~128万
          辆。原长安汽车本部渝北、鱼嘴和河北基地也正在扩充产能，这三地新增产能也将达到
          120万辆左右。
12. 省略其他文字
13. </p>
14. </div>
15. </body>
```

图6-7　浮动广告的效果

```
16.</html>
```

为了实现浮动广告的效果，单有HTML代码是不够的，还需要定义CSS文件，在第7行的DIV里，引入了class为guangga的CSS，关键代码如下所示。

```
1.  .guanggao{
2.              width:120px;
3.              height:86px;
4.              position:fixed; /*设置这个DIV是采用固定定位的方式*/
5.              top:30px;
6.              left:100px;
7.      }
```

其中，第4行通过position:fixed设置这个DIV采用"固定定位"的方式，第2、第3行定义了整个DIV（也就是图片）的宽度和高度，第5、第6行定义这个DIV离开浏览器顶端和左边的距离。

这样的话，当浏览器里的页面上下滚动的时候，广告位相对于浏览器是固定的，由此能实现"浮动广告"的效果。

6.3 CSS 3新增的边框属性

在CSS 3以前，用户使用border属性只能简单地设置一些纯色或者几种简单的线条（如solid，doubkdashed等），而CSS 3中添加了新的边框样式，用户可以使用图片设置边框样式和颜色，还可以添加阴影框，甚至可以实现创建圆角边框的功能。

1. border-color属性

border-color属性对用户来说，一定很熟悉，因为在CSS 3以前已经出现了，它用于设置边框的颜色。不过，在CSS 3中，border-color的功能更加强大，除了可以和以前的borde~color属性混合使用外，还可以为边框设置更多的颜色，比如给边框添加渐变颜色，或者显示边框的彩色效果。

为了避免和原来border-color属性定义边框的功能发生冲突，CSS 3中又增加了四种新的颜色属性。

- border-top-colors属性：用于定义元素顶部边框的颜色。
- border-right-color属性：用于定义元素右侧边框的颜色。
- border-bottom-colors属性：用于定义元素底部边框的颜色。
- border-left-colors属性：用于定义元素左侧边框的颜色。

使用CSS 3的border-color属性时，如果用户的border宽度设置了n px，那么可以在这个边框上使用n种颜色，此时每一种颜色就是1px。如果用户的border宽度设置了10px，而只运用了三、四种颜色，那么最后一种颜色将会填充到后面的宽度上。

使用border-color属性来实现渐变边框的效果，其代码如下所示：

```
/*CSS代码*/
div{
background-image:url(girl.jpg);
border: 10px solid #dedede;
    -moz-border-bottom-colors: #300 #600 #700 #800 #900 #A00;
    -moz-border-top-colors: #300 #600 #700 #800 #900 #A00;
    -moz-border-left-colors: #300 #600 #700 #800 #900 #A00;
    -moz-border-right-colors: #300 #600 #700 #800 #900 #A00;
    width: 160px; height:180px;
}
/*HTML主要代码*/
<body><div></div></body>
```

通过分别设置边框的上、下、左、右边框的颜色来达到渐变的效果，要注意上面的代码中属性前添加了前缀"-moz-"，表示支持Firefox 3.0+浏览器，运行效果如图6-8所示。

2. border-radius属性

border-radius属性也是CSS 3中新增加的属性之一，它抛弃了以前必须使用多张背景图片生成圆角的方案，使用户只

图6-8　渐变边框

使用这个属性就可以实现圆角生成的功能。而且它还能减少维护的工作量、提高网页的性能和增加视觉的可靠性和美观度。border-radius属性的语法格式如下：

```
border-radius: none | length{1,4} [ / length{1,4} ]
```

上述代码中的参数length表示由浮点数字和单位标识符组成的长度值，不能为负值。可以设置4个值。

border-radius是一种缩写的方法，如果"/"前后的值都存在，那么"/"前面的值设置其水平半径，"/"后面的值设置其垂直半径；如果没有"/"，表示水平半径和垂直半径相等。另外，设置的4个值是按照top-left、top-right、bottom-right和bottom-left的顺序来设置的，常见的形式如下所示。

（1）border-radius：[length{1，4)]只有一个值，表示四个方向的值相等。

（2）border-radius：[length{1，4)] [length{1,4}]只有两个值，表示top-left和bottom-right的值相等，top-right和bottom-left的值相等。

（3）border-radius：[length{1，4)] [length{1,4}] [length{1,4}]设置三个值，第一个值设置top-left，第二个值设置top-right和bottom-left，并且它们的值相等，第三个值设置bottom-right。

（4）border-radius：[length{1，4)] [length{1,4}] [length{1,4}] [length{1,4}]表示四个不同方向的值。

另外，border-radius属性还派生出了新的属性，可以分别设置不同的圆角半径，具体属性如下。

- borde-top-left-radius属性：用于定义左上角的圆角。
- border-top-right-radius属性：用于定义右上角的圆角。
- border-bottom-right-radius属性：用于定义右下角的圆角。
- border-bottom-left-radius属性：用于定义左下角的圆角。

在使用border-radius属性的时候，也需要根据不同的浏览器设置其使用的样式。如果使用的是Firefox浏览器，需要在样式代码中写成"-moz-border-radius"的形式；如果使用的是Safari浏览器，需要写成"-webkit-border-image"的形式；如果使用的是Opera浏览器，需要写成"border-radius"的形式；如果使用的是Chrome浏览器，可以写成"border-radius"或"-webkit-border-radius"的形式。

下面的CSS代码使用border-radius属性实现圆角渐变边框的效果：

```
div{
 background-image:url(girl.jpg);
border:10px solid #dedede;
          -moz-border-radius:19px; border-radius:19px; -webkit-border-
          radius:19px;
          -moz-border-bottom-colors: #303 #404 #606 #808 #909 #A0A;
     -moz-border-top-colors: #303 #404 #606 #808 #909 #A0A;
     -moz-border-left-colors: #303 #404 #606 #808 #909 #A0A;
     -moz-border-right-colors: #303 #404 #606 #808 #909 #A0A;
          width: 160px; height:180px;
}
```

上述的代码中，根据不同的浏览器设置"border-radius"属性的圆角半径的值，运行效果如图6-9所示。

图6-9 圆角边框

3. border-image属性

border-image属性也是CSS 3中新增加的属性。它的功能非常强大，不仅解决了以前要使用背景图片设置边框样式的问题，从而提高了页面的运行速率，而且，还可以模拟实现background-image属性的功能。border-image属性的语法格式如下：

```
border-image: none | image [number | percentage]{1,4} [ / border-width{1,4}
]? [ stretch | repeat | round ]{0,2}
```

上述各个参数含义如下。

- none是默认值，表示无背景图。
- image表示使用绝对或相对路径定义背景图像。
- number用于设置边框的宽度，就像border-width一样取值，可以设置1~4个值，表示上、右、下、左四个方向。其默认单位是px。
- percentage用于设置边框的宽度，主要是针对背景图像来说的。使用百分比表示。
- stretch、repeat和round是可选属性，用于设置边框背景图片的铺放方式。stretch是默认值表示拉伸，repeat是重复，round是平铺。

border-image属性可以模拟background-image属性的功能，它们对图片的引用和排列方式原理是一样的。为了能够更好地理解borde-image属性，可以将其语法的属性表达形式分解为以下4个方面。

（1）borde-image-source属性用于引入图片，通过url设置背景图片的路径，也可以使用none。

（2）border-image-slice属性用于切割引入的图片，取值主要包括上面的number和percentage。

（3）border-image-width属性用于设置边框的宽度，可以使用border-width属性代替它。

（4）border-image-repeat属性用于设置排列方式，有stretch、repem和round三种效果。

浏览器对于边框分割图像时，图像被自动分割为九个部分，和"九宫格"模型相似，其中每个部分都代表不同的边界，从而派生了很多的子属性。具体属性如下。

- border-top-left-image属性用于定义左上角边框的背景图像。
- border-top-image属性用于定义顶部边框的背景图像。
- border-top-right-image属性用于定义右上角边框的背景图像。
- border-left-image属性用于定义左侧边框的背景图像。
- border-right-image属性用于定义右侧边框的背景图像。
- border-bottom-left-image属性用于定义左下角边框的背景图像。
- border-bottom-image属性用于定义底部边框的背景图像。
- border-bottom-right-image属性用于定义右下角边框的背景图像。

border-top-left-image、border-top-right-image、border-bottom-right-image和border-bottom-left-image四个边角的部分在border-image是没有任何展示效果的，常被称作盲区；而border-top-image、border-right-image、border-bottom-image和border-left-image四个部分在border-image中是展示效果的区域。

在使用borde-image属性的时候，如果使用的是Firefox浏览器，需要在样式代码中写成"-moz-border-image"的形式；如果使用的是Safari浏览器或者Chrome浏览器，需要写成"webkit-border-image"的形式；如果使用的是Opera浏览器，则需要写成"border-image"或者"o-border-image"的形式。

下面使用border-image属性实现照片相框的效果，先要准备一张图片作为image，如图6-10所示，接着编写CSS代码如下所示：

```
div{
background-image:url(girl.jpg);
        -webkit-border-image:url(image.jpg)  22  round;
     -moz-border-image: url(image.jpg)  22  round;
        -o-border-image: url(image.jpg)  22  round;
        border-image:url(image.jpg)  22  round;
        display: inline-block; border-width: 22px; width: 160px; height:180px;
    }
```

上述的代码中，主要使用border-image属性设置边框的图像，属性值url指定了图像的链接路径，然后使用22这个参数指定边框所使用到的图形分割上、下、左、右边距，设置边框背景图片平铺，运行效果如图6-11所示。

图6-10 素材

图6-11 相框的效果

6.4 实训——用CSS设计图文并茂的效果

范例6-3：【光盘位置】\sample\chap06\用CSS设计图文并茂的效果\index.html

在本章的前面部分里，讲述了针对图片样式的一些定义方法，本节将通过一个综合的实训，说明使用针对图片的CSS开发一个图文并茂效果的网页的方法。

1. 需求描述

范例页面的效果如图6-12所示，首先需要在页面上方，用蓝色文字设计标题，在标题的下方设置副标题，然后在正文部分，左边采用文字加图片环绕的方式，右边采用向右悬浮的方式，定义一张广告图片。

这种样式在网页设计中经常会用到，实现这种效果的关键是设置图片文字的"对齐方式"以及相对的宽度和高度。

图6-12 实训效果图

2. 构建HTML页面，并用DIV搭框架

首先需要创建一个HTML页面，同时使用DIV在页面中划分"标题"、"正文部分"和"右边广告"等部分的区域。

这部分的知识点已经在第2章里讲到，所以就不再重复讲述了。

3. 开发标题部分的代码

标题部分要求"文字变蓝"和"居中"的效果，代码如下所示。

```
1. <div class="biaoti">
2.      <h1>住建部：小产权房不合法 今后也不可能合法化</h1>
3.      <h2>
4.          2010年05月24日07:05
5.          <span>中国新闻网</span>
6.          <span>我要评论(126)</span>
7.      </h2>
8. </div>
```

其中，在第1行里，引入了class为biaoti的CSS，由此实现了标题部分的样式，相关代码如下所示，由于这个图片部分的CSS比较简单，这里只给出代码注释。

```
1.  .biaoti h1 {
2.       font-size:14px; /*定义字体大小*/
3.       color:#0000FF; /*定义颜色*/
4.       text-align:center; /*定义居中方式*/
5.       height:25px; /*定义高度*/
6.       line-height:25px; /*定义行高*/
7.       border-bottom:#CCCCCC 1px solid; /*定义底部的边框*/
8.  }
9.  .biaoti h2 {
10.      font-size:12px; /*定义字体*/
11.      font-weight:400; /*定义字体权重*/
12.      text-align:center; /*定义居中方式*/
13.      height:25px; /*定义高度*/
14.      line-height:25px; /*定义行高*/
15.      width:450px; /*定义宽度*/
16.      border-bottom:#CCCCCC 1px solid; /*定义底部的边框效果*/
17. }
```

4. 开发正文部分图文并茂的效果

在正文部分里，需要开发文字和图片部分交互的代码，HTML代码如下所示。

```
1.  <p>
2.   <img src="001.jpg" alt="" width="231" height="150" style="float:left;
     margin:10px; border:solid 2px #FF6600;" />
3.  针对目前市场上流传的"农地入市调控房价"，"小产权房将放开"等说法，22日出席第13届"渝洽
    会"的国家住房和城乡建设部村镇建设司副司长赵晖再度予以否认，并明确表示小产权房将不会合
    法化。
4.  </p>
5.  <p>     小产权房是指由乡镇政府而不是国家颁发产权证的房产，在现实中往往是一些村集体组
```

织或者开发商以新农村建设等名义出售的、建筑在集体土地上的房屋或是由农民自行组织建造的"商品房"。因此它并不真正构成严格法律意义上的产权。赵晖说，根据我国土地管理法和有关政策，城镇居民不得到农村购买宅基地、农民住宅或"小产权房"。任何单位和个人不得租用、占用集体土地搞房地产开发。

```
6.   </p>
7.   <p>    对房地产进行宏观调控以来，不少专家呼吁，用"农地入市"，或放开"小产权房"等方式
     来控制日益高涨的房价。不过，这些说法并没得到管理层的认可。赵晖表示，小产权房并不是合
     法的，今后的政策也不可能将其合法化。
8.   </p>
9.   <p>    赵晖透露，目前针对部分房地产重点城市的小产权房调研已经结束，包括住建部、国
     土资源部在内的国务院有关各部门正在加紧研究，将积极出台严格的监管政策，小产权房治理将
     越来越严厉。其中，正在新建、续建的小产权房将予以拆除取缔，对政策出台前销售的已建成房
     屋，将进行清理。
10.  </p>
11.  </div>
```

在上面代码中，第1行通过img来引入图片，其中不仅定义了图片的宽度和高度，而且还通过了float:left，定义了图片是"向左悬浮"的，再结合下方的文字，由此生成"图片在左边，文字在右边和下边"的效果。

请注意，为了让文字显示整齐，这里把文字包含在<p>标签中，由此可以实现图文并茂的效果。

5. 定义右边部分的图片样式

在右边部分中，也是用float的方式，定义了右边的广告，它的HTML代码如下所示，代码比较简单，使用了一个DIV包含一个img元素。

```
1.   <div class="pic">
2.     <img src="002.jpg" border="0" alt="" />
3.   </div>
```

在第1行的代码中，通过class的方式引入pic样式，这个CSS的代码如下所示。

```
1.   .pic {
2.       float:right;
3.   }
```

上面代码通过了float:right语句，定义了图片是"靠右悬浮"的，由此实现"文字在左边而广告图片在右边"的效果。

 6.5 通过CSS设置背景颜色

网站能通过背景图给人留下第一印象，比如，圣诞题材的网站一般采用火红的颜色突出喜庆的效果，本节将讲述一下通过CSS设置背景颜色的一些方法。

6.5.1　设置页面背景色

在CSS里，可以通过body的background-color属性来设置背景图颜色，这个属性可以用定义颜色的方式来定义，其语法如下。

```
{ background-color:颜色参数;}
```

比如，可以通过background-color:red语句，设置页面背景色为红色。

我们在第3章讲述了设置颜色参数的4种方法，这里也可以采用这4种方法中的任何一种，来设置页面背景色。

下面通过一个例子，看一下如何给页面设置背景色，HTML代码如下所示。

```
1.  <html >
2.  <head>
3.  <meta charset=utf-8" />
4.  <title>背景色效果</title>
5.  <style>
6.  body {
7.        font-family:"宋体";
8.        font-size:12px;
9.        background-color:#33FFFF
10. }
11. </style>
12. </head>
13. <body>
14. <div class="big">
15.   <div class="news">
16.     <p>
17.        <img src="001.jpg" alt="" width="231" height="150"
           style="float:left; margin:10px; border:solid 2px #FF6600;" />针对
           目前市场上流传的"农地入市调控房价"，"小产权房将放开"等说法，22日出席第13届
           "渝洽会"的国家住房和城乡建设部村镇建设司副司长赵晖再度予以否认，并明确表示小
           产权房将不会合法化。
18.     </p>
19.   </div>
20. </div>
21. </body>
22. </html>
```

在上述代码中，通过第9行对body部分的background-color来设置页面的背景色，效果如图6-13所示。

图6-13　带背景色的效果图

背景颜色的属性值从#FFFFFF到#000000都可以。不过为了避免出现喧宾夺主的效果，背景色不要使用太艳的颜色。

6.5.2 通过背景色给页面分块

通过background-color属性，不仅可以设置页面的背景色，而且还能设置DIV的背景色，从而实现"用背景色给页面分块"的效果。

通过设置DIV背景色进行分块，这在页面中是比较常见的效果，下面，我们将把一个DIV分成左右两块，来说明背景色分块效果，代码如下所示。

```
1.  <html >
2.  <head>
3.  <meta charset=utf-8" />
4.  <title>背景色分块</title>
5.  <style>
6.  *{
7.        padding:0px;
8.        margin:0px;
9.        }
10. .big{
11.       width:300px;
12.       height:200px;
13.       }
14. .left{
15.       width:150px;
16.       float:left;
17.       height:200px;
18.       background-color:#0066FF;
19.       }
20. .right{
21.       width:150px;
22.       float:left;
23.       height:200px;
24.       background-color:#CC3300;
25. }
26. </style>
27. </head>
28. <body>
29. <div class="big">
30.       <div class="left">
31.       </div>
32.       <div class="right">
33.       </div>
34. </div>
35. </body>
36. </html>
```

在上述代码中，第29行到第34行定义的一个大DIV中设置了两个小DIV，分别是30到31行定义的DIV和32到33行定义的DIV。

而实现分块效果的CSS代码则分别是第18行的"background-color:#0066FF"（蓝色）和第24行的"background-color:#CC3300;"（红色），这两个颜色定义了左边和右边两个DIV的背景色以实现分块效果，如图6-14所示。

图6-14　DIV分块的效果图

6.6 通过CSS处理背景图像样式

上一节讲述了使用CSS定义背景色的方法，本节将讲述使用CSS设置背景图片样式的方法。

6.6.1　设置页面背景图样式

页面的背景图设置就可以使用CSS的背景图设置属性background-image：none|url，其作用是为页面添加背景图片。默认属性值是无背景图，需要使用背景图时可用url进行导入，定义背景图片的语法如下所示。

```
{background-image:url(图片的图径);}
```

导入的图片其默认属性值是背景图像在纵向和横向上平铺，如果不希望图像平铺而是以一个完整的衬图来显示的时候则使用no-repeat，其具体属性在下面会讲到。

6.6.2　设置背景图重复的效果

为页面设置背景图片的时候，一般情况都是一个页面一张背景图片，但有特殊要求时可以有多个背景图片。用background-repeat属性可以使背景图片重复，语法如下所示。

```
background-repeat: repeat-x|repeat-y|no-repeat
```

这个属性的3个属性值说明如下。

- repeat-x：图片在X轴方向重复。
- repeat-y：图片在Y轴方向重复。
- no-repeat：不平铺，图片只显示一次。

下面我们来看一个例子，把如图6-15所示的背景图在X和Y两个方向上平铺。

这部分的代码如下所示。

图6-15　图片原型

```
1.  <html >
2.  <head>
3.  <meta charset=utf-8" />
4.  <title>背景图重复</title>
5.  <style>
6.  *{
7.          padding:0px;
8.          margin:0px;
9.          }
10. .bg{
11.         width:500px;
12.             height:500px;
13.         margin:0 auto 0 auto;
14.         background-image:url(p_large_RWgD_767f0000aa532d11.gif);
15.         }
16. </style>
17. </head>
18. <body>
19. <div class="bg">
20. </div>
21. </body>
22. </html>
```

上述代码通过第14行的background-image:url设置背景图，这里如果什么都不设，会默认向两个方向平铺，效果如图6-16所示。

 如果要设置两个方向的平铺，就不需要设置属性值，这时CSS会采用默认的"向两个方向"平铺的效果。

但是，如果手动地设置repeat-x和repeat-y的两个值的话，那么系统会自动认定后设的一种平铺方式有效，只会向一个方向平铺。

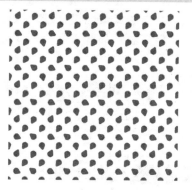

图6-16　平铺的效果图

6.6.3 定义背景图片的位置

在网页背景图设置上会要求图片居中显示、或者左上角显示，这时会用到背景图片的位置属性background-position：position（length）position（length）。对象的背景图片定位有两种方式可选择，一种是使用position（top|center|bottom|left|center|right）来定位，而另一种方式则是使用length（数值）来定位，使用数值需要注意的是，当只有一个数值时，这个值将用于横坐标，纵坐标将默认是50%，如果有两个数值时，则分别是横坐标、纵坐标。其语法如下所示。

```
<body style="background: url(图片) background-position:属性">
```

图片位置属性和参数值如表6-6所示。

表6-6　设置图片重复效果的参数以及含义

参数名	含义
center	水平居中
center center	水平居中并垂直居中
top left	图片出现在页面顶端且居左
top center	图片出现在页面顶端且居中
top right	图片出现在页面顶端且居右
center left	图片在页面的左侧水平居中
center right	右侧水平居中
bottom left	图片在页面的左下角
bottom center	图片在页面底部且居中
bottom rigth	图片在页面的右下角
xy	图片的位置由X轴和Y轴坐标来定

6.6.4　固定背景图片

图片的固定属性是background-attachment：scroll|fixed。scroll指背景图像随对象内容滚动，fixed则是将背景图片固定，其语法如下：

```
body {
   background-attachment : fixed;
}
```

这段语句的作用是固定背景图片，使其不随页面而动。

下面看一个固定背景图片的实例，代码如下所示。

```
1.  <html >
2.  <head>
3.  <meta charset=utf-8" />
4.  <title>固定背景图</title>
5.  <style>
6.        *{
7.              padding:0px;
8.              margin:0px;
9.              }
10.       .big{
11.             width:500px;
12.             height:500px;
13.             margin:0 auto 0 auto;
14.             background-image:url(w_leaf%20(5).jpg);
15.             background-attachment:fixed;
16.             }
17. </style>
18. </head>
19. <body>
20. <div class="big">
21. </div>
```

```
22.</body>
23.</html>
```

在代码的第20行引入了class为big的CSS，这个样式通过第14行引入背景图，通过第15行指定"背景图固定"的效果，如图6-17所示。

这张图片是固定住的，不会随滚动条的移动而改变

图6-17 固定背景图的效果

6.7 CSS 3新增的背景属性

background背景属性可以说是CSS中使用频率最高的几个属性之一了，在CSS 3中，该属性除了保持了以前的功能以外，还新增了几个和背景有关的属性，极大的提高了用户体验。

1. background-size属性

在CSS 3以前的版本中，无法控制背景图像的样式，如果要完整地显示背景图像，就需要设计好背景图片的大小。为了解决这个问题，CSS 3中新增加了一个属性：background-size，它可以让用户自如地控制背景图像的大小。background-size属性的语法格式如下：

```
background-size: [length| percentage | auto ]{1,2} | cover | contain
```

上述各个参数的含义如下。

- auto是默认值，表示保持背案图像原有的宽带和高度。
- length表示由浮点数字和单位标识符组成的长度值。其单位为px，不可为负值。
- percentage表示百分值，可以是0%～100%之间的任何值，不可为负值。
- cover表示保持图像本身的宽度和高度，当图像小于容器，又无法使用background-

repeat来实现时，就可以使用cover将图像放大以铺满整个容器。但这种方法会使背景图像失真。

- contain表示保持图像本身的宽度和高度，当图像大于容器而又需要将背景图片全部显示出来时，就可以使用cover将图像缩小到适合容器的大小。这种方法也会使背景图像失真。

这里要注意是，使用length或percentage设置图像的大小时，可以设置一个或两个值。如果只有一个值，第二个值会默认为auto。但是auto并不是指背景图像的原始高度，而是和第一个值相等。

各种浏览器对background-size属性的兼容不同，如果用户使用的是Firefox浏览器，需要将代码写成"moz-background-size"或"background-size"的形式；如果用户使用的是Webkit引擎支持的浏览器，需要将代码写成"webkit-background-size"的形式，如果使用Opera浏览器，可以直接将代码写成"background-size"的形式。

下面的代码使用background-size属性实现图片的拉升功能（图片的原始的大小是258px×259px）：

```
div{
        color:black; height: 350px; width: 350px;
     padding: 20px; border: 10px dotted #111;
     background: #80B3FF  url(风景.jpg)  center  no-repeat;
     background-size:100%;
  }
```

上面的代码中，设置了div的高度和宽度都是350px，所以通过设置background-size属性值为100%来拉升图片以铺满整个div，运行效果如图6-18所示。

图6-18 图片拉升效果

2. background-clip属性

在介绍background-clip属性之前，先要引入几个相关的概念。对于任何元素来说，它都会包含如图6-19所示的四个区域和边缘，即边距区域、边框区域、补白区域和内容区域，以及外边距边缘、边框边缘、内边距边缘和内容边缘。background-clip属性就用来指定背景的显示区域或背景的裁剪区域。其语法格式如下：

```
background-clip: border-box | padding-box | content-box
```

上述各个参数的含义如下。

- border-box是默认值，表示背景从border（边框）区域向外裁剪，也就是超出部分将被裁剪掉。
- padding-box表示背景从padding（补白）区域向外裁剪，超过padding区域的背景将被裁剪捧。
- content-box表示背景从content（内容）区域向外裁剪，超过content区域的背景将被裁剪掉。

和background-size属性一样，使用background-origin属性的时候，需要考虑浏览器的兼容性，前缀名可以参考background-size属性，这就不多做介绍了。

下面的代码使用background-origin属性来实现裁剪背景的功能：

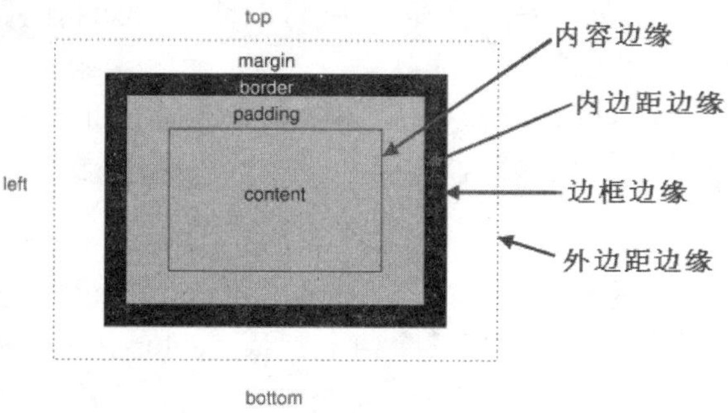

```
div{
        background-
        image:url(flower.jpg);
        border:12px dashed red;
        width:220px;
        height:100px;
        padding:25px;
        color:white;
}
div.1{
    background-clip:border-box;
    -moz-background-clip:border-box;
    -webkit-background-clip:border-box;
    -o-background-clip:border-box;

}
```

图6-19 四个边缘区域

上述的代码中，使用了background-clip属性，设置其属性值"border-box"，就裁剪掉了边框边缘外的部分，仅显示边框边缘以内的部分，运行效果如图6-20所示。

如果将上面代码中的background-clip属性的属性值改为"padding-box"，裁剪掉的是内边距边缘外的部分，仅显示内边距边缘以内的部分，运行效果如图6-21所示。

图6-20 属性值border-box的效果

图6-21 属性值padding-box的效果

如果将上面代码中的background-clip属性的属性值改为"content-box"，裁剪掉的是内容边缘外的部分，仅显示内容边缘以内的部分，运行效果如图6-22所示。

3. background-origin属性

在CSS 3以前的版本中，如果要给图像定位，可以使用background-position属性，但是这个属性总是以元素的左上角为坐标原点进行图像定位。而CSS 3中新增的background-origin属性是用来指定绘制背景图像时开始的位置。其语法格式如下：

图6-22 属性值content-box的效果

```
background-origin: border | padding | content
```

上述各个参数的含义如下。

- border是默认值，表示从border（边框边缘）区域开始显示背景。
- padding表示从padding（补白边缘）区域开始显示背景。
- content表示从content（内容边缘）区域开始显示背景。

这里要注意的是，如果背景的background-repeat属性的值不是no-repeat的话，这个属性是无效的，它会使用默认值从border区域开始显示。

和background-size属性一样，使用background-origin属性的时候，需要考虑浏览器的兼容性，前缀名可以参考background-size属性。

background-origin属性非常实用，通常情况下，它与background-clip属性一起使用。

下面的代码使用background-origin属性来实现图像定位的功能：

```
div{
    background-image:url(flower.jpg);
        border:12px dashed red;
    background-repeat:no-repeat;
    width:250px;
    height:150px;
        padding:25px;
    color:write;
    -moz-background-clip:padding-box;
        -webkit-background-clip:padding-box;
    background-clip:padding-box;
        background-origin:content-box;
-moz-background-origin:content-box;
        -webkit-background-origin:content-box;
}
```

上面的代码中，为了避免图像重复平铺到边框区域，将background-repeat属性的属性值设置为"no-repeat"，然后使用"background-clip：padding"将补白区域的背景裁剪掉，最后将background-origin属性的属性值设置为"content-box"，背景图的坐标点从内容区域开始，运行效果如图6-23所示。

如果将上面代码中background-clip属性的属性值修改为"border-box"，表示将边框区域的背景裁剪掉，将background-origin属性的属性值修改为"padding-box"，背景图的坐标点从补白区域，运行效果如图6-24所示。

图6-23　背景从内容区域开始的效果　　　　图6-24　背景从补白区域开始的效果

6.8 实训——实现美食资讯网的菜单部分

范例6-4：【光盘位置】\sample\chap06\实现美食资讯网的菜单部分\index.html

本章讲述了使用CSS设置网页背景图片的基本方法，在本节实训中，我们将使用CSS来练习开发一个美食资讯网的菜单部分的效果。

1. 需求描述

本页面的要求如图6-25所示，需要在菜单部分的左边放置一张图片，在页面的右边的上部分放置一个图文并茂的菜单部分，在左边的下部分需要放置一个文字菜单，这些都没有放置在同一个背景图下的，而整个菜单部分则是放置在一个固定的背景图上。

图6-25 实训效果图

这个实训的具体要求如下。

① "中式快餐"图片，靠左对齐。
② 上方部分的菜单部分图片对齐，下方文字居中对齐。
③ 下方的菜单部分，图片靠右显示。
④ 设置背景图片，并设置最外层的背景图位置固定。

2. 构建HTML页面，并用DIV搭框架

首先创建一个HTML页面，同时用DIV在页面中划分"图片"和"菜单"等部分的区域。

3. 定义CSS文件

在第2步构建的HTML文件的页头部分，直接定义CSS文件，首先通过声明"<style type="text/css"></style>"，在这个标签中间写入所需要的CSS样式，从而达到与引入CSS文件相同的效果。

4. 定义背景图效果

通过background-image:url方式为整个DIV设置背景图，代码如下所示。

```
1.  <DIV class="content1"
2.  style="BORDER: #ffe98f 1px solid; width:980px;
3.  background-image:url(images/p_large_5dCB_638d00011c422d12.jpg);>
```

5. 定义左边图片

通过靠左悬浮的方式，定义左边"中式快餐"的图片，HTML代码如下所示，在代码的第1行中，使用float:left定义这个包含图片的DIV靠左对齐。

```
1.  <DIV style="FLOAT: left">
2.    <IMG height=320 src="images/left_1.jpg" width=178>
3.  </DIV>
```

6. 定义菜单部分的DIV

菜单部分的代码里没有包含背景图的CSS，而是用表格table实现的，是简单的tr和td元素的堆砌，这部分代码请大家阅读光盘里的内容，这里就不再讲述了。

7. 定义背景图固定的效果

在这个范例中，有一个叶子题材的背景图，它的位置是固定的，随着鼠标拖动页面，这个背景图的位置不会改变，这是通过设置body的CSS样式来实现的，关键代码如下所示。

```
1.  body {
2.      font-family:"宋体";
3.      font-size:12px;
4.      background-image:url(images/w_leaf.jpg); /*设置背景图*/
5.      background-repeat:no-repeat; /*设置背景图没有重复的效果*/
6.      background-attachment:fixed; /*背景图位置固定*/
7.      background-position:right; /*设置背景图的位置是靠右的*/
8.  }
```

在代码的第4行中，通过background-image:url来设置背景图的路径，由此引入背景图，在第5行里，通过no-repeat设置背景图不带任何重复的效果，在第6行里，通过fixed设置背景图的位置相对固定，而在第7行里，通过background-position:right语句设置背景图的位置靠右悬浮。

6.9 上机题

（1）请实现如图6-26所示的效果，要求如下。

①为"大牌私房歌"这块DIV设置一个背景色。

②第一和第二列的图片采用水平对齐的方式，第一和第二行的图片，采用纵向对齐的方式。

③图片和下方的文字，采用"左对齐"的方法。

④4张图片的边框采用蓝色。

（2）请实现如图6-27所示的效果图，要求如下。

①图片边框设置为蓝色。

②图片和文字之间设置一定的内边距。

③两张图片之间，采用左对齐的方式。

（3）如图6-28所示，实现一个浮动广告的效果，要求如下。

①设置文字部分的样式，文字为左对齐，且距左边框为0px，边框的颜色为淡黄色，宽度为1px。

②将图片部分设置为固定定位，靠左对齐，距上边距为20px，完成浮动广告的效果。

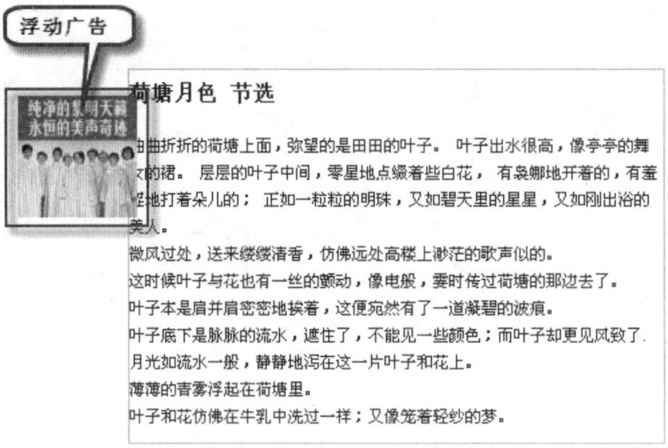

大牌私房歌

看看明星们自己喜欢什么歌曲

温岚　　　　　周笔畅

陈坤　　　　　小柯

图6-26　上机题1

最新音乐专题

儿童节专题 超级童声
所谓超级童声，大多指那些凭借一把天赋好嗓子，在儿童时就已经一举...
标签：童年 快乐 流行 节日

纯净的黎明天籁 永恒的美声奇...
这是一群群男童高音（Boy Soprano）的孩子们所组成的少年合唱团，...
标签：清澈 优美 经典 少年

更多音乐专题

图6-27　上机题2

浮动广告

荷塘月色 节选

曲曲折折的荷塘上面，弥望的是田田的叶子。叶子出水很高，像亭亭的舞女的裙。层层的叶子中间，零星地点缀着些白花，有袅娜地开着的，有羞涩地打着朵儿的；正如一粒粒的明珠，又如碧天里的星星，又如刚出浴的美人。

微风过处，送来缕缕清香，仿佛远处高楼上渺茫的歌声似的。

这时候叶子与花也有一丝的颤动，像闪电般，霎时传过荷塘的那边去了。

叶子本是肩并肩密密地挨着，这便宛然有了一道凝碧的波痕。

叶子底下是脉脉的流水，遮住了，不能见一些颜色；而叶子却更见风致了。

月光如流水一般，静静地泻在这一片叶子和花上。

薄薄的青雾浮起在荷塘里。

叶子和花仿佛在牛乳中洗过一样；又像笼着轻纱的梦。

图6-28　上机题3

（4）请用背景图的相应的CSS实现如图6-29所示的效果。其中，中间部分的背景图通过使用一张原始的背景图（6-30）拉伸而成的。

图6-29　上机题4　　　　　　　　　　　　图6-30　重复背景图的原始图片

（5）如果在一个页面中，为不同的模块设置不同的背景色，会让读者感觉到"泾渭分明"的感觉。请为头部、左部和中央部分分别设置3种背景图，如图6-31所示，要求如下。

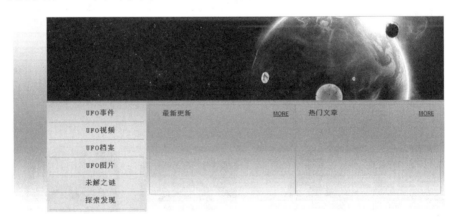

图6-31　上机题5

①头部部分背景设置为背景图片，使图片布满整个头部部分。
②整个页面的背景图片使用淡绿色的图片，同样布满整个页面。
③将左部的菜单项的背景设置为白色，文字设置为绿色。

（6）请实现如图6-32所示的"音乐剧展示"的效果。其中，图片需要用蓝色边框，图片对齐，图片下方的文字需要居中，而且文字部分也需要对齐，要求如下。

①整个页面顶部有一条红色的线，宽度为10px。
②下面的四张图片采用蓝色的边框，边框宽度为1px，图片为顶对齐，可将上边距设置为0px。
③图片下面的文字要以图片为准，居中显示。名字部分使用绿色的文字显示。

图6-32　上机题6

（7）请实现如图6-33所示的效果，要求如下。

①请将整个显示页面设置为一个DIV
块，并将整个块的背景色设置为黑色，同
时固定宽度为400px。

②请将图片设置为左对齐，并将图片
的宽度设置为120px，高度设置为90px，
边框设置为绿色，边框的宽度为2px，同
时图片距离四个边距的宽度设置为5px。

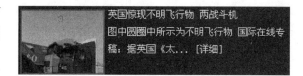

图6-33　上机题7

③请将正文部分的文字设置为白色，文字的大小设置为14px。

（8）请实现如图6-34所示的效果，要求如下。

图6-34　上机题8

①首先将整个页面设置为700px宽，150px高，页面的边框设置为黑色，宽度为1px，同
时背景用图片铺满，注意，是重复的平铺，不是拉伸铺满。

②将第1张图片距上、左两边距边框的距离设置为20px，设置边框为淡青色，宽度为1px。

③将第2张图片设置为距上边距为5px，距左边距为180px，它的边框设置与第一个相同。

④将第3张图片设置为距左边距为340px，距上边距为20px，边框样式同上图一样。

⑤将第4张图片设置为距上边距为5px，距左边距为500px，边框样式同上图一样。

通过CSS设置表格的样式

第7章

表格是在网页上面最常见到的元素，主要用来显示数据以及排版，以达到页面整齐、美观的效果。

本章重点讲述如何使用CSS来设置表格的样式，主要知识点如下。

- 表格的概念及用法
- 通过CSS设置表格样式的方法。
- 在实际应用中用CSS美化表格的方法

7.1 表格基础

表格作为传统的HTML元素，一直受到网页设计者的青睐。使用表格来表示数据、制作调查表等在网站中屡见不鲜。同时因为表格框架的简单、明了，使用没有边框的表格来排版，也受到很多设计者的喜爱。

表格是网页设计中用得最多的元素，大多数的网页都可以使用表格来组织。利用表格来组织网页内容，可以设计出布局合理、结构协调、美观匀称的网页。

表示表格的<table>标签也与其他标签一样，是成对出现的，并且以</table>结尾，我们在第2章里讲述过了表格这个元素，这里先概括一下table标签的一些重要属性，如表7-1所示。

表7-1 table标签属性说明表

属性名	用途
border	表格边框宽度所占的像素点数
width	指定表格的宽度
height	指定表格的高度
align	表格与其相邻文字的位置。参数值为left（居左）、center（居中）、和right（居右）
cellspacing	指定表格各单元格之间的空隙
cellpadding	指定单元格内容与单元格边界之间的空白距离的大小

7.2 用CSS设置表格的样式

在网页中，表格能综合性地向访问者展示信息。目前，虽然存在使用DIV替换表格的趋势，但不可否认的是，表格在网页开发过程中依然发挥着不可替代的作用。

使用CSS可以实现的表格样式包括边框宽度、边框颜色、边框样式以及表格头等效果。

7.2.1 设置表格的颜色

在表格中，设置颜色的方式和设置文字颜色的方式是一样的，都可以通过color来设置，而且，还可以通过background属性设置表格的背景色。

下面通过一个例子来说明给表格设置颜色的方法，下面代码的第6~8行定义的table这个CSS选择器，定义了表格的属性，其中第7行的background-color语句定义了表格的背景色。

```
1.  <html >
2.  <head>
3.  <meta charset=gb2312" />
4.  <title>无标题文档</title>
5.  <style type="text/css">
6.      table{
7.      background-color:#00FF00;
8.      }
9.  </style>
10. </head>
11. <body>
12. <table width="200" border="1">
13.   <tr>
14.     <td> </td>
15.     <td> </td>
16.     <td> </td>
17.   </tr>
18. <tr>
19.     <td> </td>
20.     <td> </td>
21.     <td> </td>
22.   </tr>
23. <tr>
24.     <td> </td>
25.     <td> </td>
26.     <td> </td>
27.   </tr>
28. </table>
29. </body>
30. </html>
```

在上面代码中，第12~28行使用<table>标签创建了一个表格，并且设置表格的宽度为200，这里没有给出宽度的单位，默认为px，也给出了表格边框的宽度为1px。从第13~27行使用了<tr>标签及<td>标签创建出了3行3列的表格。

而且，还可以看到表格的背景色变成了我们所设置的颜色。通过CSS来为表格设置出我们想要的背景色，这样的表格就会比没有使用任何样式的表格美观一些。效果如图7-1所示。

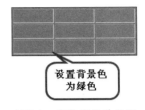

设置背景色
为绿色

图7-1 表格颜色效果图

7.2.2 设置表格的边框样式

针对表格边框的CSS样式和针对其他元素的边框样式类似，都可以使用相同的样式，表7-2中归纳了针对表格边框的一些重要属性。

表7-2 字体样式语法说明表

属性	描述
border	简写属性，用于把针对四个边的属性设置在一个声明
border-style	用于设置元素所有边框的样式，或者单独地为各边设置边框样式
border-width	简写属性，用于为元素的所有边框设置宽度，或者单独地为各边边框设置宽度
border-color	简写属性，设置元素的所有边框中可见部分的颜色，或为4个边分别设置颜色
border-bottom	简写属性，用于把下边框的所有属性设置到一个声明中
border-bottom-color	设置元素的下边框的颜色
border-bottom-style	设置元素的下边框的样式
border-bottom-width	设置元素的下边框的宽度
border-left	简写属性，用于把左边框的所有属性设置到一个声明中
border-left-color	设置元素的左边框的颜色
border-left-style	设置元素的左边框的样式
border-left-width	设置元素的左边框的宽度
border-right	简写属性，用于把右边框的所有属性设置到一个声明中
border-right-color	设置元素的右边框的颜色
border-right-style	设置元素的右边框的样式
border-right-width	设置元素的右边框的宽度
border-top	简写属性，用于把上边框的所有属性设置到一个声明中
border-top-color	设置元素的上边框的颜色
border-top-style	设置元素的上边框的样式
border-top-width	设置元素的上边框的宽度

第6章已经讲过图片边框的一些样式，表格的样式与图片的样式非常相似，只不过表格具有针对"上下左右"4个边框的属性，比如border-left-color是针对左边框的颜色，而border-right-color是针对右边框的颜色。

下面通过一个范例，来观察一下针对表格边框的样式效果。

范例7-1：【光盘位置】\sample\chap07\设置表格颜色+设置表格的边框颜色\ index.html

范例7-1针对"设置表格的颜色"和"设置表格的边框样式"这两个效果设计出一个购物网站的广告模块，效果如图7-2所示。

实现这个范例的要求如下。

①将表格的边框设置为2px，这里请使用border="2"这个属性。

②将这个表格背景色设置为#66CCFF。

③设置表格中的字体为宋体，大小为12px。

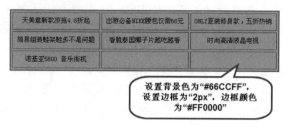

图7-2　表格颜色+边框样式的效果图

这部分的HTML代码如下所示。

```
1.  <html >
2.  <head>
3.  <meta charset=utf-8" />
4.  <title>表格背景颜色</title>
5.  </head>
6.  <body>
7.  <table width="500" border="2" bordercolor="#FF0000" cellspacing="3"
    cellpadding="0">
8.    <tr>
9.      <td>天美意新款凉拖4.8折起</td>
10.     <td>出游必备NIKE腰包仅需68元</td>
11.     <td>ONLY夏装修身款，五折热销 </td>
12.   </tr>
13.   <tr>
14.     <td>简易组装鞋架鞋多不是问题</td>
15.     <td>香脆泰国椰子片越吃越香</td>
16.     <td>时尚高清液晶电视</td>
17.   </tr>
18.   <tr>
19.     <td>诺基亚5800 音乐街机 </td>
20.     <td> </td>
21.     <td> </td>
22.   </tr>
23. </table>
24. </body>
25. </html>
```

在上面代码中，从第7~23行是搭建表格的代码，其中第7行的"border="2""设置边框为2px，"cellspacing="3""设置单元格间距为3px，"bordercolor="#FF0000""设置边框颜色为红色，这些都是边框样式，而表格的背景色是在CSS中设置的，这部分CSS代码如下所示。

```
1.  body{
2.       font-family:"宋体";
3.       font-size:12px;
4.       }
5.       table{
6.            background-color:#66CCFF;
7.            text-align:center;
8.       }
9.       td{
10.           height:30px;
11.           line-height:30px;
12.      }
```

其中，第1~4行主要设置body内文字的字体及文字的大小，由于这个表格就是放在body中的，所以这个样式同样适用于这个表格；第5~8行设置了表格的背景色及文字的对齐方式；第9~12行主要设置了每一个单元格的高度。这些都设置好了，就完成了对表格边框样式的设置。

7.2.3 设置隔行变色的单元格样式

如果表格中的单元格比较多，那么可以设置隔行变色的效果，就能让表格显得清晰和一目了然。

设置隔行变色的方法十分简单：可以给偶数（或奇数）行的tr标记都设置上背景色的效果就可以了。

下面通过一个例子来说明这种隔行变色的效果，代码如下所示。

```
1.  <html >
2.  <head>
3.  <meta charset=gb2312" />
4.  <title>无标题文档</title>
5.  </head>
6.  <body>
7.  <table width="200" border="1">
8.    <tr>
9.     <td style="background-color:#993366;">我的未来不是梦</td>
10.   </tr>
11.   <tr>
12.       <td>龙的传人</td>
13.   </tr>
14.   <tr>
15.       <td style="background-color:#993366">爱你一万年</td>
16.   </tr>
17. </table>
18. </body>
19. </html>
```

其中，在第9~15行都定义了"background-color:#993366"，它将这两行的背景色都设置为#993366，从而达到隔行变色的效果，如图7-3所示。

分别设置第一和第三行的颜色为"#993366"，从而达到隔行变色效果

图7-3　隔行变色效果图

7.2.4　设置大小和对齐方式

在表格中，可以使用CSS设置表格中字体的大小，而对齐方式则是通过text-align属性在表格中设置的，这部分的知识点已经在第4章的文本样式里讲述过，所以这里就不再详细说明了。

下面通过一个范例来系统学习一下设置隔行变色的单元格样式和设置文字大小及对齐方式两种表格用法。

范例7-2：【光盘位置】\sample\chap07\行变色单元格样式+对齐方式\index.html

在这个范例中，我们使用表格设计一个电影网站的"电影排行"模块，效果如图7-4所示。

在实现的过程中，具体有如下几点要求。

①合并单元格，并将标题的字体大小设置为14px，加粗显示，标题单元格背景色设置为"#99CC66"。

②设置排行榜的单元格颜色变色。

这部分的HTML代码如下所示。

每个TD定义不同的CSS，达到隔行变色的效果

设置文字的大小为14px，并设置文字居中对齐

图7-4　隔行变色单元格样式+对齐方式效果图

```
1.  <html >
2.  <head>
3.  <meta charset=utf-8" />
4.  <title>行变色单元格样式</title>
5.  </head>
6.  <body>
7.  <table width="400" border="1" bordercolor="#0066FF" cellspacing="0"
    cellpadding="5">
8.    <tr>
9.      <td class="tdtitle" colspan="2" bgcolor="#99CC66">
10.        本期热门榜单</td>
11.   </tr>
12.    <tr>
13.      <td width="165" class="tdn1">1.训龙记</td>
14.      <td width="235" rowspan="9" style="text-align:center;">
```

```
15.             <img src="yueguang.jpg" />
16.        </td>
17.     </tr>
18.     <tr>
19.        <td class="tdn2">2.备用计划</td>
20.     </tr>
21.     <tr>
22.        <td class="tdn3">3.约会之夜</td>
23.     </tr>
24.     <tr>
25.        <td class="tdn">4.失败者</td>
26.     </tr>
27.     <tr>
28.        <td class="tdn">5.海扁王</td>
29.     </tr>
30.     <tr>
31.        <td class="tdn">6.诸神之战</td>
32.     </tr>
33.     <tr>
34.        <td class="tdn">7.葬礼上的死亡</td>
35.     </tr>
36.     <tr>
37.        <td class="tdn">8.海洋</td>
38.     </tr>
39.     <tr>
40.        <td class="tdn">9.最后一曲</td>
41.     </tr>
42. </table>
43. </body>
44. </html>
```

在上面代码中，第8行到第11行是标题部分，第12行是排行榜第1名部分，第15行是图片部分，这部分合并了9列，第18到第41行是排行榜第2到第10名。

其中，设置标题中字体的对齐、大小和设置单元格隔行变色都是使用CSS样式实现的，这部分的CSS代码如下所示。

```
1.  .tdtitle{
2.              text-align:center;
3.              font-size:14px;
4.              font-weight:bold;
5.              height:25px;
6.              line-height:25px;
7.              }
8.              .tdn{
9.              padding-left:8px;
10.             }
11.             .tdn1{
12.             padding-left:8px;
13.             background-color:#FFCC00;
14.             }
```

```
15.            .tdn2{
16.            padding-left:8px;
17.            background-color:#CCCCCC;
18.            }
19.            .tdn3{
20.            padding-left:8px;
21.            background-color:#996633;
22.            }
```

上面代码中，第2行设置标题文字的对齐方式为居中对齐，第3行设置标题的字体大小为14px，第4行为字体加粗，第13行设置排名第一的电影的背景色为#FFCC00，第17行是设置排名第2的电影的背景色为"#CCCCCC"，第21行是设置排名第3的电影的背景色为#996633。

 7.3 实训——用CSS搭建一个综合效果的表格

范例7-3：【光盘位置】\sample\chap07\用CSS搭建一个综合效果的表格\index.html

本章讲述了关于美化超链接的一些CSS的基本概念，在本节实训中，我们将使用CSS来练习实现具有综合效果的表格样式，如图7-5所示。

1. 需求描述

这里我们将开发一个"中国音乐榜"的样式，它的要求如下。

①表头部分的背景色采用咖啡色，而且把字体设置成36个像素。
②在表格部分，隔行的背景图是不同的。
③在最后一行里，合并单元格，然后把"上海音乐台"部分靠右对齐。

图7-5 实训效果图

2. 设置表单部分的HTML代码

我们可以先通过table、tr、td等标签来设置整体表格的框架。

```
1.  <html >
2.  <head>
3.  <meta charset=gb2312" />
4.  <title>表格实训</title>
5.  </head>
6.  <body>
7.  <table border="0" cellpadding="0" cellspacing="1">
8.  <caption>中国音乐榜</caption>
9.    <thead>
10.   <tr>
11.    <th>名次</th>
12.    <th>歌手</th>
13.       <th>歌曲</th>
14.   </tr>
15.   </thead>
16.   <tbody>
17.    <tr class="hui">
18.       <td>1</td>
19.       <td>周杰伦</td>
20.       <td>青花瓷</td>
21.    </tr>
22.    <tr>
23.       <td>2</td>
24.       <td>王力宏</td>
25.       <td>花田错</td>
26.    </tr>
27.    <tr class="hui">
28.       <td>3</td>
29.       <td>信</td>
30.       <td>死了都要爱</td>
31.    </tr>
32.    <tr>
33.       <td>4</td>
34.       <td>S.H.E</td>
35.       <td>中国话</td>
36.    </tr>
37.    <tr class="hui">
38.       <td>5</td>
39.       <td>南拳妈妈</td>
40.       <td>牡丹江</td>
41.    </tr>
42.    <tr>
43.       <td>6</td>
44.       <td>蔡依林</td>
45.       <td>特务J</td>
46.    </tr>
47.    <tr class="hui">
48.       <td>7</td>
49.       <td>花儿乐队</td>
50.       <td>我的果汁分你一半</td>
51.    </tr>
```

```
52.      <tr>
53.        <td>8</td>
54.        <td >陶喆</td>
55.        <td>爱我还是他</td>
56.      </tr>
57.      <tr class="hui">
58.        <td>9</td>
59.        <td>张靓颖</td>
60.        <td>the love </td>
61.      </tr>
62.      <tr>
63.        <td>10</td>
64.        <td>陈楚生</td>
65.        <td>有没有人曾告诉你</td>
66.      </tr>
67.    </tbody>
68.    <tfoot>
69.      <tr>
70.        <td colspan="3" style="text-align:right;">上海音乐台</td>
71.      </tr>
72.    </tfoot>
73. </table>
74. </body>
75. </html>
```

在上述代码中，第8行使用<caption>标签将"中国音乐榜"这个标题放在里面，并在CSS中定义了它的字体为黑体，字体大小为36px，这样就完成了对表头部分的样式设置。

3. 定义CSS文件

在第2步构建的HTML文件的页头部分，我们将在页面中直接定义CSS文件，首先通过声明"<style type="text/css"></style>"，在这个标签中间写入所需要的CSS文件，从而达到与引入CSS文件相同的效果。

4. 定义整体表格的样式

我们可以通过针对table的CSS，定义整体表格的样式，代码如下所示。

```
1.  table {
2.      width: 600px;
3.      margin-top: 0px;
4.      margin-right: auto;
5.      margin-bottom: 0px;
6.      margin-left: auto;
7.      text-align: center;
8.      background-color: #000000;
9.      font-size: 9pt;
10. }
```

其中，第2行定义了表格的宽度为600px，从第3~6行定义了4个方向的表格的外边框，第7行定义了表格里文字采用"居中"的对齐方式，第8行定义了表格的背景色，第9行定义了针对表格里的字体大小的设置。

5. 定义针对表格内部的样式

表格是由td、tr等元素组成，在这个范例中，还通过了诸如第47行的hui样式来定义隔行变化的效果，这部分的CSS代码如下所示。

```
1.   td { /*设置偶数行的变化效果*/
2.        padding: 5px;
3.        background-color: #FFFFFF;
4.   }
5.   thead tr {
6.        font-size: 18px;
7.        background-color: #663333;
8.        color: #FFFFFF;
9.   }
10.  thead th {
11.       padding: 5px;
12.  }
13.  .hui td { /*设置隔行的变化效果*/
14.       background-color: # ;
15.  }
16.  tr:hover td {
17.       background-color: #FF9900;
18.  }
```

6. 设置表格页脚部分

在表格的下方，有一行显示"上海音乐台"的文字，这一部分的内容占了一整行，并且右对齐，这部分的代码如下所示。

```
1.   <tfoot>
2.    <tr>
3.         <td colspan="3" style="text-align:right;">
4.       上海音乐台
5.    </td>
6.         </tr>
7.   </tfoot>
```

其中，通过第3行的colspan=3来设置这行中的td跨度是3，也就相当于将这一行的三个单元格合并为一个显示，并且通过text-align设置文字靠右对齐。

7.4 上机题

（1）请通过针对表格的CSS样式，实现如图7-6所示的效果，要求如下。

①实现"隔行颜色变幻"的效果，单数行背景色是紫色，双数行背景色是绿色。
②设置表格里文字居中的效果。

水木年华演唱会	卡玛音乐季	世博会歌曲
凡人二重唱北京演唱会	S.H.E北京演唱会	舞蹈诗剧《梦里落花》
文章福州演唱会	BBC	仁和闪亮音乐现场
唱片评审	大耳机	票选巅峰男艺人
赵薇诞女	张东健大婚	明星抗旱
陈志云被捕	《大周末》庆典	

图7-6　上机题1

（2）实现如图7-7所示的表格效果，要求如下。

①整个页面采用表格的方式。
②使用CSS对整个表格进行样式设置。
③表格的背景色设置为蓝色。
④左边部分，使用跨行的效果，将一整列合并为一行一列，设置一张图片，并且图片距上下边距为0px，左右对齐为居中。
⑤右边的文字部分样式居中，隔行效果不同，单数行里，设置两列效果，双数行里，设置一列效果，并在双数行里，将背景色设置为深黄色。
⑥表格部分的文字居中对齐，而且单数行里的文字采用宋体，而双数行里的文字采用斜体。

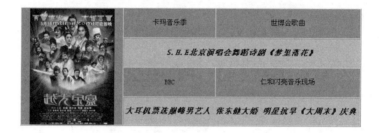

图7-7　上机题2

（3）如图7-8所示，实现一个"理财工具箱"的表格效果，要求如下。

①整个页面采用表格的方式布局。
②使用CSS将整个表格设置浅蓝色背景色。
③单数列里，采用多行的效果，而双数列里，则放置一张图片。第1列与第3列的内容文字为居中对齐，文字大小为14px，第2列与第4列的图片距上下边距为0px，左右为居中对齐。

图7-8　上机题3

（4）通过table等元素，实现如图7-9所示的效果，要求如下。

①设置表格的整体背景色是浅黄。
②在表格部分，中间列里放置图片，而在左右两列，放置4行的文字效果。
③在文字效果部分，隔行变色。
④在表格的内部，各表单部分的间距为3。

图7-9　上机题4

（5）请通过table、tr和td等元素，实现如图7-10所示的效果，要求如下。

①整个页面采用<table>布局。
②使用CSS完成对页面的样式设置，整个页面背景色设置为灰色。
③第1行里的图片为水平居中，距上边距为0px，文字为水平居中。
④第2行与第3行的样式相同，文字水平居中。

图7-10　上机题5

（6）请使用表格完成如图7-11所示的效果，要求如下。

①整个页面使用table标签来布局。标题部分为一行，第2行分为3个单元格，第1个单元格显示文字部分，第2个单元格显示为一张图片，第3个单元格显示另一部分的文字。最后一行只显示背景色。
②使用CSS完成对表格样式的设置。整个表格的边框为三维式边框，边框内外边线为绿色线条。
③第1行的标题部分，使用深蓝色的背景，同时文字采用加粗显示，文字大小为14px。
④第2行的第1个单元格内为天蓝色的背景，同时文字大小设置为10px。
⑤第2行的第2个单元格将图片设置为上下边距为0px，左右边距为20px。
⑥第2行的最后一个单元格的背景色为淡黄色，文字大小同样为10px。
⑦最后一行整行设置为灰色背景色。

图7-11　上机题6

（7）使用表格完成如图7-12所示的效果图，要求如下。

图7-12　上机题7

①整个页面使用<table>标签布局，共分为二行三列。

②使用CSS完成对表格的样式设置，整个表格的边框为凸起式的，边框的宽度为5px。

③每个单元格内都有一张图片，每张图片在单元格内完全居中显示。

（8）使用表格完成如图7-13所示效果，要求如下。

本月热销车排行榜	
新赛欧	5.68-7.58万元
宝马Z4	58.90-83.80万元
荣威350	8.97-12.47万元
奥迪A5	49.39-99.80万元
科鲁兹	10.89-14.89万元
CX30	6.88-9.98万元
途观	19.98-30.98万元
金鹰	4.98-6.28万元
科雷傲	22.58-29.28万元

图7-13　上机题8

①使用表格来完成页面的布局。第1行的标题作为一行；下面的车型及价格设置为一行，车型为第1个单元格内容，价格为第2个单元格的内容。

②使用CSS完成表格的样式设置。

③表格的边框颜色为淡蓝色，宽度为1px。

④将整个表格的背景色设置为灰色，第1行的标题文字部分调协为加粗显示，字体为18px。

⑤将下面的单行的背景设置为青蓝色。

⑥车子型号一列设置为左对齐，车子价格一列设置为右对齐。

通过CSS定义表单样式

表单可以用来接收用户输入的数据，然后提交给Web服务器来实现用户与表单的交互。在以往的HTML页面中，对表单元素的样式控制很少，仅仅局限于功能上的实现。现在，可以通过CSS给交互界面设计了一层"皮肤"，让访问者在比较美观的界面氛围下和网站服务器进行交互。本章将要学习的重点内容如下。

- 了解表单元素
- 通过实例学习使用CSS来设置表单外观及样式

8.1 认识表单元素

表单就是在网页中所使用的各种控件，比如文本框、按钮等等的组合。在网页中表单的作用不可小视，它可以用来实现数据采集的功能，比如可以采集访问者的名字、E-mail地址、调查表、留言簿等等信息。

表单由很多个表单元素组成，众多的表单元素使表单的功能变得更加强大，常用的表单元素如表8-1所示。

表8-1 表单元素一览表

元素名	元素作用
input	文本输入框
textarea	可以容纳多行输入的文本框
select	下拉菜单

下面我们将分别介绍常用的表单元素。

8.1.1 输入域标签<input>

输入域标签<input>是最常用的表单元素之一，它主要用于收集用户的信息，下面我们来看一下它的语法。

```
1.  <form>
2.  <input name="filed_name" type="type_name">
3.  </form>
```

其中参数name指的是输入域的名字，而后面的type所代表的是输入域的类型。根据不同的 type 属性值，输入字段拥有很多种形式，输入字段可以是文本字段、复选框、掩码后的文本控件、单选按钮、按钮等等，type的属性值如表8-2所示。

表8-2 input的tyle属性一览表

元素名	属性作用
text	文本框是一种让访问者自己输入内容的表单对象，通常被用来填写单个字或者简短的回答，如姓名、地址等
radio	在一组待选项中只能选择唯一的答案，如我们常用的性别选项
button	一般按钮用来控制其他定义了处理脚本的处理工作
checkbox	复选框允许在待选项中选中一项以上的选项。每个复选框都是一个独立的元素，都必须有一个唯一的名称
hidden	隐藏域是用来收集或发送信息的不可见元素，对于网页的访问者来说，隐藏域是看不见的。当表单被提交时，隐藏域就会将信息用你设置时定义的名称和值发送到服务器上
submit	提交按钮用来将输入的信息提交到服务器
file	有时候，需要用户上传自己的文件，文件上传框看上去和其他文本域差不多，只是它还包含了一个浏览按钮。访问者可以通过输入需要上传的文件的路径或者单击浏览按钮选择需要上传的文件
images	图片提交按钮
password	是一种特殊的文本域，用于输入密码。当访问者输入文字时，文字会被星号或其他符号代替，而输入的文字会被隐藏
reset	复位按钮用来重置表单内容

8.1.2 文本域标签<textarea>

文本域标签<textarea>主要是用来生成多行文本域的，这样就可以在文本域中输入多行的文本内容。一般文本域用在填写论坛的内容，以及注册时需要填写的个人信息等需要大量文本内容的部分，它的语法如下：

```
1.  <textarea name="name" rows=value cols=value value="value" warp="value">
2.  ……文本内容
3.  </textarea>
```

其中name参数就是这个标签的名字；而rows是表示这个多行文本域的行数，行数决定可以容纳内容的多少，如果内容超出行数，则不会显示超出的内容；cols表示的是这个文本域的列数，也就是说一行内能容纳几个文字；value表示的是在没有编辑时，文本域内所显示的内容；warp表示的是在文本域内换行的方式，比如warp的值为hard表示自动按回车键换行。textarea的参数及其作用如表8-3所示。

表8-3　textarea参数一览表

元素名	属性作用
name	文本域的名字
rows	文本域的行数
cols	文本域的列数
values	文本域的默认内容
warp	设定显示和送出时的换行方式，值为off时表示不自动换行；值为hard表示自动按Enter键换行，换行标记会一同被发送到服务器，输出时也会换行；值为soft表示自动按Enter键换行，换行标记不会被发送到服务器，输出时仍然为一列

8.1.3　选择域标签<select>和<option>

通过选择域标签<select>和<option>可以建立一个列表或者菜单。菜单节省空间，正常状态下只能看到一个选项，单击按钮打开菜单后才能看到全部的选项。列表可以显示一定数量的选项，如果超出了这个数量，会自动出现滚动条，浏览者可以通过拖动滚动条来查看各选项。选择域的语法如下：

```
1. <select name="name" size="value=" multiple>
2. <option value="value" selected>选项1</option>
3. <option value="value" >选项2</option>
4. <option value="value" >选项3</option>
5. ……
6. </select>
```

其中的参数name表示选择域的名字，size则表示选择域列表所能够容纳的列数，value则表示列表内各项的值。

select及option的参数及作用如表8-4所示。

表8-4　select及option参数一览表

元素名	属性作用
name	选择域的名字
Size	表示列表的行数
Value	菜单的选项值
multiple	表示以菜单方式显示数据，省略则以列表方式显示数据

8.1.4　表单各元素在网页中的用法

上面讲述了表单中常用元素的用法及各参数的作用。但在网页上，不可能只用到一种表单元素，所以需要学习如何在适当的位置使用适当的表单元素，这样才会发挥表单元素应有的作用。

下面通过一个例子，学习一下表单里各元素在网页中的用法。

```
1. <html >
2. <head>
```

```
3.  <meta charset=utf-8" />
4.  <title>表单文档</title>
5.  </head>
6.  <body>
7.  <form> <!—开始表单-->
8.      <!—文本和输入框-->
9.          <p> 姓名:<input name="" type="text" /></p>
10.     <p> 年龄:<input name="" type="text" /></p>
11.     <p> 性别:<select name="">
12.      <option>男</option>
13.      <option>女</option>
14.     </select></p>
15.     <p> <!—这里定义两个单选框-->
16.         志愿:<input name="n1" type="radio" value="" />
17.         入伍 <input name="n1" type="radio" value="" />工作
18.     </p>
19.     <!—按钮-->
20.     <p><input name="" type="button" value="提交" /></p>
21.        </form>
22. </body>
23. </html>
```

其中，从第7到第21行定义了form的标签，即表单的标签。第9和第10行定义了本文和输入框，输入框是以文本框的形式显示的；在第11到第14行，通过select和option定义了下拉式菜单，其中有两个选项，男和女；在第15到第18行定义了两个输入框，而这两个输入框是以单选按钮的形式显示的；第20行定义了一个"提交"的按钮，效果如图8-1所示。

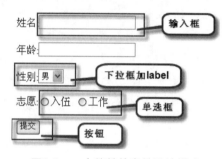

图8-1　一个简单的表单设计样式

8.2　通过CSS设置各元素的外观

单纯的表单效果是比较简陋的，我们可以通过CSS样式，控制表单里的文本输入框等表单元素的外观。

8.2.1　用CSS修饰表单元素的背景色

在网页中，表单元素的背景色默认都是白色的，这样的背景色不能美化我们的网页，所以需要使用各种颜色设置表单元素的背景色。

1. 修改背景色的方法

可以使用CSS样式来修改表单里各元素的背景色，这样可以使表单元素不那么单调，修改背景色的方法如表8-5所示。

表8-5 使用CSS修改表单元素背景色

表单元素	CSS属性	在第几章讲过	句法介绍
input	background-color	第5章	background-color:red
textarea	background-color	第5章	background-color:blue
select	background-color	第5章	background-color:#999999

大家可以看到，上面三种表单元素修改背景色所用到的属性是background-color，只要对这个属性进行相应的修改，就可以改变表单元素的背景色。

下面我们来看一个示例，通过它学习一下修改表单背景色的语法，效果如图8-2所示。

图8-2的效果就是修改了文本框的背景色，其代码如下所示。

图8-2 用CSS更改表单背景色

```
1. <head>
2. <style type="text/css">
3.  input{background-color:blue;}
4. </style>
5. </head>
6. <body >
7.  姓名：<input type="text"></input>
8. </body>
```

可以看到，第3行就是更改背景色样式的代码，它通过设置background-color属性修改了背景色。

2. 修改背景色的范例

下面通过一个范例，学习一下使用CSS修改表单各元素背景色的方法。

范例8-1：【光盘位置】\sample\chap08\修改背景色\index.html

范例8-1将实现如图8-3所示的效果，其中每个菜单的颜色是不同的。

这个效果的HTML的代码如下所示。

```
1. <html >
2. <head>
3. <meta charset=utf-8" />
4. <title>针对菜单的效果样式</title>
5. </head>
6. <body>
7. <form>
8.     <select name="">
```

图8-3 改变下拉列表样式

```
9.          <option class="r">红</option>
10.         <option class="o">橙</option>
11.         <option class="y">黄</option>
12.         <option class="g">绿</option>
13.         <option class="q">青</option>
14.         <option class="b">蓝</option>
15.         <option class="z">紫</option>
16.     </select>
17. </form>
18. </body>
19. </html>
```

在上面代码中，第7行到第17行设置了form的表单。其中第8到第16行定义了诸多option，也就是为下拉列表设置了很多的选择项，而且还为每个选择项定义了样式，比如第9行通过class=r引入CSS样式，从而指定颜色。由于样式代码没有定义，现在的下拉列菜单与普通的下拉列表一样，所有的菜单项都显示相同的颜色风格，所以还需要在CSS里给每一项设置相应的样式，就能实现效果图的效果了，CSS部分的代码如下所示。

```
1.  select{ /*设置整体下拉菜单的样式*/
2.      width:150px; /*设置宽度*/
3.      }
4.  .r{ /*其中"红部分的样式"*/
5.      background-color:#FF0000; /*设置背景色*/
6.      color:#66CC66; /*设置背景颜色*/
7.      }
8.  .o{
9.      background-color:#FF9900;
10.     color:#006699;
11.     }
12. .y{
13.     background-color:#FFFF00;
14.     color:#FF0000;
15.     }
16. .g{
17.     background-color:#009900;
18.     color:#FFFF00;
19.     }
20. .q{
21.     background-color:#00FFFF;
22.     color:#CC6633;
23.     }
24. .b{
25.     background-color:#0000FF;
26.     color:#FFFFFF;
27.     }
28. .z{
29.     background-color:#9900CC;
30.     color:#FFFFFF;
31.     }
```

在上面CSS代码的第1到第3行中，通过select设置了整个下拉菜单的效果，这里只设置了宽度；而从第4行到第31行，定义了HTML页面中的class使用的所有样式，这里分别对每一个菜单项进行了样式设置，这样菜单项中每一项的样式就都各不相同了。

8.2.2 用CSS改变表单元素的边框样式

在网页中，还可以使用CSS来改变表单元素的边框样式，从而使表单元素呈现更好的效果。

修改边框样式的方法

可以使用CSS样式来修改表单里各元素的边框样式，这样就可以使表单元素的边框多样化了，修改方法如表8-6所示。

表8-6　用CSS改变表单元素的边框样式

表单元素	CSS属性	在第几章讲过	句法介绍
input	border	第6章	border-style:solid;
textarea	border	第6章	border-color:red
select	border	第6章	border-width:2px;

从表中可以看到，上面三种表单元素更改背景色所用的到的就border属性的三个参数：style、color和width，只要对这个属性进行相应的修改，就可以改变表单元素的边框样式了。

下面我们来看一个示例，学习一下更改表单边框样式的语法如图8-4所示。

图8-4的效果就是修改了文本框的边框样式，这个效果的HTML代码如下所示。

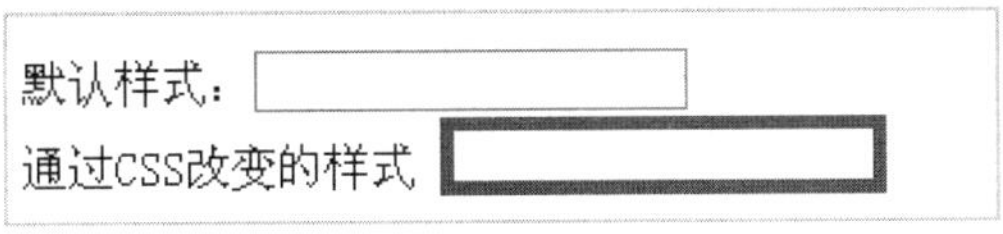

图8-4　用CSS更改表单边框样式

```
1.  <head>
2.  <style type="text/css">
3.  #cs{
4.       border-style:solid;
5.       border-color:red;
6.       border-width:5px;
7.  }
8.  </style>
9.  </head>
10. <body >
11. 默认样式：<input type="text"/><br/>
12. 通过CSS改变的样式 <input id="cs" type="text"/>
13. </body>
```

在上述代码中，第3行到第7行就是修改边框样式的代码，它使用border-style修改了边框的样式，使用border-color修改了边框的颜色，使用border-width修改了边框的宽度。

8.2.3 用CSS修改表单文字的样式

在网页中，经常需要对一些重点文字进行突出显示，比如字体加粗、颜色醒目等，这样就能够使用户注意到这些重要文字，所以需要对表单元素的文字样式进行设置，这些文字样式可以使用CSS实现。

修改文字样式的方法

在form表单里，默认的文字大小及颜色都是没有样式的，这样看起来很平淡，但可以通过使用CSS修改文字的样式，修改方法如表8-7所示。

表8-7　用CSS修改表单文字样式

表单元素	CSS属性	在第几章讲过	句法介绍
input	font-variant font-weight font-size font-family	第4章	font-variant:smail-caps font-weight:bold font-size:20px font-family:times
textarea	font-variant font-weight font-size font-family	第4章	font-variant:smail-caps font-weight:bold font-size:20px font-family:times
select	font-variant font-weight font-size font-family	第4章	font-variant:smail-caps font-weight:bold font-size:20px font-family:times

从表中可以看到，只要修改font的相应属性就可以完成对文字样式的设置了。下面我们来看一个示例，学习一下在网页中如何使用CSS修改表单文字的样式，效果如图8-5所示。

可以看到图8-5中两个文本域标签内的文字样式是不同的，下面看一下它们是如何实现的。

图8-5　用CSS更改文字样式

```
1.  <body>
2.  <style type="text/css">
3.  #cs{
4.        font-size:25px;
5.        font-color:#FFDD33;
6.        Font-weight:bold;
7.  font-family:"黑体"
8.  }
9.  </style>
10. </head>
```

```
11. <body >
12.   默认样式：<textarea type="text">这里是我的默认样式</textarea><br/>
13.   通过CSS改变的样式 <textarea id="cs" type="text">这里通过CSS改变的样式</
      textarea>
14. </body>
```

上面代码的第13行，定义第二个文本域内容，这个文本域引用了CSS样式cs。那cs样式设置了什么呢，再看一下代码的第4行到第7行，第4行设置了字体大小为25px，第5行设置字体的颜色，第6行设置了字体加粗，第7行设置了字体为黑体，这样就完成了效果图的样式效果。

上面，我们主要讲述了如何通过CSS来设置表单内各个元素的样式，下面再通过一个范例，来使大家更加深入地了解使用CSS样式改变表单元素样式的方法。

范例8-2：【光盘位置】\sample\chap08\更新元素\index.html

这个范例将实现一个网站的"留言框"模块，效果如图8-6所示，在这个模块中要用选择器实现如下的要求。

①设置文本框的背景色为浅绿。
②设置"性别"下拉框的背景色。
③设置"单选框"和"复选框"的样式。
④设置"我要留言"部分的文本框背景色。
⑤设置"提交"按钮的背景色。

我们通过上述效果的HTML代码，查看一下如何将页面上的内容及表单元素加入到页面中的，详细代码如下所示。

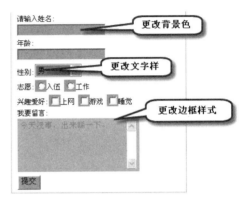

图8-6　通过CSS改变表单各元素的外观

```
1.  <html >
2.  <head>
3.  <meta charset=utf-8" />
4.  <title>经过CSS修饰过的表单</title>
5.  </head>
6.  <body>
7.  <form class="big">
8.      <p> 请输入姓名:<br  /><input name="" type="text" /></p>
9.     <p> 年龄:<br /><input name="" type="text" /></p>
10.     <p> 性别:<select name="">   <!—设置下拉列表框-->
11.      <option>男</option>
12.      <option>女</option>
13.    </select></p>
14.     <p> 志愿:<input name="n1" type="radio" value="" />入伍 <input
         name="n1" type="radio" value="" />工作    <!—设置单选框-->
15.    </p>
16.     <p> 兴趣爱好: <!—设置复选框-->
17.      <input name="" type="checkbox" value="" />上网
18.      <input name="" type="checkbox" value="" />游戏
19.      <input name="" type="checkbox" value="" />睡觉   </p>
20.   <p>我要留言:<br />
```

```
21.        <textarea name=""></textarea> <!---设置多行的文本框->
22.   </p>
23.      <p><input name="" type="button" value="提交" /></p> <!—设置按钮-->
24.        </form>
25. </body>
26. </html>
```

在上述代码中，第7行到第24行定义了整个表单，它所用的标签是<form>；第8行到第9行使用了<input>元素，在页面上放置两个文本框；第10到第13行使用<select>与<option>元素设置了下拉列表框的效果，并为其设置了两个选项；第14行使用了<input>元素，在页面中设置了单选按钮；第16到第19行同样使用了<input>元素设置了复选框的效果；在第21行使用了<textarea>元素设置了一个"我要留言"的多行文本框，使其能够在里面输入多行的文本内容；第23行也是使用了<input>元素设置提交按钮。

针对这些元素的CSS代码，放置在head标签（上面的代码的第2行到第5行之间）里的<style>和</style>之间，代码如下所示。

```
1.  body{ /*针对总体样式*/
2.       font-family:"宋体";
3.       font-size:12px;
4.       }
5.  .big{ /*设置整个form的样式*/
6.       width:300px;
7.       border:#CCCCCC 1px solid;
8.       margin:0 auto 0 auto;
9.       }
10. p{
11.       margin:5px 0 5px 10px;
12. }
13. textarea{ /*设置多行文本框的样式*/
14.       width:200px;
15.       height:80px;
16.       color:#00FF8B;
17.       background-color:#ADD8E6;
18.       border:1px solid #FFCC00;}
19. input{/*设置输入框的背景色样式*/
20.       background-color:#99CC99;
21. }
22. select{ /*设置下拉菜单的样式*/
23.       width:80px;
24.       color:#00008B;
25.       background-color:#999999;
26.       }
```

在这个CSS中可以看到，第5行设置整个form表单的样式，也包括边框的宽度样式；第13行到第18行设置多行文本textarea的样式，包括多行文本框的宽度、高度、颜色以及背景色和边框的样式；第19行定义了input文本框的样式，主要是文本框的背景色；第22行到第26行定义了下拉菜单的样式，主要有宽度、颜色及背景色。

可以看到，上面的样式代码通过以前学过的width、color和background-color等CSS属性，设置了诸多元素的外观。

8.3　实训——CSS定义表单样式练习

范例8-3：【光盘位置】\sample\chap08\CSS定义表单样式练习\index.html

本章我们主要讲述了关于表单的一些基本知识，并讲述了使用CSS来美化表单的一些方法，在本实训里，将使用一个表单内的各种元素来练习开发一个网站的"注册"页面，并用CSS样式来美化这个页面的效果。

1. 需求描述

本页面的需求如图8-7所示，需要在页面的最上方给出标题，标题下方是正文部分，最后是底部的提交按钮部分。

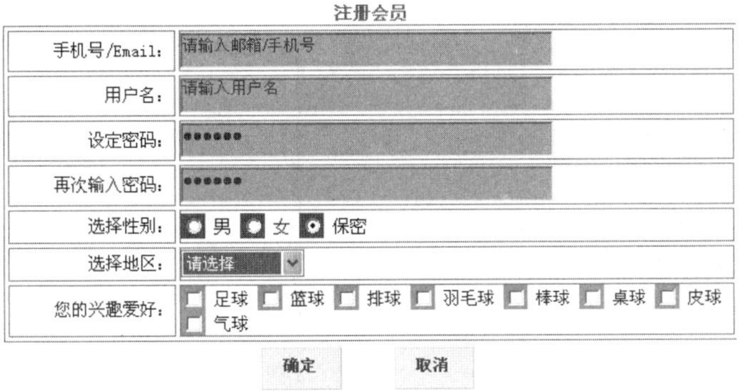

注册会员

手机号/Email：	请输入邮箱/手机号
用户名：	请输入用户名
设定密码：	●●●●●●
再次输入密码：	●●●●●●
选择性别：	● 男　● 女　● 保密
选择地区：	请选择　∨
您的兴趣爱好：	□ 足球 □ 篮球 □ 排球 □ 羽毛球 □ 棒球 □ 桌球 □ 皮球 □ 气球

确定　　　取消

图8-7　实训效果图

在设计这个页面的时候，需要把"会员注册"这个标题设置成h1大小，正文部分将所有元素放在<table>内部实现，最下方的按钮则放在一个块里实现。

2. 构建HTML页面，并使用table搭框架

首先创建一个HTML页面，用DIV将整个页面分块，第一块为标题部分，第二块为正文部分，第三块为按钮部分。

用table搭建正文部分页面，这部分的知识点已经在前文里讲到，所以就不再重复讲述了。

3. 引入CSS文件

在第2步构建的HTML文件的页头部分之前，首先需要应用CSS样式，这个样式直接在页面中定义"<style type="text/css"></style>"，并将所有的CSS样式写入到其中。

4. 开发标题部分的样式

页头部分的实现比较简单，它直接写在一个h1标签中，HTML代码如下所示。

```
<h1>会员注册</h1>
```

在搭建好这部分后，接着定义页头部分的样式，我们将下面的CSS样式代码写到<style>标签当中。

```
1.  h1 {
2.       font-size:14px;
3.       color:#FF3333;
4.  }
```

其中，第2行定义文字大小为14px，第3行设置文字的颜色为#FF3333。

5. 开发正文部分的代码和样式

正文部分使用<table>将布局定好，并将页面的文本内容及表单元素全部定义好，使其显示出来的内容与效果图的内容一致。

正文部分的HTML代码如下所示。

```
1.  <table width="600" border="1" cellspacing="3" cellpadding="0"
    bordercolor="#FF6600">
2.     <tr>
3.      <td style="text-align:right;">手机号/Email：</td>
4.      <td style="text-align:left;"><input type="text" class="txt" value="
        请输入邮箱/手机号" /></td>
5.     </tr>
6.     <tr>
7.      <td style="text-align:right;">用户名：</td>
8.      <td style="text-align:left;"><input type="text" class="txt" value="请
        输入用户名" /></td>
9.     </tr>
10.    <tr>
11.     <td style="text-align:right;">设定密码：</td>
12.     <td style="text-align:left;"><input type="password" class="txt"
        value="123456" /></td>
13.    </tr>
14.    <tr>
15.     <td style="text-align:right;">再次输入密码：</td>
16.     <td style="text-align:left;"><input name="" type="password"
        class="txt" value="123456" /></td>
17.    </tr>
18.    <tr>
19.     <td style="text-align:right;">选择性别：</td>
20.     <td style="text-align:left;"><input name="1" type="radio" value=""
        class="dian" />
21.      男
22.     <input name="1" type="radio" value="" class="dian" />
23.      女
24.     <input name="1" type="radio" class="dian" value="" checked="checked" />
25.     保密</td>
26.    </tr>
27.    <tr>
```

```
28.    <td style="text-align:right;">选择地区: </td>
29.    <td style="text-align:left;"><select name="select" id="select">
30.     <option selected="selected">请选择</option>
31.     <option class="gary">宝山区</option>
32.     <option>虹口区</option>
33.     <option class="gary">杨浦区</option>
34.     <option>徐汇区</option>
35.     <option class="gary">长宁区</option>
36.    </select>
37.   </td>
38.  </tr>
39.  <tr>
40.   <td style="text-align:right;">您的兴趣爱好: </td>
41.   <td style="text-align:left; width:450px;"><input name=""
      type="checkbox" value="" />
42.    足球
43.    <input name="" type="checkbox" value="" />
44.    篮球
45.    <input name="" type="checkbox" value="" />
46.    排球
47.    <input name="" type="checkbox" value="" />
48.    羽毛球
49.    <input name="" type="checkbox" value="" />
50.    棒球
51.    <input name="" type="checkbox" value="" />
52.    桌球
53.    <input name="" type="checkbox" value="" />
54.    皮球
55.    <input name="" type="checkbox" value="" />
56.    气球</td>
57.  </tr>
58. </table>
```

在上述的代码中，整个正文部分放到了一个<table>里面，并将所有文本部分及所需要的表单元素全部都放在相应的位置上，这样在内容部分就和效果图一样了，但是还需要设置一下相应部分的样式，以实现效果图所显示的样式，下面我们来看一下CSS样式部分的代码。

```
1.  td {
2.        height:25px;
3.        line-height:25px;
4.        font-size:14px;
5.        font-weight:400;
6.  }
7.  .txt {
8.        width:300px;
9.        height:25px;
10.       background-color:#99CCCC;
11.       color:#663366;
12. }
13. .dian {
14.       background-color:#CC3366;
```

```
15. }
16. select {
17.        background-color:#009966;
18.        color:#FFF;
19.        width:100px;
20.        height:20px;
21. }
22. .gary {
23.        background-color:#CCCCCC;
24.        color:#FF3366;
25. }
26. input {
27.        background-color:#99CC00;
28. }
```

在上述代码中，第1行到第6行定义了<td>的样式，也就是表格内每个单元格的样式，包括设置单元格的高度为25px，行间的距离为25px，同时设置文字的大小为14px。第7行到第12行设置手机号、用户名等4个文本框的样式，包括设置文本框的宽度、高度、背景色以及文字的颜色。第13到第15行设置了单选按钮的样式，包括设置前景颜色。第16行到第21行设置了下拉列表框的样式，包括设置下拉列表框的背景色、文字的颜色及下拉列表框的宽度和高度。第22行到第25行设置了下拉列表框里面的单数行的样式，以使单双行菜单项的样式不同，主要设置了背景色和文字颜色。第26行到第28设置了所有的<input>元素的样式，因为其他的<input>元素都单独设置了样式，所以这里的设置只针对下面的多选框有效，主要设置了背景的颜色。

这样就部分的样式设置，完成了正文还有底部的两个按钮需要设置，下面接着介绍。

6. 开发最下面的按钮部分

最下面的按钮部分的HTML代码如下所示。

```
1. <div class="two">
2.   <input type="button" value="确定" class="que"/>    
       <input type="button" class="qu" value="取消" />
3.   </div>
```

上述代码主要定义了一个层，放置两个按钮，并且在按钮上显示确定和取消字样。但是现在的按钮是默认的样式，与我们所要求的不同，接下来需要定义一下样式，代码如下所示。

```
1. .two{
2.        text-align:center;
3.        margin-top:5px;
4.        }
5. .que {
6.        display:inline-block;
7.        margin:0 7px 0 0;
8.        background-color:#f5f5f5;
9.        border:1px solid #dedede;
10.       border-top:1px solid #eee;
11.       border-left:1px solid #eee;
12.       line-height:130%;
```

```
13.        text-decoration:none;
14.        font-weight:bold;
15.        color:#565656;
16.        cursor:pointer;
17.        padding:5px 10px 6px 7px;
18. }
19. .qu {
20.        display:inline-block;
21.        margin:0 7px 0 0;
22.        background-color:#f5f5f5;
23.        border:1px solid #dedede;
24.        border-top:1px solid #eee;
25.        border-left:1px solid #eee;
26.        line-height:130%;
27.        text-decoration:none;
28.        font-weight:bold;
29.        color:#565656;
30.        cursor:pointer;
31.        padding:5px 10px 6px 7px;
32. }
```

在上述代码中，第1行到第4行设置了这一块的样式，包括它的文字布局方式居中，距上边距离为5px。第5行到第18行设置确定按钮的样式，包括背景色、边框、文字的颜色及鼠标移到按钮上时鼠标指针的效果。第19行到第32行设置了取消按钮的样式，它的样式与确定按钮是一样的，这里就不再说明了。

到这里就完成了本节实训的练习，通过这一实训，能够加深读者对CSS定义表单样式的理解。

8.4　上机题

（1）请使用CSS定义表单样式的方法，实现如图8-8所示的"投票调查"效果，要求如下。

①整个界面内容放在一个表单内。
②投票调查的头部部分的文字部分先给出。
③调查内容部分先用表单元素列出来（答案列表为单选按钮组合）。
④提交调查的按钮最初样式为表单内的基本样式。
⑤使用CSS样式表来完成所有样式，要求如下。

● 头部部分文字为加粗，背景色为灰色。

图8-8　上机题1

- 调查的选择内容前面的单选按钮为蓝色背景，并且带有红色虚线边框。
- 提交调查按钮设置为紫色背景，按钮带有淡蓝色边框，边框宽度为2px，并且按钮上的文字为白色。

（2）请使用CSS定义表单样式的方法，完成如图8-9所示的"会员登录"模块效果，具体要求如下。

图8-9 上机题2

①使用表单元素完成图中的布局。头部部分为标题文字及返回首页的超链接文字内容；下面是会员名及密码的提示性文字，每个提示性文字后面都跟了一个文本框；最下面有两个按钮，分别是登录及退出。

②定义表单的CSS样式。首先设置头部的样式，主要设置了文字的颜色为红色、块的背景色为蓝色；中间输入框的样式设置为暗蓝色的背景，最后分别设置登录及退出按钮的样式，登录按钮为青黄色背景及深蓝色边框，并且边框宽度为2px，退出按钮的背景色是紫色，边框与登录按钮相同。

（3）请使用CSS定义表单样式的方法，完成如图8-10所示的表单效果，具体要求如下。

图8-10 上机题3

①先使用表单元素将内容显示出来，其中头部部分是标题文字，有一个文本框，下面有一个下拉列表框，再下面是搜索及清空两个按钮。

②使用CSS设置表单的样式。头部的标题文字为紫色背景色。文本框的默认内容为"请输入你要搜索的内容"，文字为淡蓝色，背景为淡粉色。下拉列表框的默认内容为"请选择地区"，字体为斜体，背景色为亮蓝色。最下面的两个按钮样式相同，可以使用一个样式，文字为白色，按钮的背景为粉红色。

（4）请使用CSS定义表单样式的方法，完成如图8-11所示的表单效果，具体要求如下。

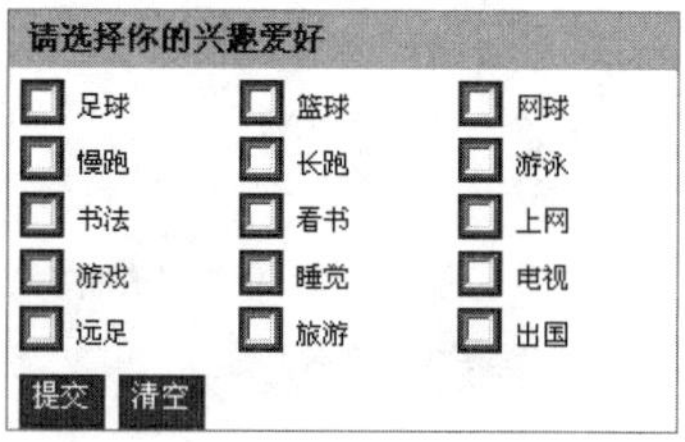

图8-11 上机题4

①首先为表单定义好布局，并使用表单元素完成内容的显示。最上面头部是标题部分，中间有15个复选框，并且每个后面都有提示文字，下面有两个按钮。

②使用CSS设置表单的样式。上面的标题使用加粗文字，背景色为青黄色。中间的15个复选框的样式相同，它们可以共用一个样式，主要是边框的设置，边框由黑红绿三种颜色组成，并且复选框承现三维的凹陷状。下面的两个按钮样式也相同，设置为红色边框、白色文字和紫色背景。

（5）请使用CSS定义表单的方法，完成如图8-12所示的表单效果，要求如下。

①使用表单元素完成页面布局及显示内容。页面上有三个文本框，并且每个文本框上面都有提示性文字，包括"用户名"、"登录邮箱"及"登录密码"。下面有一个复选框，并且后面有"接受用户协议"几个字。最下面有两个按钮，按钮上面分别有"提交注册"及"全部重置"两组提示文字。

②使用CSS为表单定义样式。"用户名"、"登录邮箱"及"登录密码"几个文字为暗红色，并且加粗显示。文本框的背景为淡紫色，边框为紫色，宽度为1px。下面的复选框为红色边框，宽度为3px，后面的"接受用户协议"颜色为淡灰色。两个按钮设置为白色文字、天蓝色背景。

图8-12 上机题5

第9章

CSS滤镜的应用

随着网页设计技术的发展，人们已经不满足于使用原有的一些HTML标签，而是希望能够为页面添加一些多媒体特性，例如滤镜和渐变的效果。CSS技术的飞速发展使这些需求成为了现实。本章为大家介绍一个新的CSS扩展部分：CSS滤镜属性（Filter Properties）。

在本章中，将要讲述如下重点内容。

- 介绍CSS里的滤镜知识
- 介绍各种CSS的滤镜实现代码

9.1 滤镜概述

CSS滤镜的标识符是filter，使用方法和其他CSS语句相同。CSS滤镜可分为基本滤镜和高级滤镜两种。基本滤镜可以直接作用于对象上，并且立即生效。而要配合JavaScript等脚本语言，能产生更多变幻效果的滤镜则称为高级滤镜。

通过CSS设置滤镜效果，可以使页面效果更加丰富多彩。CSS滤镜属性的标识符是filter，其书写格式如下：

```
filter:filtername (parameters);
```

其中，filter是滤镜属性选择符，filtername是滤镜名称，包括alpha、blur、wave等滤镜，而parameters是表示各个滤镜属性的参数，即由这些属性参数来决定滤镜产生的效果。

滤镜虽然说在开发网站的时候使用的比重不大，但恰当地使用滤镜能让网站增色不少，常见的滤镜及其含义如表9-1所示。

表9-1 常见滤镜属性以及含义

常见滤镜	元素作用	常见滤镜	元素作用
alpha	设置透明	x-ray	设置对象只显示轮廓
blur	设置模糊效果	gray	设置灰度
chroma	设置指定颜色透明	invert	设置底片效果
shadow	设置阴影效果	mask	为对象设置遮罩
glow	为对象的外边界增加光效	flipH	水平翻转
wave	设置对象波纹效果	flipV	垂直翻转

在使用滤镜时要注意，若使用多个滤镜，则每个滤镜之间用空格分隔开；一个滤镜中的若干个参数用逗号分隔，filter属性和其他样式属性并用时以分号分隔。下面章节将逐一分析这些滤镜的用法。

9.2 通道（Alpha）

使用CSS的alpha属性，能实现针对图片文字元素的"透明"效果，这种透明效果是通过"把一个目标元素和背景混合"来实现的，混合程度可以由用户指定数值来控制。通过指定坐标，可以指定点、线、面的透明度。alpha的语法如下：

```
filter :alpha (enabled=bEnabled, style=iStyle, opacity=iOpacity,
finishOpacity=iFinishOpacity, startX=iPercent, startY=iPercent,
finishX=iPercent, finishY=iPercent )
```

其中的各项常用参数如表9-2所示。

表9-2 和通道有关的参数的含义

参数	作用
enabled	可选项，用来设置镜是否激活。其值是布尔型，默认值为true，表示滤镜激活；false，表示滤镜被禁止
opacity	可选项，用来设置透明渐变的开始透明度。其值是整数型，取值范围为0-100，默认为0，表示完全透明；100表示完全不透明
finishOpacity	可选项，用来设置渐变的结束透明度。其值是整数型，取值范围为0-100，默认为0，表示完全透明；100表示完全不透明
startX	可选项，用来设置透明渐变开始点的垂直坐标。其值为整数型，作为对象宽度的百分比进行处理，默认值为0
startY	可选项，用来设置透明渐变开始点的垂直坐标。其值为整数型，作为对象宽度的百分比进行处理，默认值为0
finishX	可选项，用来设置透明渐变结束点的水平坐标。其值为整数型，作为对象宽度的百分比进行处理，默认值为0
finishY	可选项，用来设置透明渐变结束点的垂直坐标。其值为整数型，作为对象宽度的百分比进行处理，默认值为0

下面通过一段代码来看一下alpha参数的用法。

```
1.  <html>
2.  <head>
3.  <meta charset=utf-8" />
4.  <title>alpha滤镜</title>
5.  <style>
```

```
6.  .alpha {
7.              filter:alpha( opacity=10, finishopacity=70,
8.                  style=1, startx=0, starty=85,
9.                  finishx=150, finishy=85);
10. }
11. </style>
12. </head>
13. <body>
14. <img src="cha.jpg" class="alpha" />
15. <img src="cha.jpg" />
16. </body>
17. </html>
```

这里实现了渐变的效果，左边透明度是10，右边透明度是70，所以左部分透明部分明显，右边不明显

图9-1　实现通道滤镜的效果图

在这段代码的第14和第15行中，定义了两张图片，第14行通过引入class为alpha的CSS，实现滤镜的效果。而在第6到第9行实现滤镜效果的CSS中，定义了透明度是10，渐变结束的透明度是70，并设置了渐变开始和结束的坐标位置。

上面例子中通道滤镜的效果，如图9-1所示。

9.3　模糊（Blur）

当我们用手指在一幅尚未干透的油画上迅速划过时，画面就会变得模糊。blur滤镜用来产生同样的模糊效果。我们可以通过CSS的blur属性，设置对象的模糊效果。

通过CSS里的模糊效果，不仅可以实现"用立体字做标题"的效果，而且还能让图片产生一种"模糊"的效果。blur滤镜的语法如下所示。

```
filter:blur (makeshadow= makeshadow,
pixelradius= pixelradius,
shadowopacity= shadowopacity)
```

和模糊滤镜有关的各项参数如表9-3所示。

表9-3　和模糊有关的参数的含义

参数	作用
makeshadow	布尔值，设置是否有阴影效果
pixelradius	表示模糊作用深度
shadowopacity	表示阴影的透明度

下面通过一段代码来看一下blur参数的用法。

```
1.  <html >
2.  <head>
3.  <meta; charset=utf-8" />
4.  <title>模糊效果</title>
5.  <style>
6.  .burl {
7.       color:blue;
8.       filter:blur(pixelradius=4,makeshadow=false);
9.  }
10. </style>
11. </head>
12. <body>
13. <img src="als.jpg" class="burl" />
14. <img src="als.jpg" />
15. </body>
16. </html>
```

代码通过第13和第14行的对比来体现模糊效果，第13行引入了class为burl菜单CSS，而第14行没有定义样式。

第8行定义了模糊效果，其中通过了pixelradius设置了模糊的深度为4，通过makeshadow=false，说明了在这个模糊中"不带阴影"的效果。这个模糊滤镜的效果如图9-2所示。

设置模糊作用深度为4的效果

图9-2　实现图片的模糊效果

9.4　运动模糊（MotionBlur）

我们可以通过motionblur这个参数定义"运动模糊"的滤镜效果，这种滤镜可以实现在一个特定方向上的"分解运动"的效果。该滤镜的参数是：

filter: motionblur（add=add,direction,strength=strength)

与运动模糊滤镜有关的各项参数如表9-4所示。

表9-4 和运动模糊有关的参数的含义

参数	作用
add	用来指定对象是否被设置成模糊效果。其值为布尔型，true表示设置为模糊效果；false表示不被设置成模糊效果
direction	用来设置对象的模糊方向。模糊效果是按顺时针方向进行的。其中，0度代表垂直向上，每45度一个单位，默认值是向左的270度。其中各个角度对应的方向有：0度，垂直向上；45度，垂直向右；90度，向右；135度，向下偏右；180度，垂直向下；225度，向下偏左；270度，向左；315度，向上偏左
strength	用来表示受模糊影响的宽度，其值为整数，以像素为单位，默认为5像素

下面通过一段代码，来观察一下运动模糊滤镜的效果。

```
1.  <html >
2.  <head>
3.  <meta charset=utf-8" />
4.  <title>运动模糊</title>
5.  <style>
6.  .yun {
7.       filter:motionblur(add=true, direction=45, strength=25);
8.  }
9.  </style>
10. </head>
11. <body>
12. <p>
13.   <img src="20100226.gif" class="yun" />
14.  </p>
15. <img src="20100226.gif" />
16. </body>
17. </html>
```

设置运动模糊的效果，模糊的宽度是25，方向是45

请注意，上面代码第13行的位置引入了yun这个样式，而在第15行使用一个没有带运动模糊效果的图用来对比。

在第7行通过motionblur的参数设置了运动模糊的效果，其中使用direction设置了运动模糊的角度是"向右上方的45度"，使用strength设置了受模糊影像的强度是25个像素，这个效果如图9-3所示。

图9-3 运动模糊的效果

9.5 透明色（Chroma）

chroma也是CSS滤镜之一，该属性可以设置某个对象中指定的颜色为透明色，其语法如下：

```
filter:chroma (enabled=bEnabled,color=sColor)
```

下面我们通过一个表格来说明一下其中各参数的作用，如表9-5所示。

表9-5 和透明色有关的参数的含义

参数	作用
enabled	可选项，用来设置滤镜是否激活。其值是布尔型，默认为true，表示滤镜被激活；flase表示滤镜被禁止
color	可选项，用来设置此滤镜作用的颜色值。其值为字符串型，格式为#AARRGGBB，AA、RR、GG、BB为十六进制正整数。取值范围为00-FF，其中，RR指定的是红色值，BB指定的是蓝色值，GG指定的是绿色值，AA指定透明度，00表示完全透明，FF表示完全不透明。默认值为#FF0000FF
chroma	对于设置图片的透明色效果不是很好，因为有些图片是经过减色和压缩处理，所以这些图片有很少的位置可以设置其为透明

这个滤镜的主要设置是color属性，一般只设置这个属性就可以实现透明色滤镜效果了。另外需要注意，chroma属性对于图片文件不是很适合，因为很多图片经过了减色和压缩处理（比如JPG、GIF等格式），所以它们很少有固定的位置可以设置为透明。

9.6 翻转变换（Flip）

在CSS中，可以通过flip滤镜来表示翻转的效果，其中，flipH表示水平翻转，flipV表示垂直翻转。

如果把flipH滤镜加载到一个对象上，则该对象产生一个水平镜像，以此创造出水平翻转的效果。如果把FlipV滤镜加载到一个对象上，则该对象产生一个垂直镜像，以此来创造出垂直翻转的效果。其语法如下：

```
filter:flipH (enabled=benabled)
filter:flipV (enabled=benabled)
```

两个滤镜的CSS都有enabled参数，含义是用来设置滤镜是否激活，其值是布尔型，默认为true，表示滤镜被激活，而false表示滤镜被禁止。

下面我们来看一段代码。

```html
1.  <html >
2.  <head>
3.  <meta charset=utf-8" />
4.  <title>翻转效果</title>
5.  <style>
6.  .one {
7.      filter:flipH;
8.  }
9.  .two {
10.     filter:flipV;
11. }
12. </style>
13. </head>
14. <body>
15. 原图<img src="jiang_two.jpg" />
16. 水平翻转<img src="jiang_two.jpg" class="one" />
17. 垂直翻转<img src="jiang_two.jpg" class="two" />
18. </body>
19. </html>
```

在上面代码中，第16行和第17行通过定义class为one和two，引入了实现水平翻转和垂直翻转的效果，而在第7和第10行里，分别通过flipH和flipV实现两个翻转的效果，这两种翻转的效果如图9-4所示。

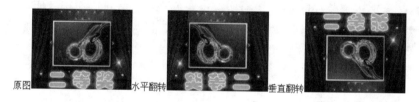

图9-4　两种翻转的效果

9.7 光晕（Glow）

在开发一个页面时，如果把glow滤镜作用在一个对象上，那么这个对象的边缘就会产生类似发光的效果。glow的语法如下：

```
filter:glow (enabled=bEnabled,color=sColor,strength=iDistance)
```

与光晕滤镜有关的参数如表9-6所示。

表9-6 和光晕有关的参数的含义

参数	作用
enabled	可选项，用来设置滤镜是否激活。其值是布尔型，默认为true，表示滤镜被激活；flase表示滤镜被禁止
color	可选项，用来设置此滤镜作用的颜色值。其值为字符串型，格式为#AARRGGBB，AA、RR、GG、BB为十六进制正整数。取值范围为00-FF，其中，RR指定的是红色值，BB指定的是蓝色值，GG指定的是绿色值，AA指定透明度，00表示完全透明，FF表示完全不透明。默认值为#FF0000FF
strength	可选项，用来设置以对象为基准的向外扩散的距离。其值为整数型，取值范围为1-255，默认为5

使用glow滤镜可以为图片添加边框，但应用到一般的图片是无效的，要把图片加到表格中，然后对表格添加该滤镜效果，可以使图片产生一个渐变颜色的边框。

我们来看一段实现光晕效果的代码。

```
1.  <html >
2.  <head>
3.  <meta charset=utf-8" />
4.  <title>带光晕的效果</title>
5.  <style>
6.  h1 {
7.       width:500;
8.       color:#660033;
9.       position:absolute;
10.      left:160px;
11.      top:40;
12.      filter:glow(color=#FF22DD, strength=10);
13. }
14. </style>
15. </head>
16. <body>
17. <h1>带光晕的效果文字</h1>
18. </body>
19. </html>
```

在上面代码中，第17行使用h1容纳了一段文字，第12行通过filter:glow设置了<h1>标签的光晕效果，其中设置了光晕的颜色是"#FF22DD"，设置了光晕的强度是10。通过第12行代码就完成了带光晕文字的效果，如图9-5所示。

图9-5 实现光晕的效果

9.8 灰度（Gray）

一般比较老的图片的背景是带点灰色的，这样能产生"怀旧"的感觉，使用CSS的gray滤镜，可以使一张图片产生带有"灰度"的效果。其语法如下：

```
filter:gray（enabled=benabled）
```

这里参数enabled的含义是用来设置滤镜是否激活，它的值是布尔型，默认为true，表示滤镜被激活，flase表示滤镜被禁止。

下面我们来看一下具有灰度效果的代码例子。

```
1.  <html >
2.  <head>
3.  <meta charset=utf-8" />
4.  <title>灰度效果</title>
5.  <style>
6.  .noe {
7.        filter:gray;
8.  }
9.  </style>
10. </head>
11. <body>
12. <img src="jiang_six.jpg" class="noe" />
13. <img src="jiang_six.jpg" />
14. </body>
15. </html>
```

在上述代码的第12行，通过定义class=noe设置灰度的效果，而实现灰度效果的CSS在第7行中定义，这个效果如图9-6所示。

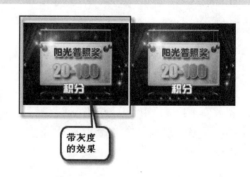

图9-6　实现灰色效果的样式

9.9　反色（Invert）

通过CSS的invert滤镜，可以把对象的可视化属性全部翻转，包括色彩、饱和度和亮度值，使图片产生一种"底片"或负片的效果。其语法如下：

```
filter:invert(enabled=benabled)
```

其中，参数enabled的含义是用来设置滤镜是否激活。其值是布尔型，默认为true，表示滤镜被激活，flase表示滤镜被禁止。

下面我们来看一段例子代码。

```
1.  <html xmlns="http://www.w3.org/1999/xhtml">
2.  <head>
3.  <meta http-equiv="Content-Type" content="text/html; charset=utf-8" />
4.  <title>反色</title>
5.  <style>
6.  .noe {
7.      filter:invert; /*实现反色的效果*/
8.  }
9.  </style>
10. </head>
11. <body>
12. <img src="beer.jpg" class="noe" />
13. <img src="beer.jpg" />
14. </body>
15. </html>
```

在上述代码中，第12行为beer.jpg设置了noe样式，由此设置了反色的效果，效果如图9-7所示。

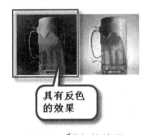

具有反色的效果

图9-7　反色的效果

9.10　遮罩（Mask）

我们可以通过遮罩mask，为网页中的元素对象作出一个矩形遮罩，mask滤镜的语法如下：

```
filter:mask(enabled=bEnabled,color=sColor)
```

这里的两个参数比较简单，如表9-7所示。

表9-7 和遮罩有关的参数的含义

参数	作用
enabled	可选项，用来设置滤镜是否激活。其值是布尔型，默认为true，表示滤镜被激活；flase表示滤镜被禁止
color	可选项，用来设置此滤镜作用的颜色值。其值为字符串型，格式为#AARRGGBB，AA、RR、GG、BB为十六进制正整数。取值范围为00-FF，其中，RR指定的是红色值，BB指定的是蓝色值，GG指定的是绿色值，AA指定透明度，00表示完全透明，FF表示完全不透明。默认值为"#FF0000FF"

加上mask滤镜的效果就好象是通过有色眼镜看物体一样。

下面我们通过一段代码观察一下遮罩滤镜的效果。

```
1.  <html >
2.  <head>
3.  <meta charset=utf-8" />
4.  <title>遮罩</title>
5.  <style>
6.  body{
7.       background-color:#00CCFF;}
8.  p {
9.     position:absolute;
10.    top:150;
11.    left:100;
12.    width:400;
13.    filter:mask(color:#FF9900);
14.    font-size:40pt;
15.    font-weight:bold;
16.    color:#00CC99;
17. }
18. </style>
19. </head>
20. <body>
21. <p>有遮罩效果的文字</p>
22. </body>
23. </html>
```

上面代码中，第13行设置了遮罩的效果，遮罩的颜色是"#FF9900"，遮罩所作用的对象是第21行的p文字。由于在第7行里，通过body的background-color属性设置了背景色，所以在如图9-8所示的效果中，文字部分使用了黄色部分遮罩，而其他部分还是淡蓝色的背景。

图9-8 遮罩效果演示

其实，即使在代码中去掉对字体前景色的定义，得到的效果还是一样的。因为有了mask属性的定义，遮罩下字体颜色的设置就已经失去了意义。还有一点需要注意的是，mask属性对图片文件的支持还是不够，不能达到应该有的效果。

9.11　阴影（Shadow）

在CSS中，可以通过shadow滤镜来给对象添加阴影效果，其实际效果看起来好像是对象离开了页面，并在页面上显示出该对象的阴影。阴影部分的工作原理是建立一个偏移量，并为其加上颜色。shadow的语法如下：

```
filter:shadow (enabled=bEnabled,color=sColor,
offX=iOffsetX,offY=iOffsetY,
 positive=bPositive)
```

这个语法中使用的参数如表9-8所示。

表9-8　和阴影有关的参数的含义

参数	作用
enabled	可选项，用来设置滤镜是否激活。其值是布尔型，默认为true，表示滤镜被激活；flase表示滤镜被禁止
color	可选项，用来设置此滤镜作用的颜色值。其值为字符串型，格式为#AARRGGBB，AA、RR、GG、BB为十六进制正整数。取值范围为00-FF，其中，RR指定的是红色值，BB指定的是蓝色值，GG指定的是绿色值，AA指定透明度，00表示完全透明，FF表示完全不透明。默认值为"#FF0000FF"
offX	可选项，用来设置阴影在横坐标轴上以对象为基准的偏移量。其值为整数型，以像素主单位。当值为正数时，表示向右偏移；当值为负数时，表示向左偏移。默认为5
offY	可选项，用来设置阴影在横纵标轴上以对象为基准的偏移量。其值为整数型，以像素主单位。当值为正数时，表示向下偏移；当值为负数时，表示向上偏移。默认为5
positive	可选项，用来设置滤镜是否从对象的非透明像素建立阴影。其值为布尔型，默认为true，表示滤镜从对象的非透明像素建立阴影；flase，表示滤镜从对象的透明像素建立阴影

简单地说，color代表投射阴影的颜色。offx和offy分别X方向和Y方向阴影的偏移量，偏移量必须用整数值来设置，如果设置为正整数，代表X轴的右方向和Y轴的向下方向，设置为负整数则相反。而positive参数有两个值：true表示为任何非透明像素建立可见的投影，false表示为透明的像素部分建立可见的投影。

下面通过一个例子来观察一下阴影的效果。

```
1.  <html >
2.  <head>
3.  <meta charset=utf-8" />
```

```
4.  <title>阴影效果</title>
5.  <style>
6.  h1 {
7.       color:#FF6600;
8.       width:400;
9.       position:absolute;
10.      left:240;
11.      top:50;
12.      filter:shadow(color=blue, offx=15, offy=22, positive=false);
13. }
14. </style>
15. </head>
16. <body>
17. <h1>带阴影的文字</h1>
18. </body>
19. </html>
```

在上面代码中，第12行设置了阴影部分的滤镜效果，包括设置颜色为蓝色，用offx和offy两个变量分别设置了向两个方向的偏移量，同时从对象的非透明像素建立阴影，这部分的效果如图9-9所示。

图9-9　带阴影的文字效果

9.12　X射线（X-ray）

X-ray滤镜可以使对象反映出它的轮廓，并把这些轮廓的颜色加亮，使整体看起来会有一种X光片的效果。X-ray的语法如下：

```
filter:xray (enabled=bEnabled)
```

这里参数enabled的含义是用来设置滤镜是否激活，它的值是布尔值，一般默认为true，表示滤镜被激活，flase表示滤镜被禁止。这个参数可以省略不写。

下面用一个例子来说明X-ray的用法。

```
1.  <html >
2.  <head>
3.  <meta charset=utf-8" />
4.  <title>X射线</title>
5.  <style>
6.  .noe {
7.  filter:xray;
8.  }
9.  </style>
10. </head>
```

```
11. <body>
12. <img src="flms.jpg" class="noe" />
13. <img src="flms.jpg" />
14. </body>
15. </html>
16.
```

在上面代码中，第6行到第8行定义了一个名为noe的样式，在这个CSS中定义了"filter:xray;"，这就是X射线滤镜。在第12行的图片标签中引用了这个CSS，使这张图片形成了X射线滤镜的效果，如图9-10所示。

图9-10　X射线效果图

 # 9.13　浮雕纹理（Emboss和Engrave）

CSS的progid滤镜又被称为浮雕纹理滤镜，它的作用是为对象提供浮雕效果。其语法如下：

```
filter:progid:DXImageTransform.Microsoft.emboss(ennabled= ennabled,
bias=bias)
filter:progid:DXImageTransform.Microsoft.engrave(ennabled= ennabled,
bias=bias)
```

上面语法的常用参数如表9-9所示。

表9-9　和浮雕有关的参数的含义

参数	作用
enabled	可选项，用来设置滤镜是否激活。其值是布尔型，默认为true，表示滤镜被激活；flase，表示滤镜被禁止
emboss	产生凹陷的浮雕效果
engrave	产生突出的浮雕效果
bias	浮雕的深度

下面通过一段代码来学习一下progid滤镜的用法。

```
1.  <html >
2.  <head>
3.  <meta charset=utf-8" />
4.  <title>浮雕纹理</title>
5.  <style type="text/css">
```

```
6.        body{
7.    background-color:#000000;
8.    margin:20px;
9.  }
10.      .wen1{
11.            font-family:黑体;
12.            height:100px;
13.            font-size:80px;
14.            font-weight:bold;
15.            color:#FFFFFF;
16.            filter:progid:DXImageTransform.Microsoft.emboss(ennabled=
                  ennabled,bias=0.5);}
17.      .wen2{
18.            font-family:黑体;
19.            height:100px;
20.            font-size:80px;
21.            font-weight:bold;
22.            color:#FFFFFF;
23.            filter:progid:DXImageTransform.Microsoft.engrave(ennabled=
                  ennabled,bias=0.5);}
24. </style>
25. </head>
26.     <p class="wen1">使用凹陷浮雕效果</p>
27.    <p class="wen2">使用凸出浮雕效果</p>
28. <body>
29. </body>
30. </html>
```

在上面代码中，第16行和第23行分别定义了浮雕效果的样式，而在第26行和第27行分别引用了这两个浮雕效果。将文字反选后效果会反过来，浮雕效果更明显，图9-11所示的就是反选后的效果。

图9-11　浮雕效果图

 # 9.14　波浪（Wave）

CSS的wave滤镜也称波浪滤镜，它的作用是把对象按照垂直的波形样式进行扭曲，从而达到一种特殊的效果。其语法如下：

```
filter:wave（enabled=bEnabled,add=bAddImage,
freq=iWaveCount,lightStrength=iPercentage,
phase=iPercentage,strength=iDistance）
```

常用参数如表9-10所示。

表9-10　和波浪有关的参数的含义

参数	作用
enabled	可选项，用来设置滤镜是否激活。其值是布尔型，默认为true，表示滤镜被激活；flase 表示滤镜被禁止
add	可选项，用来设置滤镜作用图像是否覆盖原始图像。其值是布尔型，true，表示滤镜作 用图像覆盖原始图像；默认值为flase，表示只显示滤镜作用图像
freq	可选项，用来设置滤镜建立的波浪数目。其值为整数型，默认为3
lightStrength	可选项，用来设置或检测滤镜建立的波浪浪尖和波谷之间的距离。其值为整数型，取 值范围在0~100之间，默认为100
phase	可选项，用来设置正弦波开始处的相对偏移。其值为整数型，取值范围在0~100之间， 默认为0
strength	可选项，用来设置以对象为基准的在运转方向上的向外扩散距离。其值为整数型，取 值范围为>=1，默认为1，以像素为单位

下面通过一段代码来看一下wave滤镜的用法。

```
1.  <html ">
2.  <head>
3.  <meta charset=utf-8" />
4.  <title>无标题文档</title>
5.  <style>
6.  .img1 {
7.          color:violet;
8.          text-align:left;
9.          width:400;
10.         filter:wave(add=add,freq=10,lightstrength=70,phase=25,strength=5);
11. }
12. </style>
13. </head>
14. <body>
15.     <img src="001.jpg" class="img1" />
16.         
17.     <img src="001.jpg" />
18. </body>
19. </html>
```

在上面代码中，第6行到第11行定义了img1样式，并在第15行引用了这个CSS。第10行设置了图片中的波浪数为10，浪谷和浪峰的距离为70，正弦波的相对偏移值为25，扩散距离为5。

波浪效果能让人感觉到"静态图片"活动起来了，它的效果如图9-12所示。不过，在一般的网站开发中，动态效果用得并不多。

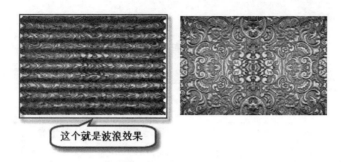

图9-12　波浪滤镜效果图

你也可以试着改变其中的一些参数值，观察其他不同的效果。

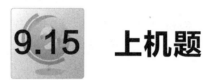

上机题

（1）请实现如图9-13所示的效果，第二张图片是通道滤镜效果，第三张图片是波浪滤镜效果，具体要求如下。

①第二张图片，设置透明度为5，渐变透明效果为65，渐变透明效果开始处的 X坐标为0，Y坐标为85，渐变透明效果结束处的 X坐标为150，Y坐标为85。

②第三张图片，波浪滤镜时，波纹的频率为2，波纹的光影效果为10，正弦波偏移量为70，振幅为5。

图9-13　上机题1

（2）请用X-射线滤镜实现如图9-14所示的左边图的效果。

（3）请用反色滤镜来实现如图9-15所示的图片效果。

图9-14　上机题2　　　　　　　　　　　图9-15　上机题3

（4）请用模糊滤镜实现如图9-16所示的样式，具体要求如下。

①模糊作用深度为4。

②不处理为阴影。

（5）请使用运动模糊滤镜来实现如图9-17所示的左边图片的效果，具体要求如下。

图9-16　上机题4

①设置为印象派模糊效果。

②模糊的方向为45。

③25像素的宽度受到影响。

（6）请用翻转滤镜实现如图9-18所示的效果，具体要求如下。

①最左部分的图片设置为原图，同时将第二张图片设置为水平翻转。

②将第三张图片设置为垂直翻转。

图9-17　上机题5

图9-18　上机题6

（7）请用灰度滤镜实现如图9-19所示的左边图片的效果。

图9-19　上机题7

（8）通过浮雕纹理滤镜实现如图9-20所示的效果，要求如下。

　　① "大家好" 部分的文字，采用凹陷纹理，同时字体设置为宋体。
　　② "欢迎您来我们网站" 部分的文字，采用突出浮雕，也把字体设置为宋体。

图9-20　上机题8

（9）通过透明色滤镜实现如图9-21所示的效果，要求如下。

　　①使用滤镜将第一张图中的leaves透明度设置为透明，从而达到第二张图中的效果。
　　②注意：我们看到绿色的leaves字体不见了，实际上它是透明的，在IE下单击它所在的区域，它还是会显示出来，如图9-22所示。

使用滤镜前效果图　　　　　　　　　　使用滤镜后效果图

图9-21　上机题9

图9-22　透明区域的显示

CSS定位与DIV布局

在网页设计中，能否很好地控制各个模块在页面中的位置非常重要。在前面的几章中，我们对CSS有了一定的了解，本章将在此基础上对CSS定位进行更深一步的介绍。我们还将介绍在排版中的盒子模型，并在这个基础上讲述通过CSS+DIV针对页面元素进行定位的方法，并分析CSS排版中的盒子模型。

在本章中，我们将要讲述的重点内容如下。

- DIV与盒子模型
- 通过CSS定位元素的方法
- 通过CSS设置DIV边框的方法
- 块元素和行内元素的作用
- 通过float设置悬浮效果的方法
- 通过CSS里堆元素定位的方法

10.1 盒子模型

在第6章中，提到了针对DIV的宽度、高度和padding等元素进行设置的方法，这部分知识点是包含在DIV的"盒子模型"里的。在控制页面方面，盒子模型起着举足轻重的作用，如果熟练地掌握了盒子模型以及盒子模型各个属性的含义和应用方法，就能轻松地控制页面中每个元素的位置。

10.1.1 盒子模型的概念

CSS中的盒子模型用于描述一个为HTML元素形成的矩形盒子。盒子模型是由margin（边界）、border（边框）、padding（空白）和content（内容）几个属性组成的。此外，在盒子模型里，还有宽度和高度两大辅助性元素，盒子模型的示意图如图10-1所示。

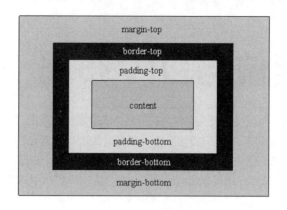

图10-1 盒子模型的效果图

从图10-1中，可以看到盒子模型包含如下的四个部分内容。

- content（内容）：内容在盒子模型里是必不可少的一部分，内容可以是文字、图片等元素。
- padding（空白）：也称内边距、补白，用来设置盒子模型的内容与边框之间的距离。
- border（边框），即盒子本身，该属性可以设置内容边框线的粗细、颜色和样式等。
- margin（边界），也称外边距，用来设置内容与内容之间的距离。

 在用CSS定义盒子模型时，设置的高度和宽度是对内容区域的高度和宽度的设置，并不是内容、边距、边框和边界的总和。从盒子模型的组成属性来看，一个盒子模型把上、下、左、右四个方面的全部设置值加起来。

10.1.2 CONTENT

从上面模型中，可以看到中间部分就是content，它主要用来显示内容，这部分也是整个模型的主要部分，其他的如padding、margin、border所做的操作都是对content部分布局所做的修饰。对于内容部分的操作，就是对文本内容或是图片、表格等内容的操作，前面第4章、第6章及第7章已经介绍过相应的内容，所以这里就不再重复讲述了。

10.1.3 BORDER

从上面模型中，可以看到content（内容）和padding（空白）、content（内容）和margin（边界）部分，都是由border（边框）组成，它是围绕在内容和边界之间的一条或多条线，在空白和边界之间的部分是边框。

边框分为上边框、下边框、左边框和右边框，而每个边框又包含3个属性，边框样式、边框颜色和边框宽度。通过CSS的边框属性，可以定义边框的这3种外观效果。

- 边框样式（border-style）：可以设置所有边框的样式，也可以单独地设置某个边的边框样式。设置具体的样式（比如虚线点划线）的方法在前文里已经通过表格说明，这里就不再重复叙述。

- 边框颜色（border-color）：可以设置所有边框的颜色，也可以为某个边的边框单独设置颜色。边框颜色的属性值可以是颜色的值，也可以将其设置为透明度的百分比值。border-color参数的设置与border-style参数的设置方法相同，但是在设置border-color之前必须要先设置border-style，否则所设置的border-color效果将不会显示出来。
- 边框宽度（border-width）：用来设置所有边框的宽度，即边框的粗细程度，也可以单独设置某个边的边框宽度。
- 边框宽度的属性值有四个：medium，默认值，是默认宽度；thin，小于默认宽度；thick，大于默认宽度；length，由浮点数字和单位标识符组成的长度值，不可为负值。border-width参数的设置与border-style参数的设置方法相同。

在设置边框样式时，如果只设置一个参数，则该参数将作用于四个边，即四个边的样式风格一样；如果设置两个参数，则第一个参数作用于上、下边框，第二个参数作用于左、右边框；如果设置三个参数，则第一个参数作用于上边框，第二个参数作用于左、右边框，第三个参数作用于下边框；如果设置四个参数，则按照上-右-下-左的顺序作用于四个边框。

在DIV中，除了通过border的属性同时设置所有边框效果外，还可以具体地设置上下左右四个边框效果，语法格式如下：

```
设置上边框的颜色、样式和宽度: border-top-color;border-top-style;border-top-width;
设置下边框的颜色、样式和宽度: border-bottom-color:border-bottom-style;border-bottom-width;
设置左边框的颜色、样式和宽度: border-left-color;border-left-style;border-left-width;
设置右边框的颜色、样式和宽度: border-right-color;border-right-style;border-right-width;
```

下面通过一段代码来观察一下边框的效果。

```
1.  <html>
2.  <head>
3.  <meta charset=utf-8" />
4.  <title>border边框</title>
5.      <style type="text/css">
6.              .div1{
7.                  border:10px;
8.                  border-color:#FF0000;
9.                  border:solid;
10.                 width:410px;
11.                 }
12.             .div2{
13.                 border:1px;
14.                 border-color:#0000FF;
15.                 border:dotted;
16.                 width:410px;
17.                 }
18.             .div3{
19.                 border:1px;
20.                 border-color:#00FF00;
21.                 border:dashed;
22.                 width:410px;
```

```
23.                      }
24.            .div4{
25.                 border:8px;
26.                 border-color:#0000FF;
27.                 border:double;
28.                 width:410px;
29.                      }
30.            .div5{
31.                 border:5px;
32.                 border-color:#FFFF00;
33.                 border:groove;
34.                 width:410px;
35.                      }
36.            .div6{
37.                 border:5px;
38.                 border-color:#FF99FF;
39.                 border:ridge;
40.                 width:410px;
41.                      }
42.            .div7{
43.                 border:5px;
44.                 border-color:#99FFFF;
45.                 border:inset;
46.                 width:410px;
47.                      }
48.            .div8{
49.                 border:5px;
50.                 border-color:#66FF99;
51.                 border:outset;
52.                 width:410px;
53.                      }
54.      </style>
55. </head>
56. <body>
57.      <div class="div1">
58.      这是一个宽度为10px，颜色为"#FF0000"的实线边框。
59.      </div>
60.      <br /><br />
61.      <div class="div2">
62.       这是一个宽度为1px，颜色为"#0000FF"的虚线边框。
63.      </div>
64.      <br /><br />
65.      <div class="div3">
66.       这是一个宽度为1px，颜色为"#00FF00"的点状边框。
67.      </div>
68.      <br /><br />
69.      <div class="div4">
70.       这是一个宽度为8px，颜色为"#0000FF"的双线边框。
71.      </div>
72.      <br /><br />
73.      <div class="div5">
```

```
74.      这是一个宽度为5px，颜色为"#FFFF00"的3D凹槽边框。
75.    </div>
76.    <br /><br />
77.    <div class="div6">
78.      这是一个宽度为5px，颜色为"#FF99FF"的3D垄状边框。
79.    </div>
80.    <br /><br />
81.    <div class="div7">
82.      这是一个宽带为5px，颜色为"#99FFFF"的3Dinset边框。
83.    </div>
84.    <br /><br />
85.    <div class="div8">
86.      这是一个宽带为5px，颜色为"#66FF99"的3Doutset边框。
87.    </div>
88. </body>
89. </html>
```

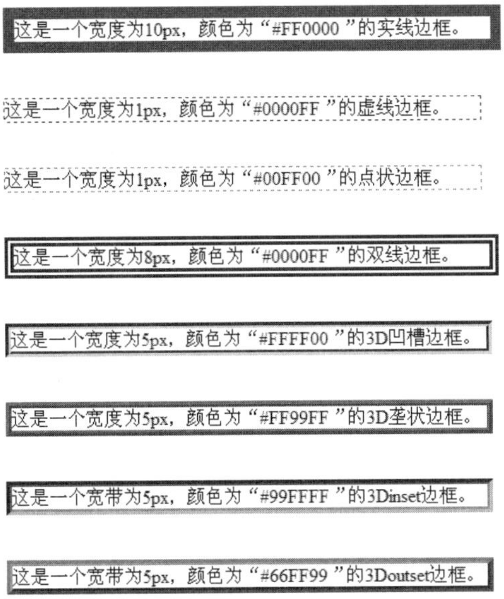

这是一个宽度为10px，颜色为"#FF0000"的实线边框。

这是一个宽度为1px，颜色为"#0000FF"的虚线边框。

这是一个宽度为1px，颜色为"#00FF00"的点状边框。

这是一个宽度为8px，颜色为"#0000FF"的双线边框。

这是一个宽度为5px，颜色为"#FFFF00"的3D凹槽边框。

这是一个宽度为5px，颜色为"#FF99FF"的3D垄状边框。

这是一个宽带为5px，颜色为"#99FFFF"的3Dinset边框。

这是一个宽带为5px，颜色为"#66FF99"的3Doutset边框。

图10-2　边框的效果

在上面代码中，使用DIV+CSS的方式来设置文字的边框，其中第5行到第54行为文字部分设置了CSS属性，它使用了border来设置边框宽度，以px为单位；用border-color来设置边框的颜色；还设置了边框的样式，这里直接用border来赋值，因为网页会自动为border后面所跟的值赋给相应的属性。比如第7到第9行的代码，可以写成一行代码：border:10px solid #FF0000，注意顺序不能交换，否则网页不能识别。

这里使用了CSS的类选择器，所以每个DIV块设置了class值，这样就可以使用CSS效果了，这部分的效果如图10-2所示。

10.1.4　PADDING

在CSS中，可以通过padding属性定义内容与边框之间的距离，padding 属性接受长度值或百分比值，但不允许使用负值。当设置值为百分数时，百分数值是相对于其父元素的 width 计算的，这一点与外边距一样。所以，如果父元素的 width 改变，它们也会改变。

padding是一个简写属性，用来设置四个边的内边距。如果提供全部的4个参数值，将按顺时针的顺序作用于四边。如果只提供1个参数值，将用于全部的四条边。如果提供2个，第1个用于上下两边，第2个用于左右两边。如果提供3个，第1个用于上边，第2个用于左、右两边，第3个用于下边。 padding属性还可以单独设置上、下、左、右四条边的内边距，其格式如下：

设置内容上方的内边距: padding-top
设置内容下方的内边距: padding-bottom
设置内容左方的内边距: padding-left
设置内容右方的内边距: padding-right

下面同样通过一个例子来观察一下内边距的用法，代码如下所示。

```
1.  <html >
2.  <head>
3.  <meta charset=utf-8" />
4.  <title>padding</title>
5.      <style type="text/css">
6.          .wai{/*最外层边框的样式*/
7.              width:400px;
8.              height:250px;
9.              border:1px #993399 solid; /*设置边框样式*/
10.             }
11.         img{
12.             padding-left:80px; /*左内边距*/
13.             padding-top:30px; /*上内边距*/
14.             }
15.     </style>
16. </head>
17. <body>
18.     <div class="wai">
19.         <img src="001.jpg" />
20.      <p>
21.          这张图片的左内边距是80px，顶内边距是30px
22.      </p>
23.     </div>
24. </body>
25. </html>
```

在上面代码中，第19行引入了一张图片的效果，这个图片包含在第18行定义的DIV中，而在第11行，使用img这个选择器，定义了左内边距和上内边距的效果，从图10-3可以看到，内边距其实是本对象（这里是图片）和外层DIV（也就是第18行）之间的距离。

图10-3　内边距的效果

10.1.5　MARGIN

margin（边界）用来设置页面中元素与元素之间的距离，margin的属性值可以为负值。如果设置某个元素的边界是透明的，不能为其加背景色。

margin也是一个简写属性，可以同时定义上、下、左、右四个边的边界，其属性值可以是length，由浮点数字和单位标识符组成的长度值；百分数，基于父层元素的宽度值；auto，浏览器自动设置的值，多为居中显示。margin属性值的设置与padding相同，这里就不再重复介绍了。margin属性也可以单独设置四个边的边界，其格式如下：

设置上边界：margin-top
设置下边界：margin-bottom
设置左边界：margin-left
设置右边界：margin-right

下面通过一段代码，观察一下margin的用途，请大家体会margin和padding之间的差别。

```
1.  <html >
2.  <head>
3.  <meta charset=utf-8" />
4.  <title>margin</title>
5.      <style type="text/css">
6.          .ma{
7.              border:1px #CCCCCC solid;
8.              width:350px;
9.              }
10.         img{
11.             border:1px #CC33FF solid;  /*定义边距*/
12.             margin-left:100px;   /*定义左外边框*/
13.             margin-top:20px;     /*定义顶外边框*/
14.             }
15.     </style>
16. </head>
17. <body>
18.     <div>
19.     <div class="ma">
20.         <img src="001.jpg" />
21.         <br />
22.         <P>
23.             这张图片左外边距是100px，顶外边距是20px
24.         </P>
25.     </div>
26.     </div>
27. </body>
28. </html>
```

在上面代码的第20行中，引入了img元素，而在第10行通过了CSS选择器，定义了这个元素的样式。如图10-4所示，可以看到定义好的左外边距和定外边距的效果。

本章到这里，我们学习了盒子模型的知识，下面通过一个范例来综合应用一下这些知识。

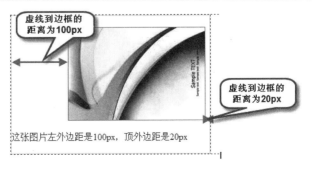

图10-4　外边距的效果图

范例10-1：【光盘位置】\sample\chap10\盒子模型\index.html

这个范例实现一个新闻版块的内容列表功能，如图10-5所示，其中，在上方的标题部分，需要把背景色设置成绿色。而在下方的列表部分，为了让文字间有足够的间距，需要在每段文字所在的<p>元素的四个方向上，分别设置5px、0px、5px、10px的外边距。

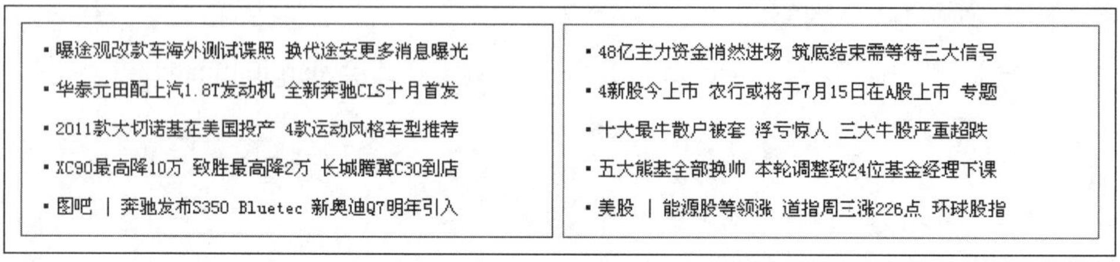

```
·曝途观改款车海外测试谍照 换代途安更多消息曝光          ·48亿主力资金悄然进场 筑底结束需等待三大信号

·华泰元田配上汽1.8T发动机 全新奔驰CLS十月首发        ·4新股今上市 农行或将于7月15日在A股上市 专题

·2011款大切诺基在美国投产 4款运动风格车型推荐        ·十大最牛散户被套 浮亏惊人 三大牛股严重超跌

·XC90最高降10万 致胜最高降2万 长城腾翼C30到店       ·五大熊基全部换帅 本轮调整致24位基金经理下课

·图吧｜奔驰发布S350 Bluetec 新奥迪Q7明年引入         ·美股｜能源股等领涨 道指周三涨226点 环球股指
```

图10-5　网页特效部分的效果图

可以通过DIV+CSS的方式来实现这部分的效果，先来看一下HTML代码。

```
1.  <html>
2.  <head>
3.  <title>盒子模型</title>
4.  </head>
5.  <body>
6.          <div class="big">
7.          <div class="one">
8.          <p>·曝途观改款车海外测试谍照 换代途安更多消息曝光</p>
9.          <p>
10. ·华泰元田配上汽1.8T发动机 全新奔驰CLS十月首发
11.         </p>
12.         <p>
13. ·2011款大切诺基在美国投产 4款运动风格车型推荐
14.         </p>
15.         <p>
16. ·XC90最高降10万 致胜最高降2万 长城腾翼C30到店
17.         </p>
18.         <p>
19. ·图吧｜奔驰发布S350 Bluetec 新奥迪Q7明年引入
20.         </p>
21.         </div>
22.         <div class="two">
23.          <p>·48亿主力资金悄然进场 筑底结束需等待三大信号</p>
24.         <p>
25. ·4新股今上市 农行或将于7月15日在A股上市 专题
26.         </p>
27.         <p>
28. ·十大最牛散户被套 浮亏惊人 三大牛股严重超跌
29.         </p>
30.         <p>
31. ·五大熊基全部换帅 本轮调整致24位基金经理下课
32.         </p>
33.         <p>
```

```
34. •美股 | 能源股等领涨 道指周三涨226点 环球股指
35.     </p>
36.     </div>
37.   </div>
38. </body>
39. </html>
```

在上面代码中，页面内容部分使用DIV进行分块，第6行到第21行是页面容器的块，在第6行定义了它的样式。

所有的内容都是放在页面容器里的，由于内容部分分成了两个部分，所以这里也分了两个DIV块，第7行到第13行是第一个DIV块，里面使用了p标签显示内容。

之后，用到了p标签来定义其他的文字，这部分和第7到第13行的文字效果类似，所以这里就不再重复讲述了。

第二个内容块的设置与第一个内容块差不多，这里我们也就不说明了。而效果图里面的两层边框线这里都没有提到，因为这两层边框线的效果都是通过CSS样式中的margin和padding实现的，相关的CSS代码如下所示。

```
1.  .big{
2.      width:700px;
3.              margin:10px auto 0 auto;
4.              padding:10px;
5.              border:#000000 1px solid;
6.              height:100%;
7.              overflow:auto;
8.              }
9.      p{
10.             margin:10px;
11.             line-height:15px;
12.             }
13.     .one{
14.             width:345px;
15.             float:left;
16.             border:#993333 1px solid;
17.             }
18.     .two{
19.             width:345px;
20.             float:left;
21.             margin-left:6px;
22.             border:#FF3300 1px solid;
23.             }
```

在上面代码中，第1行到第8行定义了最外面的页面容器，它的宽度设置为700px。而第3行通过margin属性设置了页面容器内部元素与元素之间的上边距为10px的高度，第4行使用了padding属性设置里面的内容与边框的距离为10px的宽度。第5行设置了页面容器的边框线样式、宽度及颜色，就是最外面一层边框的效果。第10行设置了每个<p>标签之间的距离都为10px的宽度。第13到第17行设置了第一个内容块的样式，包括里面内容的对齐方式及边框的颜色、样式及宽度。第18到第23行设置了第二个内容块的样式，它与第一个内容块的设置属性差不多，所以这里也就不一一说明了。

通过上面的实例，读者对盒子模型都有了解，只要读者掌握了盒子模型，对于后面的页面设置及排版会有很大的帮助的。

10.2 元素的定位

在网页设计中，能否很好地定位其中的元素，直接关系到页面的效果。只有把各元素都合理地放置到页面中，才能搭建出美观的页面效果。

在CSS中，可以通过position、float、z-index等定位方式对元素进行定位。

10.2.1 定位方式

我们可以通过position这个属性，对页面中的元素进行定位，position的语法如下：

```
{position:relative|absolute|static|fixed}
```

其中，各参数的含义如表10-1所示。

表10-1 Position属性参数作用一览表

参数名	作用
static	是所有元素定位的默认值，无特殊定位，对象遵循HTML定位规则，不能通过z-index进行层次分级
relative	相对定位，对象不可层叠，可以通过left、right、bottom、top等属性在正常文档流中偏移位置，可以通过z-index进行层次分级
absolute	脱离文档流，通过left、right、bottom、top等属性进行定位。选取其最近的父级定位元素，当父级元素的position为static时，该元素将以body坐标原点进行定位，可以通过z-index进行层次分级
fixed	固定定位。该参数固定的对象是可视窗口而并非body或父级元素，可通过z-index进行层次分级

10.2.2 CSS的定位原理

使用CSS定位时，可以通过"相对"、"绝对"或"固定"的方式，对网页里的任何一个元素进行定位。

1. 相对定位

我们可以通过HTML语言，设置页面元素的自身位置，但通过CSS的定位就可以改变这些元素的位置。可以通过某个元素的上、下、左、右移动来对其进行相对的定位。相对定位是一个非常容易掌握的概念，指元素相对于自己原来的位置进行定位，比如将top值设为20px，那么它就会在原来的基础上下移20px的位置。

需要注意，在使用相对定位时，无论是否进行移动，元素仍然占据原来的空间。因此，移动元素会导致它覆盖其他框。下面来看一个相对定位的示例，如图10-6所示。

在上面示例中，没有设定相对定位前，绿色小盒子是在蓝色盒子左上角的，之前也设定了绿色小盒子的浮动方式为左浮动，可以看到文本环绕在它右边。后来使用相对定位方法把绿色小盒子重定位到外面去了，但它还占着自己原来位置，因为还可以看到文本内容没有自动填补空出来的部分。因此这种直接的相对定位方法较少用，因为重定位对象后原来位置空了一块。

相对定位的语法如下：

```
{position: relative;}
```

相对定位只要把position的属性值设置为relative就可以了。下面看一个例子代码。

[相对定位对象会占据原有位置]现在绿色小盒子是以子盒子形式存在蓝色大盒子中，并设定了浮动方式为左浮动，所以这些文字能环绕在它右边，当绿色小盒子用相对定位方法重定位到外边去了，文字还是不能流入它的区域，即左上角空白区域，那是因为绿色盒子还占用着它原来位置。

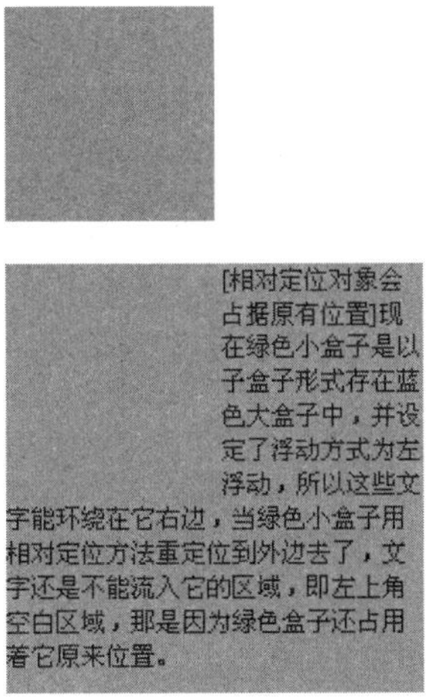

图10-6　相对定位效果图

```
1.  <style type="text/css">
2.  body {
3.  margin:0px;
4.  font-size: 9pt;
5.  line-height:12pt;
6.  margin-top: 150px;
7.  margin-left: 150px;
8.  }
9.  .box1 {
10. background-color: #3CF;
11. height: 200px;
12. width: 200px;
13. }
14. .box2 {
15. background-color: #6C6;
16. height: 100px;
17. width: 100px;
18. position: relative;
19. float: left;
20. top:-120px;
21. }
22. </style>
23. </head>
24. <body>
25. <div class="box1">
26.  <div class="box2"></div>
27. [相对定位对象会占据原有位置]现在绿色小盒子是以子盒子形式存在蓝色大盒子中，并设定了浮
     动方式为左浮动，所以这些文字能环绕在它右边，当绿色小盒子用相对定位方法重定位到外边去
     了，文字还是不能流入它的区域，即左上角空白区域，那是因为绿色盒子还占用着它原来位置。
28. </div>
29. </body>
```

在上面代码中，定位前没有定义第20行的top:-120px代码。重新定位后，box2向上移了

120px的位置，就出现如图10-6所示的效果，可以很清楚地看出它是以它原来的位置为基点来进行定位的。

2. 绝对定位

相对定位是参照父级的原始点位置进行上、下、左、右移动，存在一定的局限性。如果希望元素放弃在父级的原始点留下的空间位置，就要用绝对定位。

绝对定位是参照浏览器的左上角，配合top、left、bottom、right进行定位的，如果没有设置上述的四个值，则默认依据父级的坐标原始点为原始点的。绝对定位可以通过上、下、左、右来设置元素，使之处在任何一个位置。

在父层position属性为默认值时，上、下、左、右的坐标原点以body的坐标原点为起始位置。绝对定位的语法为：

```
{position:absolute;}
```

只要将上面的代码加入到样式中，使用样式的元素就会以绝对定位的方式进行显示了。

绝对定位与相对定位的区别在于：绝对定位的坐标原点为上级元素的原点，与上级元素有关；相对定位的坐标原点为本身偏移前位置的原点，与上级元素无关。

下面再来看一个绝对定位的示例，如图10-7所示。

绝对定位的对象可以层叠，层叠顺序用z-index控制，如果没有指定则遵循其父对象的定位方法，就目

图10-7　绝对定位效果图

前来说，要做到不同浏览器正常浏览，最好不要给z-index指定负值，因为像火狐这样标准的浏览器不支持负值，为了解释这一现象，上面实例中的最底层图片使用了负值（z-index:-1，z-indx的用法后面会详细介绍），所以就会出现如图10-7所示的3幅图层叠的效果了，下面来看一下代码。

```
1.  <style type="text/css">
2.  .box1 {
3.  background-color: #33CCFF;
4.  height: 200px;
5.  width: 270px;
6.  background-image: url(http://farm1.static.flickr.com/80/251133988_
    e0b8174060_m.jpg);
7.  background-repeat: no-repeat;
8.  background-position: center center;
9.  position: absolute;
10. left: 10px;
11. top: 10px;
12. z-index:-1;/*这里用了负值,在标准浏览器,如Firefox中是不能正常显示的*/
13. }
14. .box2 {
15. background-color: #66CC33;
16. height: 200px;
```

```
17.   width: 270px;
18.   background-image: url(http://farm1.static.flickr.com/6/76318014_
      e50414fe42_m.jpg);
19.   background-repeat: no-repeat;
20.   background-position: center center;
21.   position: absolute;
22.   left: 50px;
23.   top: 50px;
24.   }
25.   .box3 {
26.   background-color: #996699;
27.   height: 200px;
28.   width: 270px;
29.   background-image: url(http://farm1.static.flickr.
      com/48/172522117_410a1e87c1_m.jpg);
30.   background-repeat: no-repeat;
31.   background-position: center center;
32.   position: absolute;
33.   left: 100px;
34.   top: 100px;
35.   }
36.   </style>
37.   </head>
38.   <body>
39.   <div class="box1"></div>
40.   <div class="box2"></div>
41.     <div class="box3"></div>
42.   </body>
```

上面的代码大部分都是样式代码，我们只挑与本节有关的内容来分析。其中第9行、第21行与第32行的代码都是一样，使用了position:absolute，表示绝对定位。第12行设置了z-index:-1，实现了上面的层叠效果。最上面一个图片样式中的left及top属性表示重新定位的位置，其基点为浏览器页面的左上角位置。

3. 固定定位

固定定位和绝对定位非常类似，它是绝对定位的一种特殊形式，固定定位的容器不会随着滚动条的拖动而变化位置。在视野中，固定定位的容器位置是不会改变的。

固定定位把一些特殊的效果固定在浏览器的视框位置，比如，让一个元素随着页面的滚动而不断改变自己的位置。目前高级浏览器都可以正确解析这个CSS属性。固定定位的语法与绝对定位的语法相似，只是把position的值变更为fixed，如下所示。

```
{position:fixed};
```

下面来看一个固定定位的示例，如图10-8所示。

图10-8 固定定位示例图

从上图中可以看到，滚动条已经滚动到下面了，但固定不动四个字还是一直停留在的页面的左上角。这就是固定定位的效果，下面来看一下代码部分。

```
1.  <title>CSS固定定位</title>
2.  <style type="text/css">...
3.  * {...}{
4.  padding:0;
5.  margin:0;
6.  }
7.  #fixedLayer {...}{
8.  width:100px;
9.  line-height:50px;
10. background: #FC6;
11. border:1px solid #F90;
12. position:fixed;
13. left:10px;
14. top:10px;
15. }
16. </style>
17. </head>
18. <body>
19. <div id="fixedLayer">固定不动</div>
20. <p>dd</p>
21. <p>dd</p>
22. <p>dd</p>
23. <p>dd</p>
24. <p>dd</p>
25. <p>dd</p>
26. <p>dd</p>
27. <p>dd</p>
28. <p>dd</p>
29. <p>dd</p>
30. <p>dd</p>
31. <p>dd</p>
32. </body>
```

在上面代码中，我们主要分析一下有关固定定位的部分，其他部分的样式设置，不是本节部分的重点，所以这里就不做说明了。

　　代码中的第12到第14行用来设置固定定位的，第12行中的position:fixed说明定位方式是固定定位，第13行与第14行说明定位的位置距离左边距与上边距的距离。

　　上面讲述了定位方法，接下来通过一段代码来观察一下这几种定位方法。

```
1.  <html >
2.  <head>
3.  <meta charset=utf-8" />
4.  <title>定位的方式</title>
5.  <style type="text/css">
6.  .div-w {
7.        background-color:#99CC66;
8.        width:200px;
9.        height:100px;
10. }
11. .div-n {
12.        position:relative;
13.        background-color:#CCCCCC;
14.        top:20px;
15.        left:70px;
16.        width:100px;
17.        height:40px;
18. }
19. .div-jw {
20.        margin-top:30px;
21.        background-color:#0033FF;
22.        width:200px;
23.        height:100px;
24. }
25. .div-jn {
26.        position:absolute; /*绝对定位方式*/
27.        background-color:#FF6666;
28.        top:210px; /*离开浏览器顶部的距离*/
29.        left:20px; /*离开浏览器左边的距离*/
30.        width:100px; /*宽度*/
31.        height:40px; /*高度*/
32. }
33. </style>
34. </head>
35. <body>
36. <div class="div-w">
37.   <div class="div-n"> 这里使用了相对定位 </div>
38. </div>
39. <div class="div-jw">
40.   <div class="div-jn"> 这里使用了绝对定位 </div>
41. </div>
42. </body>
43. </html>
```

　　在上面代码的第36和第39行中，定义了两个DIV，它们分别用到了相对定位和绝对定位两种方式。

在第11行的div-n样式中，由第12行定义相对定位的方法，而在第25行的div-jn样式中，设置了绝对定位的方法，代码效果如图10-9所示。

其中，相对定位使用上级的DIV来定位，而绝对定位使用浏览器的位置来定位。

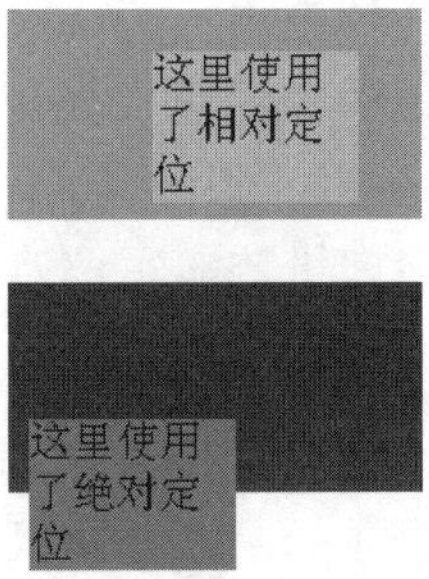

图10-9 相对定位与绝对定位

10.2.3 利用float定位

使用float定位元素，只能在水平方向上定位，而不能在垂直方向上定位。float定位的一般语法是：

```
{float:left|right|none}。
```

从中看出，float的定位方式有3种，float:left和float:right让float下方的元素浮动环绕在该元素的左边或者右边，而float:none表示没有浮动。

使用float还可以实现两列布局，也就是让一个元素在左浮动，另一个元素在右浮动，并控制好这两个元素的宽度。

如果不想让float下面的其他元素浮动环绕在该元素的周围，还可以清除该浮动。使用clear方法就可以将浮动清除，clear的语法如下：

```
{clear:right|left|both}
```

从中看出，一般clear清除浮动有三种值：clear:left清除左浮动的效果，clear:right清除右浮动的效果，clear:both清除块的两侧的浮动效果。

使用float以后，在必要的时候就需要通过clear语句清除float带来的影响，以免出现"其他DIV跟着浮动"这样的错误效果。

范例10-2：【光盘位置】\sample\chap10\float定位\index.html

这个范例实现一个如图10-10所示的效果，其中左边部分的DIV向左悬浮，右边的DIV向右悬浮。

图10-10 实现悬浮效果的样式

这个范例的HTML代码如下所示。

```
1.  <html >
2.  <head>
```

```
3.   <meta charset=utf-8" />
4.   <title>悬浮效果</title>
5.   </head>
6.   <body>
7.   <div class="big">
8.     <!—实用代码部分的DIV是靠左悬浮的-->
9.     <DIV class="one">
10.      <DIV class="title">
11.          <p>实用代码</p>
12.      </DIV>
13.      <DIV class="content2 h294">
14.        <UL>
15.          <LI>+ <A href="#">3屏x4flash焦点图代码</A></LI>
16.          <LI>+ <A href="#l">Flash五屏焦点图</A></LI>
17.          <LI>+ <A href="#">flash滚动友链代码</A></LI>
18.          <LI>+ <A href="#">音乐专辑推荐JS代码</A></LI>
19.          <LI>+ <A href="#">音乐封面推荐形式的焦点图</A></LI>
20.          <LI>+ <A href="#">五屏flash+js焦点图</A></LI>
21.        </UL>
22.      </DIV>
23.    </DIV>
24.    <!—论坛部分的DIV是靠右悬浮的-->
25.    <DIV class="two">
26.      <DIV class=title>
27.          <p>论坛登陆</p>
28.      </DIV>
29.      <DIV class="h104 txtleft pa-15">
30.        <FORM id=loginform style="MARGIN: 5px 0 5px 0;" >
31.          <SPAN>用户名</SPAN><BR>
32.          <INPUT tabIndex=1 maxLength=40 size=30 >
33.          <BR>
34.          <SPAN>密码</SPAN><BR>
35.          <INPUT class=password  type=password size=30 >
36.          <BR>
37.          <BUTTON name=userlogin type=submit value="true">登录</BUTTON>
38.            <A class=cGreen href="#" >&gt;&gt;注册新用户</A>
39.        </FORM>
40.      </DIV>
41.    </DIV>
42.  </div>
43.  </body>
44.  </html>
```

在上面的HTML代码中定义了两块DIV，分别在第9行和第25行，而针对这两块DIV分别用float定义了向左和向右对齐的效果，这部分样式代码如下所示。

```
1.   .one{ /*针对实用代码DIV的样式*/
2.       width:300px;
3.       float:left;
4.       border:#996600 1px solid;
5.   }
```

```
6.  .two { /*针对论坛登陆部分的DIV*/
7.        width:290px;
8.        float:right;
9.        margin-left:5px;
10.       display:inline;
11.       border:#FF3300 1px solid;
12. }
```

其中，第3行设置了向左悬浮的效果，第8行设置了向右悬浮的样式。这里的向左和向右悬浮是针对第7行定义的DIV，在这个大盒子中，两个小盒子分别向左和向右靠拢。

10.2.4 利用CSS堆元素定位

在CSS中可以处理元素的高度、宽度和深度三个维度，其高度的处理用height，宽度的处理用width，而深度的处理要用z-index。z-index用来设置元素层叠的次序，其方法是为每个元素指定一个数字，数字较大的元素将叠加在数字较小的元素之上。z-index的使用格式如下：

```
z-index:auto|number;
```

其中，auto为默认值，表示遵从其父对象的定位。number，是一个无单位的整数值，可以为负数。如果两个绝对定位元素的z-index属性具有相同的number值，则依据该元素在HTML文档中声明的顺序进行层叠。如果绝对定位的元素没有指定z-index属性，则此属性的number值为正数的元素会叠加在该元素之上，而number值为负数的对象在该元素之下。如果将参数设置为null，可以消除此属性。该属性只作用于position的属性值为relative或absolute的对象，不能作用在窗口控件上。

下面我们来看一下通过堆定位的例子，它的HTML代码如下所示。

```
1.  <html
2.  <head>
3.  <meta charset=utf-8" />
4.  <title>css堆定位</title>
5.  </head>
6.  <body>
7.  <div id="big">
8.    <div id="Div1"><br>
9.      z-index : 6 ; </div>
10.   <div id="Div2"><br>
11.     z-index : 4 ; </div>
12.   <div id="Div3"><br>
13.     z-index : 5 ; </div>
14. </div>
15. </body>
16. </html>
```

上面代码的第8行、第10行和第12行，分别定义了三个DIV，并通过ID分别引入了3个CSS选择器。在选择器中，设置了堆元素定位的效果，代码如下所示：

```
1.  #Div1{
2.        width:160px;
```

```
3.        height:80px;
4.        background-color:#FFD700;
5.        padding:6px;
6.        position:absolute;
7.        left:9px;
8.        top:9px;
9.        z-index:6;
10. }
11. #Div2 {
12.        width:120px;
13.        height:80px;
14.        background-color:thistle;
15.        padding:6px;
16.        position:absolute;
17.        right:9px;
18.        bottom:9px;
19.        z-index:4;
20. }
21. #Div3 {
22.        width:140px;
23.        height:80px;
24.        background-color:lightskyblue;
25.        padding:6px;
26.        position:absolute;
27.        left:150px;
28.        top:25px;
29.        z-index:5;
30. }
```

　　在上面代码中，第9、第19和第29行分别设置了z-index属性的值，z-index属性值大的块层叠在z-index值小的块上面，这样就实现了堆元素定位的效果，也就是重叠效果，如图10-11所示。

图10-11　堆元素定位的效果图

10.3　块元素和行内元素

　　通过块元素可以把HTML里<p>和<h1>之类的文本标签定义成类似DIV分区的效果，而通过内联元素可以把元素设置成"行内"元素。这两种CSS的作用比较小，但也有一定的实用

221

性，我们一起来看一下。

10.3.1 块元素

块元素使用CSS中的**block**定义，它有如下的特点。

- 总是在新行上开始。
- 行高以及顶和底边距都可控制。
- 如果我们不设置宽度的话，则会默认为整个容器的100%；而如果我们设置了其值，就会应用我们所设置的值。

常用的<p>、<h1>、<form>、<ul>和<li>标签都是块元素。

在搭建网站的时候，可以把一些参考素材（比如别人好的功能模块）裁剪下来，这时，每块剪下来的内容就是一个**block**，随后，可以把这些内容根据自己的排版要求，添加到自己的网页上，这就是使用块元素的一般方法。

块元素的用法比较简单，下面通过一个例子来学习一下。

```
1.  <title>块元素</title>
2.  <style>
3.      .big{
4.          width:800px;
5.          height:105px;
6.          background-image:url(001.jpg);
7.          }
8.      a{
9.          font-size:14px;
10.         display:block;
11.         width:100px;
12.         height:20px;
13.         line-height:20px;
14.         background-color:#F4FAFB;
15.         text-align:center;
16.         text-decoration:none;
17.         border-bottom:1px solid #6666FF;
18.         }
19.         a:hover{
20.         font-size:14px;
21.         display:block;
22.         width:100px;
23.         height:20px;
24.         line-height:20px;
25.         background-color:#FF99CC;
26.         text-align:center;
27.         text-decoration:none;
28.         }
29. </style>
30. </head>
31. <body>
```

```
32.        <div class="big">
33.        <p>
34.    <a href="#">首页</a><a href="#">最新新闻</a><a href="#">最新产品</a>
35.    <a href="#">关于我们</a><a href="#">联系我们</a>
36.    </p>
37.    </div>
38.  </body>
```

在上面代码中，第34行先定义了a标签，然后将一些标题放在a标签内，这样就可以通过a标签对标题部分进行统一的样式设置了。而在CSS样式中，第10行及第21行是一样的，都是display:block，就是将其对应的部分定义成块，以方便进行块操作。

图10-12中的首页及下面的文本内容就是上面定义的块部分。

图10-12　块元素的用法

10.3.2　行内元素

通过display:inline语句，可以把元素设置为行内元素。inline元素的特点是：

- 和其他元素都在一行上；
- 行高及顶和底边距不可改变；
- 宽度就是它的文字或图片的宽度，不可改变。

在常用的一些元素中，<span>、<a>、<label>、<input>、<img>、<strong>和<em>是inline元素的例子。下面来看一下行内元素的用法，例子代码如下所示。

```
1.  <!DOCTYPE html >
2.  <html >
3.  <head>
4.  <meta charset=utf-8" />
5.  <title>行内元素</title>
6.  <style type="text/css">
7.  .hang {
8.      display:inline-block;
9.  }
10. </style>
11. </head>
12. <body>
13. <div>
14.    <a href="#" class="hang">这是a标签</a>
15.    <span class="hang">这是span标签</span>
16.    <strong class="hang">这是strong标签</strong>
```

```
17. </div>
18. </body>
19. </html>
```

在上面代码中，第14行到第16行统一使用hang样式定义了3个标签，而在第8行的CSS代码中，通过display:inline语句定义了行内元素，这部分的效果如图10-13所示，从中可以看到，这3个元素都排列在一行上。

这是a标签 这是span标签 **这是strong标签**

图10-13 行内元素的效果图

  CSS 3新增的弹性盒模型

10.4

CSS 3引入了新的盒模型——弹性盒模型，该模型决定一个元素在盒子中的分布方式以及如何处理可用的空间。使用该模型，可以很轻松的创建自适应浏览器窗口的流动布局或自适应字体大小的弹性布局。传统的盒子模型基于HTML流在垂直方向上排列盒子。使用弹性盒模型可以规定特定的顺序，也可以反转。要启用弹性盒模型，只需设置盒子（box）的display的属性值为:box（不同的浏览器需要添加不同的前缀）即可，这就是弹性盒子模型的声明，此声明下的子元素的行为与表现与CSS 2中的传统盒子模型的表现是有显著差异的。下面介绍构成弹性盒模型的主要属性。

1. box-orient属性

box-orient属性用来确定盒子中子元素的排列方向。其语法格式如下：

```
box-orient: horizontal | vertical|inline-axis|block-axis|inherit
```

上述各个参数的含义如下。

- horizontal：表示子元素以横向的方式排列。
- vertical：表示子元素以垂直的方式排列。
- inIine-axis：表示盒子沿着内联轴显示它的子元素。
- block-axIs：表示盒子沿着块轴显示它的子元素。
- inherit：表示继承上级元素的显示顺序。

下面的代码设置了三个div元素以垂直的方式排列：

```
/*主要的CSS代码*/
body{
        display: -moz-box;display: -webkit-box;display: box;
```

```
        -moz-box-orient:vertical;-webkit-box-orient:vertical;
box-orient:vertical;
}
/*主要的HTML代码*/
<body>
    <div>1</div><div>2</div><div>3</div>
</body>
```

由于支持的浏览器不同所以需要在display的属性值box前和boxbox-orient:vertical前加上不同的浏览器前缀，运行效果如图10-14所示。如果将代码中box-orient的属性值修改为"horizional"，则运行的效如图10-15所示。

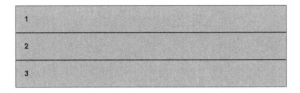

图10-14 垂直排列

图10-15 水平排列

2. box-direction属性

box-direction属性是用来确定盒子中子元素的排列顺序，其语法格式如下：

```
box-direction: normal | reverse | inherit
```

上述各个参数的含义如下。

- normal：是默认值，表示按照正常顺序排列。所谓正常顺序，就是从左往右，由上至下，先出现的元素在上面或是左边。
- reverse：表示和normal颠倒一下次序，就是从右往左，由下至上，先出现的元素在下面或是右边。
- inherit：表示继承上级元素的显示顺序。

下面的代码设置了三个div元素以反序方式排列：

```
body{
        display: -moz-box;display: -webkit-box;display: box;
        -moz-box-orient:vertical;-webkit-box-orient:vertical;
box-orient:vertical;
-moz-box-direction:reverse; -webkit-box-direction:reverse;
box-direction:reverse;
}
```

注意上述的代码中要在"box-direction：reverse"前加上不同浏览器的前缀，运行效果如图10-16所示。

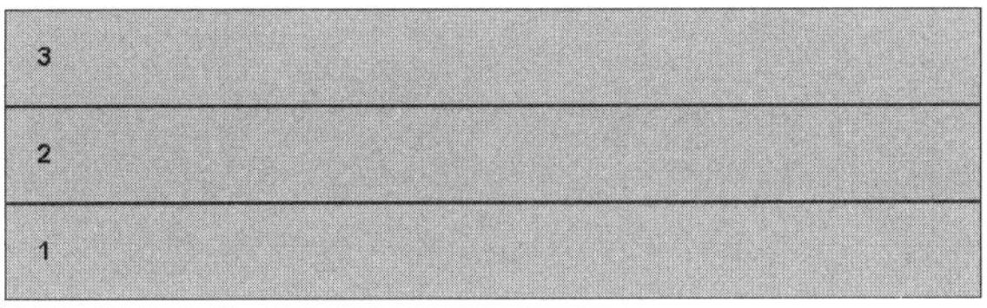

图10-16 反序排列

3. box-ordinal-group属性

box-ordinal-group属性用来定义盒子中子元素的分布的顺序，与box-direction属性不同的是，box-ordinal-group属性可以随意的控制子元素的分布顺序，其语法格式如下：

```
box-ordinal-group: integer
```

其中，integer是一个自然数，从1开始，用来设置子元素的位置序号。子元素的分布将根据这个属性值从小到大进行排列，数值越小，位置就越靠前，第一组在最前，随后第二组，第三组……依次类推。例如，box-ordinal-group：1的组就会显示在box-ordinal-group：2的组的前面。在默认情况下，子元素将根据元素的位置进行排列。如果没有指定box-ordinal-group属性值的子元素，则其序号默认都为1，并且序号相同的元素将按照它们在文档中加载的顺序进行排列。

下面的示例代码是对三个div元素进行垂直方向上次序的控制：

```
/*主要的CSS代码*/
.list1{  -moz-box-ordinal-group: 1; -webkit-box-ordinal-group: 1;
      box-ordinal-group: 1;
}
.list2{  -moz-box-ordinal-group: 3;-webkit-box-ordinal-group:3;
      box-ordinal-group:3;
}
.list2{  -moz-box-ordinal-group:2;-webkit-box-ordinal-group:2;
      box-ordinal-group:2;
}
/*主要的HTML代码*/
<body>
    <div class="list1">1</div><div class="list2">2</div><div
    class="list3">3</div>
</body>
```

在上述的代码中，将第1个div设置为第1组，第2个div设置为第3组，把第3个div设置为第2组，此时运行的效果如图10-17所示。

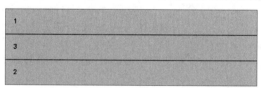

图10-17 控制次序

4. box-flex属性

box-flex属性是CSS 3新添加的盒子模型属性，它的出现打破了我们经常使用的浮动布局，实现垂直等高、水平均分、按比例划分。box-flex属性主要用来按比例分配盒子中子元素的宽度（或高度）空间。其语法格式如下：

```
box-flex: number
```

其中，number是一个整数或者小数。当盒子中包含多个定义了box-flex属性的子元素时，浏览器将会把这些子元素的box-flex属性值相加,然后根据它们各自的值占总值的比例来分配盒子剩余的空间。但box-flex属性只有在盒子拥有确定的空间大小之后才能够正确解析。在设计中，较稳妥的做法是为盒子定义具体的width或height属性值。

在以前，我们通常使用百分比来设定各div的宽度。但是，当需要各种不同数量的div时，就只能麻烦地分别为这些div设置不同的百分比宽度。而现在使用box-flex属性，实现相同的要求就会变得很简单：设置box-flex属性值为1，那么它们将平均分配父容器的宽度；如果box-flex属性值为2，那么，它们将按比例分配。例如，有一个盒子定义500px的宽度，并在其中放入3个div元素，如果不使用弹性盒模式，那么这些div将从左向右依次排列，并在最后一个div的末尾留白；而如果我们给div使用flex属性，并分别赋值1、5、2，那么原本留白的那些空间就会按照1/8、5/8、2/8分割给这3个子元素，而不会再有留白。

下面的代码使用box-flex属性对3个div进行宽度的设置：

```
body{ width:400px;}
.list1{ box-flex:1; -moz-box-flex:1; -webkit-box-flex:1;}
.list2{ box-flex:2;-moz-box-flex:2;-webkit-box-flex:2; }
.list3{ box-flex:2;-moz-box-flex:2;-webkit-box-flex:2;}
```

上述代码中，3个div元素的box-flex属性分别设置为1、2、2，也就是把盒子的宽度400px分成5份，分别占据了黑子宽度的1/5（80px）、2/5（160px）、2/5（160px），运行效果如图10-18所示。

如果其中一个或多个子元素设置了固定宽度，其他子元素没有设置，那么设置宽度的按宽度来算，剩下的部分再按上面的方法来计算。例如下面的代码对第3个div元素设置固定的宽度：

```
.list3{ box-flex:50px; -moz-box-flex:50px; -webkit-box-flex:50px;}
```

这里设置第3个div的宽度为50px，运行的效果如图10-19所示。

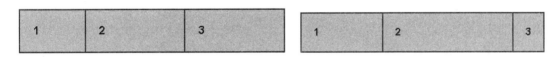

图10-18 设置比例宽度   图10-19 设置固定宽度

当子元素中需要有间隔的时候，它们平分的宽度需要减去中间的margin，然后再按比例平分。例如，下面的代码是对第2个div元素设置间隔：

```
.list2{ box-flex:2; -moz-box-flex:2; -webkit-box-flex:2;margin:0 20px; }
```

上述代码为第2个div设置了20px的间隔，运行效果如图10-20所示。

图10-20 设置间隔

5. box-pack属性和box-align属性

box-pack属性定义子元素在盒子中的水平分割、对齐方式。其语法格式如下：

```
box-pack: start | end | center | justify | distribute
```

上述各个参数的含义如下。

- start：定义所有子元素在盒子的左侧，余下的空间在右侧，即水平居左对齐。
- end：定义所有子元素在盒子的右侧，余下的空间在左侧，即水平居右对齐。
- justify：定义余下的空间在盒子间平均分配，即水平两边对齐。
- center：定义可利用的空间在盒子的两侧平均分配，即水平居中对齐。

box- align属性定义子元素在盒子垂直方向上的空间分布，其语法格式如下：

```
box- align: start | end | center | baseline | stretch
```

上述各个参数的含义如下。

- start：定义每个子元素沿盒子的上边缘排列，余下的空间位于底部。
- end：定义每个子元素沿盒子的下边缘排列，余下的空间位于顶部。
- center：定义可用空间平均分配，上面一半，下面一半。
- baseline：定义所子元素沿着它们的基线排列，余下的空间可前可后。
- stretch：定义每个子元素的高度调整到适合盒子的高度。

下面的代码使用box-pack属性定义子元素在盒子中水平两边对齐：

```
/*主要的CSS代码*/
body{
        width:500px;
        border:1px solid #333;
        margin:0 auto;
        height:100px;
    -moz-box-pack:justify;
        -webkit-box-pack:justify;
        -moz-box-pack:justify;
        box-pack:justify;
}
```

上述的代码中设置box-pack属性的值为justify，实现子元素在盒子中水平两边对齐，运行效果如图10-21所示。

如果将上面代码中的box-pack属性的值依次修改为start、center、end，则显示的效果如图10-22、图10-23和图10-24。

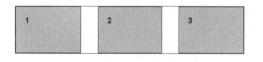

图10-21 水平两边对齐

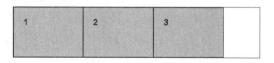

图10-22 水平居左对齐

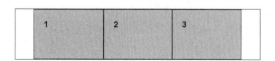

图10-23 水平居中对齐

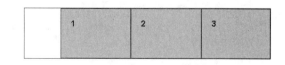

图10-24 水平居右对齐

6. overflow属性

overflow属性原本是IE浏览器独自开发的属性，由于在CSS 3中被采用，得到了其他浏览器的支持。该属性用于处理子元素内容超过盒子高度及宽度时溢出的问题。其语法格式如下：

```
overflow: visible|auto|hidden|scroll
```

上述各个参数的含义如下。

- hidden：表示对于超出容纳范围的内容会被隐藏。
- scroll：表示出现固定的水平滚动条与垂直滚动条。
- auto：表示当内容超出时，根据需要才会出现水平滚动条或者垂直滚动条。
- visible：是默认值，表示显示效果与不使用overflow属性时一样。

下面的代码使用overflow属性实现子元素超过盒子宽度时显示垂直滚动条：

```
div{
border:solid 1px #693;
    width:250px;
    height:280px;
    padding:8px;
    margin:16px 0 0 26px;
    line-height:18px;
    overflow:auto;
}
```

上述的代码中设置overflow属性值为auto来处理div文本溢出的问题，运行效果如图10-25所示。

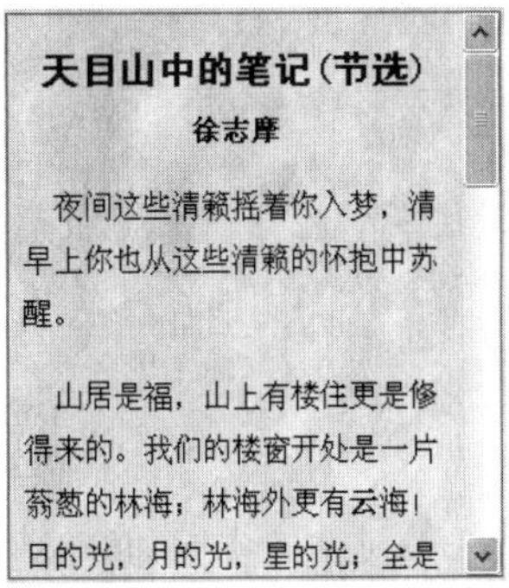

7. box-shadow属性

box-shadow属性是CSS 3中新增加的属性之一，它用来定义元素的阴影，与text-shadow属性类似，只不过text-shadow属性是为对象的文本设置阴影，而box-shadow属性是为对象实现图层的阴影效果。box-shadow属性的语法格式如下：

```
box-shadow:  inset  x-offset  y-offset
   blur-radius  spread-radius  color
```

图10-25　垂直滚动条

上述各个参数的含义如下。

- inset：表示阴影类型，可选参数，如果不设置值，默认投影方式是外阴影，如果设置唯一值"inset"表示投影方式是内阴影。
- x-offset：表示阴影水平偏移量，可以是正值和负值。如果是正值，则阴影在对象的右边；如果为负值，阴影在对象的左边。
- y-offset：表示阴影垂直偏移量，可以是正值和负值。如果是正值，则阴影在对象的底部；如果为负值，阴影在对象的顶部。
- blur-radius：表示阴影模糊半径，可选参数。只能是正值。如果值为0，表示阴影不具有模糊效果，它的值越大阴影的边缘就越模糊。

- spread-radius：表示阴影扩展半径，可选参数。可以是正值和负值。如果为正值，则整个阴影都延展扩大；如果为负值，则整个阴影都缩小。
- Color：表示阴影颜色，可选参数。如果不设置任何颜色，浏览器会取默认颜色。在webklit引擎的浏览器下，默认颜色为黑色，所以最好设置为其他颜色。
  当给同一个元素设计多个颜色阴影时，需要注意它们的显示次序，越在前的阴影将显示在最内层。

box-shadow属性和tex -shadow属性一样，可以设置一个或多个阴影，设置多个阴影时必须用逗号分隔。在使用该属性时，也要根据不同的浏览器设置其使用的样式。

下面的代码使用box-shadow属性实现图层的阴影效果：

```
img{
        margin:16px;
        padding:10px;
        height:200px;
        -webkit-box-shadow:0 0 10px green,0 0 8px 8px yellow;
        -o-box-shadow:0 0 10px green,0 0 8px 8px yellow;
        -moz-box-shadow:0 0 10px green,0 0 8px 8px yellow;
        box-shadow:0 0 10px green,0 0 8px 8px yellow;
        }
```

上述代码分别定义X轴和Y轴的值、阴影的大小以及阴影的颜色，通过多个颜色值显示阴影效果，由外到内依次显示绿色和黄色。运行效果如图10-26所示。

如果将box-shadow的属性值修为 "-10px 0 10px red, 10px 0 10px blue,0 -10px 10px yellow"， 0 10px 10px green" 可以实现如图10-27所示的4种颜色的阴影效果。

图10-26 阴影渐变

图10-27 四色阴影

8. resize属性

resize属性是CSS 3新增的一个非常实用的属性，该属性能够允许用户自由缩放浏览器中某个元素的大小。在此之前，要实现相同的效果，需要借助JavaScript编写大量的脚本才能够实现。resize属性的语法格式如下：

```
resize: none | both | horizontal | vertical | inherit
```

上述各个参数的含义如下。

- **None**：表示浏览器不提供尺寸调整机制，用户不能操纵机制调节元素的尺寸。
- **Both**：表示浏览器提供双向尺寸调整机制，允许用户调节元素的宽度和高度。
- **Horizontal**：表示浏览器提供单向水平尺寸调整机制，允许用户调节元素的宽度。
- **Vertical**：表示浏览器提供单向垂直尺寸的调整机制，允许用户调节元素的高度。
- **Inherit**：表示默认继承。

下面的代码使用resize属性实现图像的自由缩放功能：

```
div{
        background:url(flower.jpg) no-repeat center;
        width:200px;
    height:100px;
    max-width:800px;
    max-height:600px;
        padding:6px;
        border:1px solid blue;
    resize:both;
    overflow:auto;
 }
```

上述代码定义可以缩放的最大和最小的宽度和高度，并设置resize属性的值为both运行用户双向调节突破的大小，运行效果如图10-28和图10-29所示。

图10-28　原始大小

图10-29　可缩放的最大尺寸

9. outline属性

有时候在网页中需要在可视化图像周围添加一些轮廓线，以此突出图像。但要说明的是，这里所说的轮廓线与元素的边框线不同，外轮廓线并不占用空间，而且是动态样式。

outline属性定义块元素的轮廓线，在CSS 2的基础之上，CSS 3对其进行了改善增强。其语法格式如下：

```
outline: outline-color|outline-style|outline-width|outlino-offset| inherit
```

上述各个参数的含义如下。

- outline-color：用来定义轮廓边框的颜色。
- outline-style：用于定义轮廓边框样式。
- outline-width：用来定义轮廓宽度。
- outlino-offset：用于定义轮廓偏移数值。
- inherit：表示默认继承。

outline属性创建的外轮廓线是画在一个框的"上面"，也就是说，外轮廓线总是在顶上，不会影响该框或任何其他框的尺寸。因此，显示或不显示外轮廓线不会影响文档流，也不会破坏网页布局。

外轮廓线可能是非矩形的。例如，如果元素被分割成好几行，那么，外轮廓线就至少是能够包含该元素所有框的外廓。和边框不同的是，外廓在线框的起始端都不是开放的，它总是完全闭合的。

下面的代码使用outline属性实现设置图像的外轮廓线的功能：

```
div{
        background-image:url(girl.jpg);
        width:140px;
height:180px;
margin:20px;
        padding:10px;
        outline-width:5px;
        outline-style:double;
        outline-color:blue;
        outline-offset:5px;
    }
```

上述代码通过设置outline属性的4个子属性的值来定义图像外轮廓线的宽度、样式、颜色和偏移数值，效果如图10-30所示。

范例10-3：【光盘位置】\sample\chap10\CSS 3新增的弹性盒模式\movepic.html

这里我们将使用弹性盒模型来实现制作一个弹性滑动图片的显示效果，如图10-31和图10-32所示，当鼠标放在5张图片中的某一张上，图片自动会滑动而显示图片的全貌，当鼠标移动到其他图片时，原来的图片将恢复到原来的地方，而新的图片将显示全貌。

图10-30 图像外轮廓线

图10-31　运行效果1

图10-32　运行效果2

还可以通过HTML+CSS的方式来实现这部分的效果，先来看一下HTML部分的代码：

```
<body>
<div class="flexbox">
        <div><img src="1.jpg"/></div>
        <div><img src="2.jpg"/></div>
        <div><img src="3.jpg"/></div>
        <div><img src="4.jpg"/></div>
        <div><img src="5.jpg"/></div>
    </div>
</body>
```

HTML中的代码比较简单，就是在页面中添加了5个div元素，在每一个元素中显示一张风景图片。

功能实现的关键代码是在CSS中，具体代码如下：

```
1.  .flexbox {
2.       background-color:#ffffff;
3.       display: -webkit-box;
4.       display: -moz-box;
5.       display: box;
6.       -webkit-box-orient: horizontal;
7.       -moz-box-orient: horizontal;
8.       box-orient: horizontal;
9.       box-align: stretch;
10.      margin-top:20px;
11.      position: relative;
12.      overflow:hidden;
```

```
13.            text-shadow: 1px 1px 1px rgba(240,240,240,0.7);
14.            box-shadow:0 0 10px #cccccc;
15.            -webkit-box-shadow: 0 0 10px #cccccc;
16.            -moz-box-shadow:0 0 10px #cccccc;
17.        }
18.    .flexbox > div {
19.                -webkit-box-flex: 1;
20.                -moz-box-flex: 1;
21.                box-flex: 1;
22.
23.                box-align: stretch;
24.                -moz-transition: all 0.5s ease-out;
25.                -o-transition: all 0.5s ease-out;
26.                -webkit-transition: all 0.5s ease-out;
27.                transition: all 0.5s ease-out;
28.                width: 0;
29.        }
30.    .flexbox > div:hover {
31.                width: 500px;
32.        }
```

在上述的代码中，第1行到第17行定义了弹性盒模式。其中，第3到第5行声明开启使用弹性盒模式；第6到第8行设置子元素在盒子中按水平排列；第9行设置每个子元素的高度调整到适合盒子的高度；第13行设置字体阴影的格式；第14行到16行设置盒子阴影的格式。

第18行定义每个子元素的样式，其中"＞"大于符号相对于CSS 2中的子类选择符；第19行到第21行定义图片按比例平均分配盒子的宽度来显示；第24行到第27行定义图片水平平移的效果。

第30行到32行定义当鼠标经过子元素时显示的宽度。

 # 10.5 CSS 3新增的多列布局

在CSS 2时代，对于多列布局的设计，大多采用浮动布局和绝对定位布局两种方式。浮动布局比较灵活，但是需要编写大量的附加样式代码，而且在网页缩放等操作下容易发生错位，影响网页整体效果。绝对定位方式要精确到标签的位置，但固定标签位置的方式无法满足标签的自适应能力，也影响文档流的联动。现在，CSS 3中对多列布局进行了定义，可以简单的实现这种效果。

1. column-count属性

column-count属性用于设置或检索对象的列数，设置等高的文本列，该属性的语法格式如下：

```
column-count: auto|整数
```

上述各个参数的含义如下。

- Anto：表示自动取计算机值。
- 整数：是由浮点数字和单位标识符组成的长度值，不可为负值。

下面的代码使用column-count属性将文本分成分列显示：

```
/*CSS代码*/
body{
     background-image:url(sheep.jpg);
     column-count: 3;
     -moz-column-count:3;
     -webkit-column-count: 3;
     o-column-count: 3;
}
h1{
color:#333333;
 padding:5px 8px;
font-size:20px;
text-align:center;
font-family:"黑体"}
h2{
font-size:15px;
text-align:center;}
p {
margin-bottom:15px;
    line-height:180%;
}
/*HTML主要代码*/
<body>
<h1>天目山中的笔记（节选）</h1>
<h2>徐志摩</h2>
<p>  夜间这些清籁摇着你入梦，清早上你也从这些清籁的怀抱中苏醒。</p>
<p>  山居是福，山上有楼住更是修得来的。我们的楼窗开处是一片葱葱的林海；林海外更有云海！
日的光，月的光，星的光；全是你的。从这三尺方的窗户你接受自然的变幻；从这三尺方的窗户你散
放你情感的变幻。自在；满足。</p>
……
</body>
```

上述代码中将column-count属性的属性值设置为"3"，使用文本内容分成三列显示，运行效果如图10-33所示。

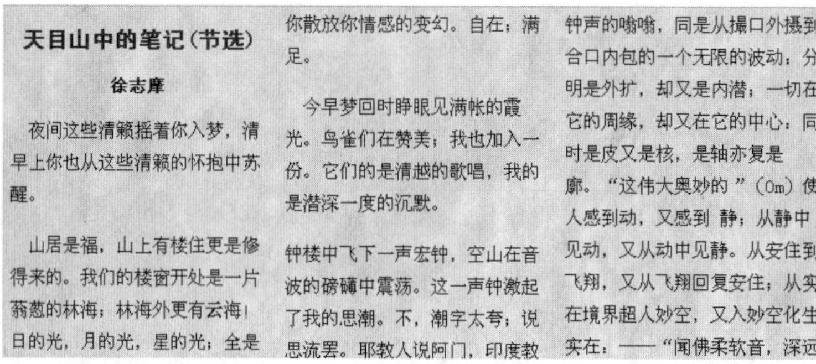

图10-33 column-count属性分三列

2. column-width属性

column-width属性用于定义分列布局中每列的固定宽度，其语法格式如下：

```
column-width: [length | auto]
```

上述各个参数的含义如。

- Anto：表示自动取计算机值。
- length：是由浮点数字和单位标识符组成的长度值，不可为负值。

下面的代码使用column-width属性设置文本列的固定宽度：

```
body{
    background-image:url(sheep.jpg);
    column-count: 2;
    -moz-column-count:2;
    -webkit-column-count: 2;
    o-column-count: 2;
    -webkit-column-width:200px;
    -moz-column-width:200px;
    o-column-width:200px;
    column-width::200px;
}
```

上述代码将文本内容分成两列，每列之间的固定宽度是200px，运行效果如图10-34所示。

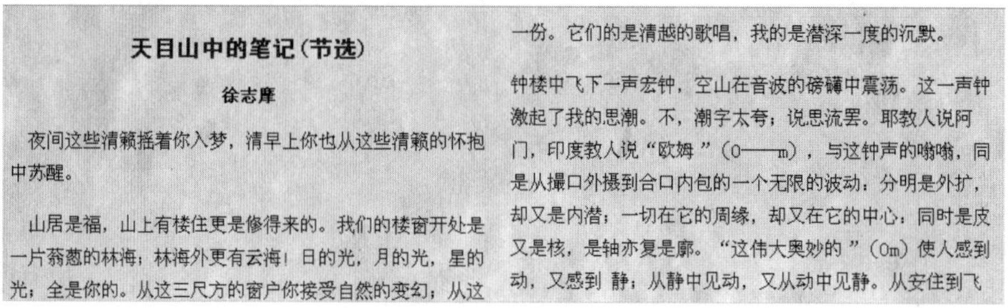

图10-34 column-width属性固定列宽

3. column-gay属性

column-gay属性用于定义分列布局中每列之间的间隔宽度，该属性的语法格式如下：

```
column-gap: normal | length
```

上述各个参数的含义如下。

- normal：表示设置每列之间间隔1em的宽度。
- length：是由浮点数字和单位标识符组成的长度值，不可为负值。

下面的代码使用column-gay属性设置文本列之间的间隔宽度：

```
body{
        background-image:url(sheep.jpg);
        column-count: 2;
        -moz-column-count:2;
        -webkit-column-count: 2;
        o-column-count: 2;
        -webkit-column-gap:80px;
        -moz-column-gap:80px;
        o-column-gap:80px;
        column-gap:80px;
}
```

上述的代码将文本内容分成两列，每列之间的固定间隔宽度设置为80px，运行效果如图10-35所示。

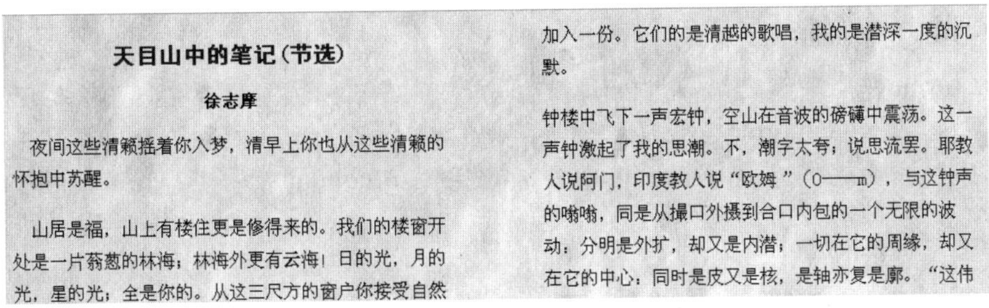

图10-35　column-gap属性固定列间隔

4. column-span属性

column-span属性可以定义元素跨列显示，也可以设置元素单列显示。该属性的语法格式如下：

```
column-span: 1|all
```

上述各个参数的含义如下。

- 1：表示元素横跨一列显示。
- all：表示元素将横跨所有列显示。

下面的代码使用column-span属性实现文本标题跨多列的功能：

```
/*CSS主要代码*/
h1{
column-span: all;
-moz-column-span: all;
-webkit-column-span: all;
}
h2{
column-span: all;
-moz-column-span: all;
-webkit-column-span: all;
}
```

上述代码将两个标题分别设置为跨三列显示，运行效果如图10-36所示。

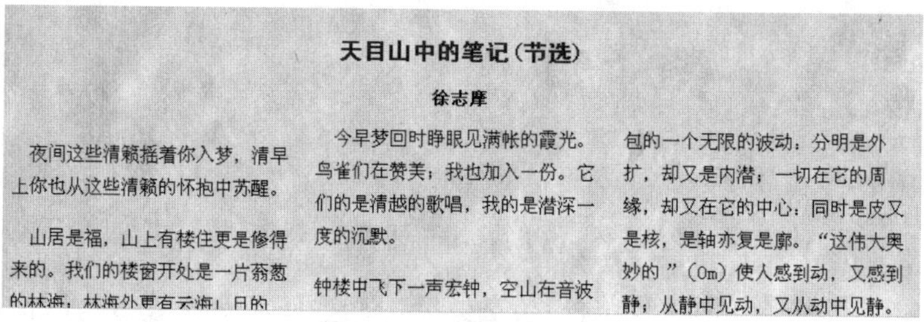

图10-36　column-span横跨多列

5. column-rule属性

column-rule是用来定义列与列之间的边框宽度、样式和颜色的属性，简单地说，它类似于border属性。但column-rule是不占用任何空间位置的，在列与列之间改变其宽度并不会改变任何元素的位置。这样的话，当column-rule的宽度大与column-gay时，column-rule将会和相邻的列重叠，从而形成了元素的背景色；但有点需要注意，column-rule只存在于两边都有内容的列之间。

为了能更形象地理解column-rule，可以把column-rule当作元素中的border来理解，因为column-rule同样具有border类似的属性。column-rule属性的语法格式如下：

```
column-rule: length | style | color
```

上述各个参数的含义如下。

- length：用于定义column-rule的宽度，默认值为"medium"，不允许取负值。
- style：用于定义column-rule的样式，其默认值为"none"，如果取值为默认值时，column-rule的宽度将等于"0"。
- color：用于定义column-rule的颜色，其默认值为前景色的color的值。

下面的代码使用column-rule实现为每列之间定义虚线分割的功能：

```
/*CSS主要代码*/
```

```
body{
    -webkit-column-rule:dashed 2px blue;
    -moz-column-rule:dashed 2px blue;
    -o-column-rule:dashed 2px blue;
    column-rule:dashed 2px blue;
}
```

上述代码将在三列间显示蓝色的虚线分割，运行效果如图10-37所示。

图10-37 column-rule虚线分割

 ## 10.6 实训——用CSS定位页面的布局

范例10-4：【光盘位置】\sample\chap10\用CSS定位页面布局\index.html

在本章节中讲述了边框、内外边距、定位等知识点，本节运用这些知识来搭建一个图片网站的"图片列表"页面。

1. 需求描述

本页面的需求如图10-38所示，首先将整个页面分为左右两个模块，左边模块放置图片，右边模块显示热贴列表。

左边模块需求如下。

①设置宽度为780px，并设置左对齐。

②设置标题部分的背景色为"#6699FF"，标题文字颜色为白色，并设置文字颜色为相对定位。

③设置边框为1px，并设置边框颜色为#ddd，设置边框为实线。

④将包住图片的a标签设置为块，并定义边框为1px，颜色为#ddd，边框为实线，并且当鼠标停留时，边框颜色为"#60a70c"，文字出现下划线。

⑤将图片部分设置为块，并与a标签的内边距为4px。

⑥将图片都定义为行内元素。

右边模块需求如下。

①设置宽度为200px，所有的文字都为左对齐。
②标题部分需求与左边相同，这里可以使用同一个CSS。

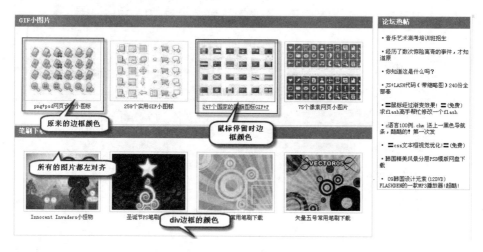

图10-38　实训效果图

2. 构建HTML页面，并用DIV搭框架

首先创建一个HTML页面，同时用DIV在页面中划分为"左边图片部分"和"右边文字部分"两个区域，并且将图片及文字部分内容写到相应的DIV块内，注意DIV块内引用CSS样式名称的定义。

这部分的知识点已经在第2章里讲到，所以就不再重复讲述了。

3. 引入CSS文件

在第2步构建的HTML文件的页头部分引入CSS文件，这里直接在页面中嵌入CSS样式，所以我们在头部部分使用了"<style type="text/css"></style>"语句来承载CSS样式，所有的样式都是写在<style>标签内部的。

4. 开发左边模块的图片部分

这里将根据需求，一步一步来实现左边模块的图片部分，首先来看一下HTML代码，其代码如下所示。

```
1.  <div class="big_left">
2.   <DIV class="xixi border2">
3.   <DIV class="title"><SPAN class=left>GIF小图片</SPAN></DIV>
4.   <DIV class="yanglei h160">
5.    <DL>
6.     <DD><A href="#">
7.       <IMG height="120" src="img/200807080912400.jpg" width="160">
8.       png+psd网页设计小图标</A> </DD>
```

```
9.      <DD><A href="#">
10.      <IMG height=120 alt="259个实用GIF小图标" src="img/200807080901260.
         jpg" width=160>
11.      259个实用GIF小图标</A></DD>
12.      <DD><A href="#">
13.      <IMG height=120 alt="247个国家的国旗图标GIF+P"
         src="img/200805212139100.jpg" width=160>
14.      247个国家的国旗图标GIF+P</A></DD>
15.      <DD><A href="#">
16.      <IMG height=120 alt="75个像素网页小图片" src="img/200805130905270.jpg"
         width=160>
17.      75个像素网页小图片</A></DD>
18.      </DL>
19.     </DIV>
20.    </DIV>
21.    <DIV class=blank4></DIV>
22.    <DIV class="xixi border2">
23.     <DIV class=title><SPAN class=left>笔刷下载</SPAN></DIV>
24.     <DIV class="yanglei h160">
25.      <DL>
26.      <DD><A href="#">
27.      <IMG height=120 src="img/200901180011420.jpg" width=160>Innocent I
         nvaders小怪物</A></DD>
28.      <DD><A href="#">
29.      <IMG height=120 alt="圣诞节PS笔刷(一)" src="img/200812012049090.jpg"
         width=160>圣诞节PS笔刷(一)</A></DD>
30.      <DD><A href="#">
31.      <IMG height=120 alt="矢量三号常用笔刷下载" src="img/200710180804400.
         jpg" width=160>矢量三号常用笔刷下载</A></DD>
32.      <DD><A href="#">
33.      <IMG height=120 alt="矢量五号常用笔刷下载" src="img/200710180757130.
         jpg" width=160>矢量五号常用笔刷下载</A></DD>
34.      </DL>
35.     </DIV>
36.    </DIV>
37. </div>
```

在上述代码中，使用了dl、dd定义的列表。第1到第4行、第21到第24行分别引用了上文中需求描述定义的效果的样式。

其中，第1行引入了**big_left**样式，这部分的CSS定义了整个图片部分的宽度和对齐方式，代码如下所示。

```
1. .big_left {
2.     width:780px;
3.     float:left;
4. }
```

第2行引入了两个CSS，其中border2样式定义了这个图片部分的四周边框的宽度、颜色和样式，还有文本部分的对齐方式，代码如下所示。

```
1. .border2 {
```

```
2.         CLEAR: both;
3.         BORDER-RIGHT: #ddd 1px solid;
4.         BORDER-TOP: #ddd 1px solid;
5.         BORDER-LEFT: #ddd 1px solid;
6.         BORDER-BOTTOM: #ddd 1px solid;
7.         POSITION: relative;
8.         TEXT-ALIGN: center
9.  }
```

第3行引入了标题部分的CSS，分别定义了这部分的背景颜色、字体大小和样式，并将标题设置为相对定位，其代码如下所示。

```
1.  .border2 .title {
2.         background-color:#6699FF;
3.         text-align:left;
4.         height:25px;
5.         line-height:25px;
6.  }
7.  .border2 .title SPAN.left {
8.         FONT-WEIGHT: bold;
9.         FONT-SIZE: 14px;
10.        LEFT: -1px;
11.        WIDTH: 103px;
12.        COLOR: #fff;
13.        PADDING-TOP: 8px;
14.        POSITION: relative;
15.        TOP: -1px;
16.        HEIGHT: 22px;
17.        TEXT-ALIGN: center;
18.        margin-left:10px;
19. }
```

上面代码中，第10行、第14行和第15行定义了这个部分的相对定位效果。而图片的鼠标停留效果则使用CSS的继承来实现，代码如下所示。

```
1.  .xixi DL DD A IMG {
2.         BORDER-RIGHT: #ddd 1px solid;
3.         BORDER-TOP: #ddd 1px solid;
4.         BORDER-LEFT: #ddd 1px solid;
5.         BORDER-BOTTOM: #ddd 1px solid
6.  }
7.  .xixi DL DD A:visited IMG {
8.         BORDER-RIGHT: #ddd 1px solid;
9.         BORDER-TOP: #ddd 1px solid;
10.        BORDER-LEFT: #ddd 1px solid;
11.        BORDER-BOTTOM: #ddd 1px solid
12. }
13. .xixi DL DD A:hover IMG {
14.        BORDER-RIGHT: #60a70c 1px solid;
15.        BORDER-TOP: #60a70c 1px solid;
16.        BORDER-LEFT: #60a70c 1px solid;
```

```
17.        BORDER-BOTTOM: #60a70c 1px solid
18.    }
```

在上面代码中，第1到第12行定义鼠标离开效果，第13到第18行定义鼠标停留效果，当鼠标离开时，这部分的边框颜色是#ddd，当鼠标停留时，边框颜色是#60a70c。

5. 开发右边模块的文字部分

右边模块的标题部分效果和图片部分的效果是一样的，这里就不再详细说明了，而文字效果主要就是左内边距8px，这部分的HTML代码如下所示。

```
1.    <div class="big_right">
2.    <DIV class="xixi border2">
3.     <DIV class=title><SPAN class=left>论坛热帖</SPAN></DIV>
4.     <DIV class="wen">
5.      <p>•<a href="#">音乐艺术高考培训班招生</a></p>
6.      <p>•<a href="#">经历了数次惊险离奇的事件，才知道原</a></p>
7.      <p>•<a href="#">你知道这是什么吗？</a></p>
8.      <p>•<a href="#">JS+LASH代码（带缩略图）240份全部奉</a></p>
9.      <p>•<a href="#">■鼠标经过渐变效果！■(免费)</a> <a href="#">求flash高手帮忙
         修改一个flash</a></p>
10.     <p>•<a href="#">c语言100例.chm 送上一黑色导航条，酷酷的！第一次发</a></p>
11.     <p>•<a href="#">■css文本框视觉优化！■(免费)</a></p>
12.     <p>•<a href="#">韩国精美风景分层PSD模版网盘下载</a></p>
13.     <p>•<a href="#">09韩国设计元素(12DVD) FLASHDEN的一款MP3播放器!超酷!</
         a></p>
14.     </DIV>
15.    </DIV>
16.   </div>
```

在上面代码中，文字部分使用<p>标签来搭建，将每一组<p>标签做为一行的文本内容来显示，这里用到的样式不是很多，只用到了文本的对齐方式和边界的设置，所使用的CSS代码如下所示。

```
1.    .wen p {
2.        text-align:left;
3.        margin:15px 0 0 5px;
4.    }
```

 10.7 上机题

（1）请实现如图10-39所示的效果，具体要求如下。

①使用两个div，外面的div的背景色为"#0099CC"。

②设置里面的div的边框为1px，颜色为"#FF0000"，边框为实线，并设置与图片的内边距为10px。

（2）请实现如图10-40所示的效果，具体要求如下。

①设置边框为2px，上边框颜色为"#990033"，右边框的颜色为"#6600FF"，下边框的颜色为"#0000FF"，左边框的颜色为"#006600"，并且这些边框都是实线边框。

②设置里面div的边框为1px，颜色为"#0033CC"，边框为虚线，设置对齐方式为左对齐，设置它的顶外边距和左外边距都是5px。

③设置图片的左外边距为5px，设置为行内元素，使它与文字部分处于同一行中。

图10-39　上机题1

图10-40　上机题2

（3）请用DIV+CSS实现如图10-41所示效果，具体要求如下。

①请将第一张图片的边框设置为1px，颜色为"#FF0000"，边框为实线，并设置图片为绝对定位，分别是左定位10px，顶定位10px。

②请将第二章图片设置为4px，颜色为"#FF0000"，边框为双线，并设置图片为绝对定位，分别是左定位250px，顶定位10px。

③设置"黑羊羊，白羊羊"的边框为4px.，颜色为"#33CC99"，边框为3D凹槽，并设置图片为绝对定位，分别是左定位10px，顶定位270px。

④上述三大块排版合理，比如上方两块图片实现顶部对齐，左边两张图片实现左段对齐。

图10-41　上机题3

（4）请实现如图10-42所示的图片重叠效果，具体要求如下。

①将大图片定义为绝对定位，分别是左定位100px，顶定位80px，并设置z-index这个属性值为1。

②将小图片定义为绝对定义，分别是做定位-39px，顶定位-50px，并设置z-index这个属性值为3。

图10-42　上机题4

（5）请实现如图10-43所示的效果，具体要求如下。

①将导航链接设置为行内块元素，当鼠标停留时背景色为#CC99CC，鼠标离开时背景颜色为"#3399CC"。

②将图片绝对定位，分别是左定位30px，顶定位30px，边框为1px，颜色为"#0000FF"，这是实现边框。

③将星球的小图片绝对定位，从而实现叠加效果，其中，左定位为300px，顶定位为10px。

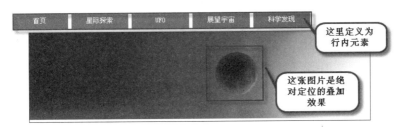

图10-43　上机题5

（6）用盒子模型里的margin等CSS元素，实现如图10-44所示的效果，要求如下。

①最外层的边框采用蓝色，并且通过margin设置适当的外边距效果。

②上部的DIV，设置margin的属性为5px，以设置和周围DIV的外边距效果。

③下部分的图片，不设置外边框样式。

（7）用CSS里的padding和marging等元素，实现如图10-45所示的广告效果，要求如下。

①整个DIV部分，通过设置padding元素，设置内边距是10个像素。

②下方的文字部分，用段落元素p包含，并且设置p元素的外边距是5px，以实现"行之间空隙足够大"这样的效果。

③适当设置背景色和字体等样式。

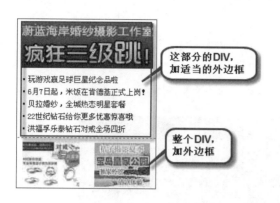

蔚蓝海岸婚纱摄影工作室
疯狂三级跳！
这部分的DIV，
加适当的外边框
玩游戏赢足球巨星纪念品啦
6月7日起，米饭在肯德基正式上岗！
贝拉婚纱，全城热恋明星套餐
22世纪钻石给你更多优惠惊喜哦
洪福孚乐泰钻石对戒全场四折
整个DIV，
加外边框
宝岛皇家公园

图10-44　上机题6

男人也疯狂
潮流由你引领
【理财】新手入口！股票，金融
商家进驻更快捷，申请加入得方便
帐户丢失？不怕！忘记密码？不怕！

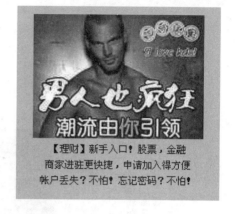

图10-45　上机题7

（8）请通过CSS里和定位相关的元素，实现如图10-46所示的效果，要求如下。

①两个边框分别设置靠左和靠右对齐。
②两个边框分别采用浅蓝和淡红两种颜色作为边框。
③文字部分，通过line-height或margin属性，设置边框的间距。

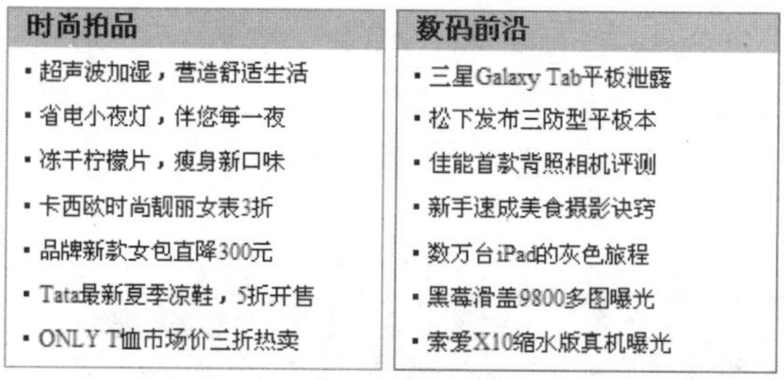

时尚拍品
超声波加湿，营造舒适生活
省电小夜灯，伴您每一夜
冻干柠檬片，瘦身新口味
卡西欧时尚靓丽女表3折
品牌新款女包直降300元
Tata最新夏季凉鞋，5折开售
ONLY T恤市场价三折热卖
数码前沿
三星Galaxy Tab平板泄露
松下发布三防型平板本
佳能首款背照相机评测
新手速成美食摄影诀窍
数万台iPad的灰色旅程
黑莓滑盖9800多图曝光
索爱X10缩水版真机曝光

图10-46　上机题8

用JavaScript搭建动态效果

第11章

在网页中引入动态的效果，可以让网页吸引更多人的眼球。前面几章用到的a:hover伪标签也能实现鼠标停留的动态效果，不过，通过CSS能实现的动态效果非常有限。在开发网页的时候，还可以通过JavaScript来实现一些动态的效果，在本章中，我们主要讲述的重点内容如下。

- JavaScript的知识点概述
- 用JavaScript实现针对图片效果的样式
- 用JavaScript实现针对菜单效果的样式
- 用JavaScript实现针对文字效果的样式

11.1 JavaScript概述

JavaScript脚本语言由于具有简单性、安全性、动态性、跨平台性等诸多优点，所以它迅速在众多脚本语言中脱颖而出，被越来越多的Web设计者认可和使用。

11.1.1 JavaScript的基本语法

JavaScript是一种编程语言，它有自己的语法规则、数据类型、表达式、运算符以及程序的基本框架结构。在使用JavaScript的时候，我们需要注意JavsScript的基本语法规则。

- JavaScript是严格区分大小写的，例如，abc和Abc是两个不同的符号。
- 每条JavaScript执行语句的最后必须用英文的分号";"来标识结束，而在编排方式上不必严格遵守一行一句的规则，只要有空格和分号等分隔符隔开就可以。一个单独的分号";"表示一条空语句。
- JavaScript除了和各基本类型相对应的常量类型以外，还有两种特殊的常量：第一种是null常量，表示一个变量所指向的对象为空值；第二种就是undefined常量，表示变量还没有被赋值的状态或对象的某个属性不存在。JavaScript使用关键字var声明变量，JavaScript的变量属于弱类型的，在声明时不必确定类型，而是在使用或赋值时自动确定其数据类型。
- JavaScript的基本数据类型有四种：整型、实型、字符型和布尔型。

- 在JavaScript中有三种运算符：
  - 算术运算符，分双目和单目运算符两种，双目运算符包括：+（加）、-（减）、*（乘）、/（除）、%（取模）、|（按位或）、&（按位与）、<<（左移）、>>（右移）、>>>（右移，零填充）；单目运算符包括：-（取反）、~（取补）、++（递加1）、--（递减1）。
  - 比较运算符，包括：<（小于）、>（大于）、<=（小于等于）、>=（大于等于）、==（等于）、!=（不等于）。
  - 逻辑运算符，包括：!（逻辑非）、||（逻辑或）、&&（逻辑与）、^（逻辑异或）、&=（与之后赋值）、|=（或之后赋值）、^=（异或之后赋值）、?:（三目操作符）。

11.1.2　JavaScript嵌入HTML文档

JavaScript代码要嵌入HTML中使用，从而实现Web网页的交互能力。在HTML文档中嵌入JavaScript代码主要有以下两种方法。

第一种方法，将JavaScript代码直接编写在<script></script>标签中间，注意不能将JavaScript语句直接嵌入HTML文档中，也不能将HTML标签放进<script></script>标签之间。

下面我们看一个示例，这个示例实现了鼠标拖曳的效果，其代码如下所示。

```
1.  <html>
2.  <head>
3.  <script language="JavaScript">
4.  var xx=0,yy=0;
5.  function a(v)
6.  {
7.  xx=event.x-v.offsetLeft;
8.  yy=event.y-v.offsetTop;
9.  }
10. function b(v)
11. {
12. v.style.left=event.x-xx;
13. v.style.top=event.y-yy;
14. }
15. </script>
16. </head>
17. <body >
18. <img id="img" src="001.gif" style="position:absolute;"
    ondragstart="a(this);" ondrag="b(this);" >
19. </body>
20. </html>
```

在上面代码中，第3行到第15行就是JavaScript代码，在第3行的script标签内，使用了language来指定语言的类型，这里选择了JavaScript。

第二种方法，将JavaScript代码放入一个单独的文件中，然后在HTML文档中引用该文件。基于模块化的考虑，可以在一个外部文件中直接编辑JavaScript代码，不必加<script>标签。将这个文件以".js"为扩展名命名，然后将该文件的URL地址设置为<script>标签的src属性值，就可以引入JavaScript代码。

以第一种方法的代码为基础，修改一些代码，把JavaScript代码移到js.js文件中，HTML代码如下所示。

```
1.  <html>
2.  <head>
3.  <script src="js.js" type="text/JavaScript"></script>
4.  </head>
5.  <body >
6.  <img id="img" src="http://www.iJavaScript.cn/templates/logo/logo.gif"
    style="position:absolute;" ondragstart="a(this);" ondrag="b(this);" >
7.  </body>
8.  </html>
```

请注意，上面这段代码中移去JavaScript代码后，在原来的JavaScript代码部分换成了<script src="js.js" type="text/JavaScript"></script>。这里需要详细说明一下，在<script>内的src后面跟的就是JavaScript文件的路径及名字，告诉系统可以在这个文件中找到JavaScript代码，并调用其中的JavaScript代码。注意，JavaScript文件的扩展名是.js，后面的type="text/JavaScript"声明了脚本类型是JavaScript。这个JavaScript文件可以放在机器的任何位置，只要引用的路径正确就可以了。

我们也可以将JavaScript代码作为HTML文档的某个元素的事件属性值或者是超链接的href属性值来完成效果。例如，对于按钮的单击事件，可以将其定义为一段JavaScript代码，只要单击按钮，就可以执行相应JavaScript代码。同样，如果将超链接的href属性值设置为一段JavaScript代码，当单击超链接的时候，也会直接执行该代码。

11.2 用JavaScript设置图片的效果

通过JavaScript，可以实现CSS实现不了的一些动态效果，包括本节将要介绍的一些比较常见的图片效果，比如相册和切换等。读者可以在自己的页面上改编这些代码，让自己的网站更绚丽多彩。

11.2.1 实现相册效果

图片相册是一些网站中常见到的效果，一般是由大图展示区和缩略图两个部分组成。通过鼠标在缩略图上移动，大图展示区里的图片也相应变化。

下面我们来看一个如图11-1所示的带有相册效果的JavaScript案例。

范例11-1：【光盘位置】\sample\chap11\相册效果\index.html

在这个范例中，要实现的效果如下。

①在顶部有"纵向的JS相册效果"的文字，并且整个DIV背景是黑色。
②在大图展示区里，显示大图，右边是相应图片的略缩图。
③当鼠标在缩略图上切换的时候，大图展示区里的图片也会切换。

图11-1　实现相册效果的样式

下面来看一下HTML代码，如下所示。

```
1.  <html >
2.  <head>
3.  <meta charset=gb2312" />
4.  <title>纵向的JS相册效果</title>
5.  </head>
6.  <body>
7.  <table width="760" border="0" align="center" cellpadding="0"
    cellspacing="5">
8.    <tr>
9.      <td height="75" colspan="2" align="left" class="txt_1">JavaScript
      相册效果</td>
10.   </tr>
11.   <tr>
12.     <td width="640" align="center">
13.       <img src="images/03.jpg"  width="640" height="400" border="0" i
        d="main_img" rel="images/03.jpg"  />
14.     </td>
15.     <td width="110" align="center" valign="top">
16.     <img src="images/gotop.gif" width="100" height="14" id="gotop"
      alta="#" />
17.     <div id="showArea">
18.         <img src="images/01.jpg" alta="#" width="80" height="50" border="0"
        class="thumb_img" rel="images/01.jpg"  />
```

```
19.          <img src="images/02.jpg" alta="#" width="80" height="50" border="0"
             class="thumb_img"  rel="images/02.jpg" />
20.          <img src="images/03.jpg" alta="#" width="80" height="50" border="0"
             class="thumb_img"  rel="images/03.jpg" />
21.          <img src="images/04.jpg" alta="#" width="80" height="50" border="0"
             class="thumb_img"  rel="images/04.jpg"/>
22.          <img src="images/05.jpg" alta="#" width="80" height="50" border="0"
             class="thumb_img"  rel="images/05.jpg"  />
23.          <img src="images/06.jpg" alta="#" width="80" height="50" border="0"
             class="thumb_img"  rel="images/06.jpg"  />
24.     </div>
25.     <img src="images/gobottom.gif" width="100" height="14" id="gobottom"
        /></td>
26.   </tr>
27. </table>
28. <br />
29. <p> </p>
30. </body>
31. </html>
```

在上面代码中，第13行用img定义了大图部分的效果，而第16到第23行也是用许多img来定义右边的缩略图的效果。

在这段代码的CSS部分中，设置了背景色和图片边框大小等样式，其样式代码如下所示。由于JavaScript是本节的主题，同时这部分的CSS含义前面章节都已经讲述过，所以这里只给出注释说明，不再重复解释。

```
1.  /*这是针对body的样式，其中包括了背景色，字体和外边框等的定义*/
2.  body {
3.    background:#000000;
4.    margin:20px 0;
5.    font:12px Verdana, Arial, Tahoma;text-align:center;
6.    vertical-align:middle;color:#FFFFFF}
7.  /*针对图片*/
8.  img {
9.    border:none
10. }
11. /*针对标题文字*/
12. .txt_1 {
13.   font:bold 24px Verdana, Tahoma;
14.   color:#fff
15. }
16. img.thumb_img {
17.   cursor:pointer;
18.   display:block;
19.   margin-bottom:10px
20. }
21. img#main_img {
22.   cursor:pointer;
23.   display:block;
24. }
```

```
25. /*针对上下的两个按钮图片*/
26. #gotop {
27.   cursor:pointer; /*鼠标效果*/
28.   display:block;
29. }
30. #gobottom {
31.   cursor:pointer;
32.   display:block;
33. }
34. #showArea { /*主要的显示区*/
35.   height:355px;
36.   margin:10px;
37.   overflow:hidden
38. }
```

动态效果通过JavaScript代码来实现，这部分的JavaScript代码是用<script>和</script>包含起来的，代码如下所示。

```
1.  <script language="JavaScript" type="text/JavaScript">
2.  function $(e) {return document.getElementById(e);}
3.  document.getElementsByClassName = function(cl) {
4.    var retnode = [];
5.    var myclass = new RegExp( '\\b' +cl+' \\b' );
6.    var elem = this.getElementsByTagName( '*' );
7.    for (var i = 0; i < elem.length; i++) {
8.      var classes = elem[i].className;
9.      if (myclass.test(classes))
10.       retnode.push(elem[i]);
11.   }
12.   return retnode;
13. }
14. var MyMar;
15. var speed = 1; //速度，越大越慢
16. var spec = 1; //每次滚动的间距，越大滚动越快
17. var ipath = 'images/'; //图片路径
18. var thumbs = document.getElementsByClassName('thumb_img');
19. for (var i=0; i<thumbs.length; i++) {
20.   thumbs[i].onmouseover = function () {
21.     $('main_img').src=this.rel;
22.     $('main_img').link=this.link;
23.   };
24.   thumbs[i].onclick = function () {
25.     location = this.link
26.   }
27. }
28. $('main_img').onclick = function () {
29.   location = this.link;
30. }
31. $('gotop').onmouseover = function() {
32.   this.src = ipath + 'gotop2.gif';
33.   MyMar=setInterval(gotop, speed);
```

```
34. }
35. $('gotop').onmouseout = function() {
36.   this.src = ipath + 'gotop.gif';
37.   clearInterval(MyMar);
38. }
39. $('gobottom').onmouseover = function() {
40.   this.src = ipath + 'gobottom2.gif';
41.   MyMar=setInterval(gobottom,speed);
42. }
43. $('gobottom').onmouseout = function() {
44.   this.src = ipath + 'gobottom.gif';
45.   clearInterval(MyMar);
46. }
47. function gotop() {
48.   $('showArea').scrollTop-=spec;
49. }
50. function gobottom() {
51.   $('showArea').scrollTop+=spec;
52. }
53. </script>
```

这部分的关键代码是从第19到第27行的for循环，它依次遍历了右边部分的缩略图，一旦第20行的onmouseover函数感知到哪个缩略图上有鼠标经过，那就会通过$('main_img').src=this.rel; $('main_img').link=this.link;语句，把大图的路径设置为这张缩略图的路径，由此实现小图放大的效果。

从第31行开始，设置了其他小图片的鼠标动作，由此实现了当鼠标移动到各张图片上时，就会在展示区里看到大图的效果。

11.2.2　实现图片滑动切换效果

在一个页面中，如果只有很小的篇幅能用来展示图片，那么可以使用"滑动切换"的方式来展示，下面来看一下这种效果的实现方法。

范例11-2：【光盘位置】\sample\chap11\图片滑动\index.html

范例的效果如图11-2所示，它是一个动物园网站的动物图片模块。要实现的效果是，单击上方的向左向右按钮后，下方的图片会自动切换。

图11-2　实现图片滑动切换效果的样式

这个模块的HTML代码如下所示。

```
1.  <html >
2.  <head>
3.  <LINK media=screen href="css/lanrentuku.css" rel=stylesheet>
4.  </head>
5.  <body style="text-align:center">
6.  <SCRIPT src="js/js.js" type=text/javascript></SCRIPT>
7.  <SCRIPT type=text/javascript>
8.  TencentArticl.onload();
9.  </SCRIPT>
10. <DIV class="mod-left bottom-Article-QQ sildPic-Article-QQ">
11. <DIV class=hd>
12. <H2>热点推荐</H2>
13. <DIV class=sildPicBar id=sildPicBar><SPAN class=pre></SPAN>
14. <UL id=dot></UL><SPAN class=next></SPAN></DIV></DIV>
15. <DIV class=bd>
16. <DIV class=cnt-wrap id=cnt-wrap>
17. <DIV class=cnt id=cnt>
18. <UL>
19.    <LI><IMG src="images/30407468.jpg"> </LI>
20.    <LI><IMG src="images/30407482.jpg"> </LI>
21.    <LI><IMG src="images/30407470.jpg"> </LI>
22.    <LI><IMG src="images/30407474.jpg"></LI>
23.    <LI><IMG src="images/30339984.jpg"></LI>
24.    <LI><IMG src="images/30339561.jpg"></LI>
25.    <LI><IMG src="images/30339719.jpg"></LI>
26.    <LI><IMG src="images/30339381.jpg"></LI>
27.    <LI><IMG src="images/30354078.jpg"></LI>
28.    <LI><IMG src="images/30354433.jpg"></LI>
29.    <LI><IMG src="images/30353751.jpg"></LI>
30.    <LI><IMG src="images/30354586.jpg"></LI>
31. </UL>
32. </DIV>
33. </DIV>
34. </DIV>
35. </DIV>
36. </body>
37. </html>
```

这部分的代码比较简单，第6行通过script标签引入js.js脚本文件。第18到第31行通过ul和li的方式，引入多张图片。

而第8行通过"TencentArticl.onload();"代码来执行相应的JavaScript代码，使其完成动态效果。

下面看一下JavaScript部分的代码。

```
1.  var TencntART=new Object();
2.  if(parseInt(this.$(this.tabSilder).style.left)>-156*parseInt(this.
    Now*4))
3.  {
```

```
4.    this.moveR();
5.  }
6.  else
7.  {
8.    this.moveL();
9.  }
10. for(var i=0;i<Math.ceil(this.Count()/4);i++)
11. {
12.   if(i==this.Now)
13.   {
14.     this.getEles(this.tabId,"li")[this.Now].className="select";
15.   }
16.   else
17.   {
18.     this.getEles(this.tabId,"li")[i].className="";
19.   }
20. }
21. }
22. moveR:function(setp)
23. {
24.   var _curLeft=parseInt(this.$(this.tabSilder).style.left);
25.   var _distance=50;
26.   if(_curLeft>-156*parseInt(this.Now*4))
27.   {
28.     this.$(this.tabSilder).style.left=(_curLeft-_distance)+26+"px";
29.   }
30. }
31. moveL:function(setp)
32. {
33.   var _curLeft=parseInt(this.$(this.tabSilder).style.left);
34.   var _distance=50;
35.   if(_curLeft<-156*parseInt(this.Now*4))
36.   {
37.     this.$(this.tabSilder).style.left=(_curLeft+_distance)-26+"px";
38.   }
39. }
```

　　这部分的JavaScript代码相当复杂，读者可以通过阅读光盘里的代码来仔细分析，而且还可以通过改编图片或文字，把代码应用到自己的网页上。

　　代码第1行定义一个TencntART对象。而第2到第9行的if和else语句，判断用户是单击了向左还是向右的按钮，由此调用对应的函数。

　　接下来看一下第22行的moveR函数，它通过第28行的style.left，来实现图片向左移动的效果，第31行中的moveL函数的作用也是这样，只不过这两个的参数不同，一个是+26，一个是-26。

11.3　针对菜单的效果

如果一个页面包含的要素比较多，那就需要设计一些菜单来实现导航的效果。使用CSS可以实现含有"鼠标悬浮效果"的静态菜单，但这个效果已不足以满足当前的页面美观需求，本节将通过一些例子，向大家详细说明使用JavaScript开发菜单效果的方法。

11.3.1　用JavaScript实现页签效果

在Windows系统中，经常能看到页签的效果。在HTML页面中，也能通过JavaScript的代码，实现这类效果。

范例11-3：【光盘位置】\sample\chap11\页签菜单\index.htm

范例的效果如图11-3所示，展示一个页面中的通过页签分页的效果，单击各页签标题，可以切换页面的内容。

这个效果的HTML代码如下所示。

图11-3　页签效果

```
1.  <html>
2.  <head>
3.  <meta charset=gb2312">
4.  <title>面板式菜单</title>
5.  <body>
6.  <TABLE id=secTable cellSpacing=0 cellPadding=0 width=300 border=0
    class="css3">
7.    <TBODY>
8.    <TR align=middle height=20>
9.      <TD class=sec2 onclick=secBoard(0) width="10%">关于本站</TD>
10.     <TD class=sec1 onclick=secBoard(1) width="10%">返回首页</TD>
11.     <TD class=sec1 onclick=secBoard(2) width="10%">返回目录</TD>
12.     <TD class=sec1 onclick=secBoard(3) width="10%">赏心悦目</TD>
13.   </TR>
14.   </TBODY>
15. </TABLE>
16. <TABLE class=main_tab id=mainTable height=180 cellSpacing=0
17.           cellPadding=0 width=300 border=0>
18.   <!--关于TBODY标记-->
19.   <TBODY style="DISPLAY: block">
20.   <TR>
21.       <TD vAlign=top align=middle><BR><BR>
22.       <TABLE cellSpacing=0 cellPadding=0 width=291 border=0>
23.         <TBODY>
24.         <TR>
25.           <!—关于本站里的文字-->
```

```
26.          <TD class="css3">本网站是为广大的网页设计者服务的网站。网站收集了大量
            的网页素材、JSP编程、图形特效、JavaST特效和网页制作工具的使用方法。   另
            外，网站还收集了一些精美的图片和音乐供你欣赏<font size="2"><font
            color="#000000">。</font></font><BR> <BR>
27.          </TD>
28.        </TR>
29.        </TBODY>
30.      </TABLE>
31.   </TD></TR></TBODY><!--关于cells集合-->
32.        <TBODY style="DISPLAY: none">
33.          <TR>
34.            <TD vAlign=top align=middle><BR><BR>
35.      <TABLE cellSpacing=0 cellPadding=0 width=291 border=0>
36.        <!—返回首页部分的文字-->
37.        <TBODY>
38.        <TR>
39.            <TD class="css3">
40.                <p>去首页看看微风吹拂，竹叶轻摇的特效。</p>
41.            </TD>
42.        </TR>
43.        </TBODY>
44.      </TABLE>
45.   </TD></TR></TBODY><!--关于tBodies集合-->
46.   <TBODY style="DISPLAY: none">
47.        <TR>
48.            <TD vAlign=top align=middle><BR><BR>
49.            <TABLE cellSpacing=0 cellPadding=0 width=291 border=0>
50.            <!—返回目录部分的文字-->
51.            <TBODY>
52.                <TR>
53.                    <TD class="css3">
54.            <p>本页从上千个网页特效中精选了300多个实用的网页特效。对每个特效
            我们都做了严格的测试，相信一定能对你的网页制作起到一定作用。
55.            </p>
56.                    </TD>
57.                </TR>
58.                </TBODY>
59.            </TABLE>
60.   </TD></TR></TBODY>
61.   <!--关于display属性-->
62.   <TBODY style="DISPLAY: none">
63.        <TR>
64.            <TD vAlign=top align=middle><BR><BR>
65.            <table cellspacing=0 cellpadding=0 width=291 border=0>
66.            <!—赏心悦目部分的文字-->
67.            <tbody>
68.                <tr>
69.                    <td class="css3">你浏览本网站辛苦了，休息一会,
                    去到本站的赏心悦目找个美眉让她看看你。<br>
70.                    </td>
71.                </tr>
```

```
72.                    </tbody>
73.                    </table>
74.                 </TD>
75.     </TR></TBODY></TABLE>
76. </body>
77. </html>
```

在上面代码中，第8行到第13行，在tr中定义了4个页签的标题部分，而在这些页签中，通过诸如"onclick=secBoard(0)"的代码，指定了鼠标单击页签后的动态效果。

在第26行和第27行，给出了"关于本站"部分页签的文字。从第39行到41行，给出了"返回首页"部分页签的文字。第54行和第55行，给出了"返回目录"部分的文字。第69行和第70行，给出了"赏心悦目"的文字。

下面我们来看一下JavaScript部分的代码，代码只定义了secBoard方法。

```
1.  <SCRIPT language=JavaScript>
2.  function secBoard(n)
3.  {
4.   for(i=0;i<secTable.cells.length;i++)
5.     secTable.cells[i].className="sec1";
6.   secTable.cells[n].className="sec2";
7.   for(i=0;i<mainTable.tBodies.length;i++)
8.    mainTable.tBodies[i].style.display="none";
9.   mainTable.tBodies[n].style.display="block";
10. }
11. </SCRIPT>
```

这部分的JavaScript代码包含在第1行和第11行的script块里，在secBoard方法中，首先通过第4行的for循环，遍历4个页签，判断一下哪个页签被单击，随后在第7行的代码for循环，通过设置mainTable.tBodies[i].style.display="none";的方法，把非选中部分的页签效果设置成none，最后在第9行里，设置由参数n指定的页签显示效果。

11.3.2 用JavaScript实现下拉式菜单

在一个网页中，如果需要导航的部分比较多，那么就可能会用到二级菜单，下面的范例通过JavaScript实现了一个二级菜单的效果。

范例11-4：【光盘位置】\sample\chap11\代码\下拉式菜单\index.htm

这个范例实现了图11-4所示的二级菜单的效果，当鼠标移动到菜单项上时，二级菜单会自动出现。

这个范例直接把代码写到JavaScript部分，代码有些复杂，下面按步骤分析一下。

图11-4　二级菜单部分的效果

第一步，需要在JavaScript里定义显示内容，并通过mwritetodocument方法实现菜单业务的逻辑动作。

```
1.  mpmenu1=new mMenu('网站首页','/','self','','','','');
2.  mpmenu1.addItem(new mMenuItem('用户注册','/register.asp','self',false,'
    用户注册',null,'','','',''));
3.  mpmenu1.addItem(new mMenuItem('用户登录','/login.asp','self',false,'用户
    登录',null,'','','',''));
4.  mpmenu2=new mMenu('软件下载','/SoftDown/','self','','','','');
5.  mpmenu2.addItem(new mMenuItem('系统程序','/softdown/index.
     asp?CateID=1','self',false,'系统程序',null,'','','',''));
6.  mpmenu2.addItem(new mMenuItem('网络工具','/softdown/index.
    asp?CateID=2','self',false,'网络工具',null,'','','',''));
7.  mpmenu2.addItem(new mMenuItem('下载排行','/SoftDown/Index.asp?order=AllH
    its&updown=desc','self',false,'软件下载排行榜',null,'','','',''));
8.  mpmenu3=new mMenu('软件学院','/SoftSchool/','self','','','','');
9.  mpmenu3.addItem(new mMenuItem('软件瞭望','/SoftSchool/Index.
    Asp?CateID=1','self',false,'软件瞭望',null,'','','',''));
10. mpmenu4=new mMenu('Web开发','/Develop/','self','','','','');
11. mpmenu4.addItem(new mMenuItem('网页设计','/Develop/Index.
    Asp?CateID=1','self',false,'网页设计',null,'','','',''));
12. mpmenu4.addItem(new mMenuItem('.Net专栏','/Develop/Index.
    Asp?CateID=10','self',false,'.Net专栏',null,'','','',''));
13. mpmenu4.addItem(new mMenuItem('ASP学院','/Develop/Index.
    Asp?CateID=2','self',false,'ASP学院',null,'','','',''));
14. mwritetodocument();
```

这里需要注意，mMenu是对象，是容纳菜单的容器，而addItem则能在这个容器里放置多个二级菜单。

第二步，通过mwritetodocument方法，把菜单项写到页面上，这部分的代码非常复杂，所以这里就不再重点讲述，它通过如下代码来引入菜单，并为菜单定义许多CSS效果。

```
1.  var stringx='<div id="mposflag" style="position:absolute;"></div>
2.  <table id=mmenutable border=0 cellpadding=3 cellspacing=2
    width='+mmenuwidth+' height='+mmenuheight+' bgcolor='+mmenucolor+
3.    ' onselectstart="event.returnValue=false"'+
4.    ' style="filter:Alpha(Opacity=80);cursor:'+mcursor+';'+mfonts+
5.    ' border-left: '+mwb+'px solid '+mmenuoutbordercolor+';'+
6.    ' border-right: '+mwb+'px solid '+mmenuinbordercolor+'; '+
7.    'border-top: '+mwb+'px solid '+mmenuoutbordercolor+'; '+
8.    'border-bottom: '+mwb+'px solid '+mmenuinbordercolor+';
       padding:0px">
9.  <tr>'
```

第三步，定义鼠标动作。当鼠标移动到一级菜单上时，会自动出现二级菜单，这部分代码放在mmenutiem_over方法中实现的，代码如下所示，其中主要是通过第6到第15行的for循环，判断哪个菜单被选中，随后选择性地出现菜单文字。

```
1.  function mmenuitem_over(menuid,item,x,j,i){
2.    toel = getReal(window.event.toElement, "className", "coolButton");
3.    fromel = getReal(window.event.fromElement, "className",
    "coolButton");
4.    if (toel == fromel) return;
```

```
5.      srcel = getReal(window.event.srcElement, "className", "coolButton");
6.      for(nummenu=1;nummenu<=mnumberofsub;nummenu++)
7.      {
8.          var thesub=document.all['msubmenudiv'+nummenu]
9.          if(!(menuid==thesub||menuid.style.tag>=thesub.style.tag))
10.       {
11.            msubmenuhide(thesub);
12.          mnochange(document.all['mp'+nummenu]);
13.          document.all["mitem"+nummenu].style.color=mfontcolor;
14.          }
15.     }
16.     if(item)document.all["mitem"+item].style.color=mmenuovercolor;
17.     if(misdown||item){
18.         mtoin(srcel);
19.     }
20.     else{
21.         mtoout(srcel);
22.     }
23.     if(x==-1)
24.       mthestatus=eval("msub"+j).items[i].statustxt;
25.     if(j==-1)
26.       mthestatus=mmenus[x].items[i].statustxt;
27.     if(mthestatus!="")
28.     {
29.         musestatus=true;
30.         window.status=mthestatus;
31.     }
32.     clearTimeout(mpopTimer);
33. }
```

 这部分实现下拉式菜单部分的代码非常复杂，里面牵涉到很多JavaScript语法，不过值得庆幸的是，我们可以通过修改mMenu里的addItem参数，即通过修改二级菜单的文字和对应的超链使用这个二级菜单。

此外，对于网络上一些比较复杂的JavaScript效果，我们可以通过类似的方法进行改写，并运用到自己的网页上。

11.3.3 用JavaScript实现滑轮式菜单效果

在一些网站中，经常看到滑轮式菜单的效果，如图11-5所示，当鼠标移动到"图书类"或者是"玩具"菜单上，会出现下方文字变换的效果。

这种效果的HTML代码如下所示。

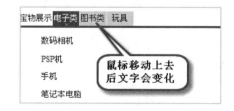

图11-5 滑轮式菜单的效果

```
1.  <HTML><HEAD><TITLE>绝对经典的滑轮新闻显示(javascript+css)</TITLE>
2.  <META charset=gb2312">
3.  </HEAD>
4.  <BODY>
5.  <DIV id=cntR>
6.    <DIV id=NewsTop>
7.      <DIV id=NewsTop_tit>
8.       <p class=topTid>宝物展示</p>
9.        <P class=topC0>电子类</P>
10.       <P class=topC0>图书类</P>
11.       <P class=topC0>玩具</P>
12.      </DIV>
13.     <DIV id=NewsTop_cnt><SPAN title="Don't delete me"></SPAN>
14.       <SPAN>
15.        数码相机<BR>
16.       PSP机<BR>
17.       手机<BR>
18.       笔记本电脑<BR>
19. </SPAN>
20.      <SPAN>
21.       十万个为什么</A><BR>
22.         地球究竟有多大</A><BR>
23.         人类起源<BR>
24.         电脑的功能<BR>
25.        </SPAN>
26.      <SPAN>
27.               迪加奥特曼<BR>
28.        变型金刚<BR>
29.        樱桃小丸子<BR>
30.        叮当猫<BR>
31. </SPAN>
32.        </DIV>
33. </BODY>
34. </HTML>
```

这部分的代码相对简单，它使用3个DIV来展示"电子类"、"图书类"和"玩具"3部分的文字。而滑轮式菜单的效果是通过如下的JavaScript代码实现的。

```
1.  var Tags=document.getElementById('NewsTop_tit').
    getElementsByTagName('p');
2.  var TagsCnt=document.getElementById('NewsTop_cnt').
     getElementsByTagName('span');
3.  var len=Tags.length;
4.  var flag=1;//修改默认值
5.  for(i=1;i<len;i++){
6.       Tags[i].value = i;
7.       Tags[i].onmouseover=function()
8.  {
9.   changeNav(this.value)
10. };
11.      TagsCnt[i].className='undis';
```

```
12. }
13.         Tags[flag].className='topC1';
14.         TagsCnt[flag].className='dis';
15. //鼠标切换的方法
16. function changeNav(v)
17. {
18.         Tags[flag].className='topC0';
19.         TagsCnt[flag].className='undis';
20.         flag=v;
21.         Tags[v].className='topC1';
22.         TagsCnt[v].className='dis';
23. }
```

其中，在第5行的for循环里，为每个分类块设置一些属性。在第7到第10行里，指明了每个分类的onmouseover属性为changeNav，也就是说，如果鼠标移动到分类上，会自动调用这个方法。而在第16行的changeNav方法中，实现了切换的效果。

11.4 针对文字的效果

在网页中，如果单纯使用静态的文字效果，整个页面显得呆板而无吸引力，我们可以通过JavaScript设计一些针对文字的动态效果，从而让网页更加美观。

11.4.1 文字的打字效果

文字的打字效果就是事先设计好要显示的文字，然后再通过JS脚本逐一显示出文字来。下面就是一个文字闪动的范例，其效果如图11-6所示。

最新内容：开心就好   最新内容：www.kaixinjiuha

图11-6　文字的打字效果图

范例11-5：【光盘位置】\sample\chap11\文字的打字效果\index.html

在这个范例中，需要实现的效果如下。

①实现文字的从上到下波浪式的闪动。
②实现鼠标放到文字上时，所在行的文字变成红色。

这个范例的HTML代码如下所示。

```
1.  <html>
2.  <head>
3.  <title>打字效果的文字</title>
```

```
4.  <meta charset=gb2312>
5.  <style type="text/css">
6.  body{
7.      font-size:14px;
8.      font-weight:bold;
9.  }
10. </style>
11. </head>
12. <body>
13.     最新内容：
14.     <a id="HotNews" href="#" target="_blank"></a>
15. </body>
16. </html>
```

在上面代码的第6行到第9行中，设置了整体的CSS样式，比如设置字体大小为14个像素，设置字体为粗体。

第14行为a标签定义了ID属性，在JavaScript代码中通过这个ID来取得所要显示文字的位置。

在这个范例中，所有的效果都是通过JavaScript代码来完成的，这些脚本代码很重要，如下所示。

```
1.  <SCRIPT LANGUAGE="JavaScript">
2.  <!--
3.  var NewsTime = 2000; //每条文字的停留时间
4.  var TextTime = 50;              //标题文字出现等待时间，越小越快
5.  var newsi = 0;
6.  var txti = 0;
7.  var txttimer;
8.  var newstimer;
9.  var newstitle = new Array();//标题
10. var newshref = new Array();            //链接，在此我们引用自身
11. newstitle[0] = "开心就好";
12. newshref[0] = "#";
13. newstitle[1] = "www.kaixinjiuhao.com";
14. newshref[1] = "#";
15. newstitle[2] = "时间就是金钱";
16. newshref[2] = "#";
17. newstitle[3] = "欢迎再次光临";
18. newshref[3] = "#";
19. function shownew()
20. {
21.         var endstr = "_"
22.         hwnewstr = newstitle[newsi];
23.         newslink = newshref[newsi];
24.         if(txti==(hwnewstr.length-1))
25. {
26.   endstr="";
27. }
28.         if(txti>=hwnewstr.length)
29. {
30.             clearInterval(txttimer);
```

```
31.              clearInterval(newstimer);
32.              newsi++;
33.              if(newsi>=newstitle.length)
34.     {
35.                  newsi = 0
36.              }
37.              newstimer = setInterval("shownew()",NewsTime);
38.              txti = 0;
39.              return;
40.          }
41.      clearInterval(txttimer);
42.      document.getElementById("HotNews").href=newslink;
43.      document.getElementById("HotNews").innerHTML = hwnewstr.
         substring(0,txti+1)+endstr;
44.      txti++;
45.      txttimer = setInterval("shownew()",TextTime);
46. }
47. shownew();
48. //-->
49. </SCRIPT>
```

上面代码主要通过调用函数shownew()来完成文字的显示。

从第3行到第18行定义了脚本所需要用到的变量，包括所要显示的文字及其所对应的链接。从第19行到第40行，通过变量及条件来找到所需要显示出来的文字，通过 txttimer = setInterval("shownew()",TextTime);来获得需要输出的文字内容，并在第47行通过shownew()方法循环调用，显示所设定好的文字。

11.4.2　带提示文字的JavaScript特效

在页面中，经常会看到这样的效果：当鼠标移动到文字上的时候，自动出现提示信息，效果如图11-7所示。

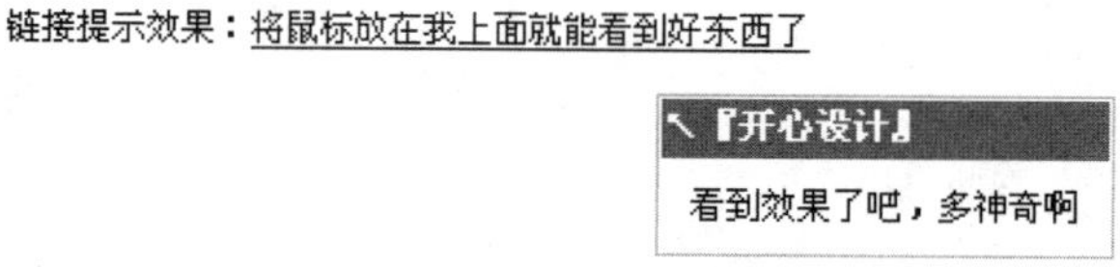

链接提示效果：<u>将鼠标放在我上面就能看到好东西了</u>

『开心设计』

看到效果了吧，多神奇啊

图11-7　带提示文字的效果

这种效果的HTML代码如下所示。

```
1.  <html>
2.  <head>
3.  <title>title及alt提示特效</title>
4.  <style type="text/css">
5.  body{
6.      font-size:12px;
7.      color:#000000
```

```
8. }
9. td{
10.     font-size:12px;
11.     color:#000000
12. }
13. a:link{
14.     font-size:12px;
15.     color:#000000
16. }
17. </style>
18. </head>
19. <body>
20. 链接提示效果：
21. <a href="#" target="_blank" title="看到效果了吧，多神奇啊">
22.     将鼠标放在我上面就能看到好东西了
23. </a>
24. </body>
25. </html>
```

在上面代码中，第11行设置了文字效果，并通过a标签的title，设置了鼠标移动上去后的文字提示效果。在一般情况下，如果在a标签的title属性里定义文字，那么鼠标移动上去显示的内容仅仅是文字，而不会有其他内容。这里通过JavaScript代码，来展示的提示效果可以有其他内容。这部分的JavaScript代码比较复杂，我们分步说明。

第一步，通过如下代码，设置弹出窗口的位置。

```
1. // 弹出窗口位于鼠标左侧或者右侧的距离；3-12 合适
2. var pltsoffsetX = 12;
3. // 弹出窗口位于鼠标下方的距离；3-12 合适
4. var pltsoffsetY = 15;
5. var pltsTitle="";
```

第二步，通过如下代码，设置当鼠标移动上去后的动作，当鼠标移动上去后，会调用moveToMouseLoc方法。

```
1. function pltsinits()
2. {
3.     document.onmouseover = plts;
4.     document.onmousemove = moveToMouseLoc;
5. }
```

第三步，通过moveToMouseLoc方法，设置弹出文字。

```
1. function moveToMouseLoc()
2. {
3.     if(pltsTipLayer.innerHTML=='')
4.         return true;
5.     var MouseX=event.x;
6.     var MouseY=event.y;
7.     var popHeight=pltsTipLayer.clientHeight;
8.     var popWidth=pltsTipLayer.clientWidth;
9.     if(MouseY+pltsoffsetY+popHeight>document.body.clientHeight)
```

```
10. {
11. popTopAdjust=-popHeight-pltsoffsetY*1.5;
12. pltsPoptop.style.display="none";
13. pltsPopbot.style.display="";
14. }
15. else
16. {
17. popTopAdjust=0;
18. pltsPoptop.style.display="";
19. pltsPopbot.style.display="none";
20. }
21. if(MouseX+pltsoffsetX+popWidth>document.body.clientWidth)
22. {
23. popLeftAdjust=-popWidth-pltsoffsetX*2;
24. topleft.style.display="none";
25. botleft.style.display="none";
26. topright.style.display="";
27. botright.style.display="";
28. }
29. else
30. {
31. popLeftAdjust=0;
32. topleft.style.display="";
33. botleft.style.display="";
34. topright.style.display="none";
35. botright.style.display="none";
36. }
37. pltsTipLayer.style.left=MouseX+pltsoffsetX+document.body.
    scrollLeft+popLeftAdjust;
38. pltsTipLayer.style.top=MouseY+pltsoffsetY+document.body.
    scrollTop+popTopAdjust;
39. return true;
40. }
```

在上面代码的第36行之前，都是定义弹出文字的CSS样式，而在第37和第38行确定弹出位置，由此实现动态的JavaScript效果。

11.5　上机题

（1）使用JavaScript完成两组图片切换，要求如下。

①页面显示时，显示第一组图片，如图11-8所示。

图11-8 上机题1 单击前显示的图片

②第一次单击按钮时，第一组图片变淡逐渐消失，第二组图片显示如图11-9所示。

图11-9 上机题1单击后显示图片

③以后每点一次按钮，图片就会切换一次。

（2）使用JavaScript完成图片的模糊切换效果，要求如下。

①当页面显示时，图片会从模糊到清晰显示出来，如图11-10所示。

图11-10 上机题2第一张图片

②然后经过4秒时间，上一张图片从模糊到消失，下一张图片再由模糊到清晰显示出来。以此类推，后面的图片也是同样的效果，如图11-11所示。

图11-11 上机题2第二张图片效果

（3）请完成如下效果。

①显示一组文字，该文字将从屏幕的右边向左边滑动，如图11-12所示。

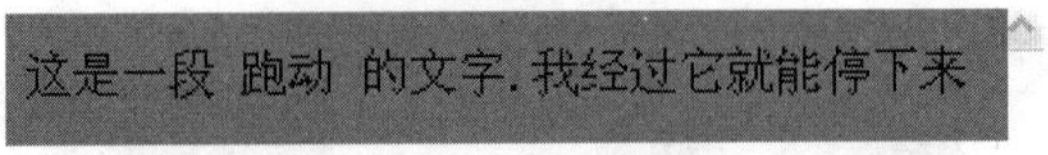

这是一段 跑动 的文字.我经过它就能停下来

图11-12　上机题3文字刚开始的位置

②当鼠标停在文字上面的时候，文字将停止滑动。

③当文字全部滑到最左边时，将会从左边重新开始滑动，如图11-13所示。

段 跑动 的文字.我经过它就能停下来.

图11-13　上机题3过一秒后文字的位置

（4）请完成如下的文字效果。

①文字显示出来时，会像波浪一样由上到下闪动显示，效果如图11-14所示。

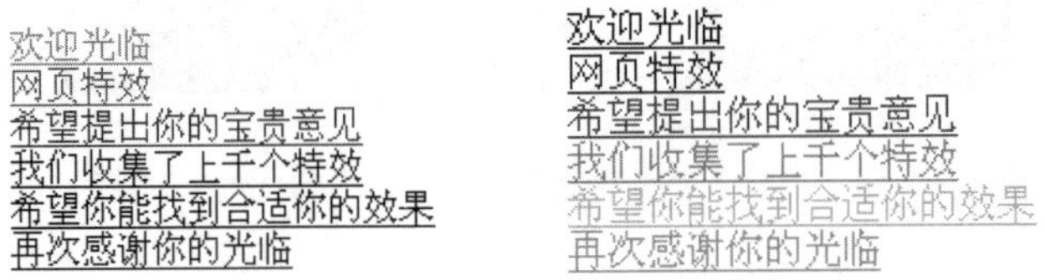

欢迎光临
网页特效
希望提出你的宝贵意见
我们收集了上千个特效
希望你能找到合适你的效果
再次感谢你的光临

欢迎光临
网页特效
希望提出你的宝贵意见
我们收集了上千个特效
希望你能找到合适你的效果
再次感谢你的光临

图一　　　　　　　　　　图二

图11-14　文字闪动效果

②同时，如果鼠标停在文字上面，则字体变成红色，如图11-15所示。

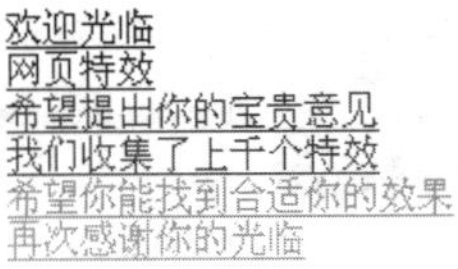

欢迎光临
网页特效
希望提出你的宝贵意见
我们收集了上千个特效
希望你能找到合适你的效果
再次感谢你的光临

图11-15　鼠标停留效果

DIV+CSS布局综述

DIV+CSS布局，现在已经广泛地应用在网页设计上了。如果布局合理，可以让页面更加美观，还可以让访问者精确地定位到网页的某一功能，这对网页的开发提供了很大的方便。为了让大家更好地了解这种布局的知识点，在本章中，我们主要讲述的重点内容如下。

- 各种布局的方式
- CSS排版的理念
- 搭建各种样式布局的方法
- 通过排版，构建出美观网页的方法

12.1 布局方式

布局和网页设计有着很大的关系，本节主要学习使用DIV对网页进行框架分析，以及使用DIV+CSS进行网页样式设计的方法。

不过布局也不是很神秘的，只要了解一些DIV版式的知识点，再加上一些平面设计的知识，就能开发出比较美观的网页了。

12.1.1 用DIV将页面分块

CSS布局要求设计者首先对页面有一个整体的框架规划，将页面分成几大块，每个大块下面再分几个小块，这些都需要有一个明确的定位。

一般页面布局的框架包括：页面容器、页面头部、页面主体和页脚几个部分，各个部分使用ID来标识，整体如图12-1所示。

一般页面容器是最大的一个DIV块，它将所有的部分包含在内，这样方便后面的排版，并且方便对页面进行整体调整。

页面头部一般都包括Logo及导航菜单等一些信息，页面主体主要是网页所要显示的内容、链接及广告等，页脚一般就是网站的信息、版权等内容。

再复杂的网站，样式框架与图12-1所示的布局都非常相似。

图12-1　页面布局框架

12.1.2　设计各块的位置

当页面的内容已经确定好后，接下来需要根据内容的本身来设计整个页面的版式，如页面头部要在最上面。页面主体部分要在中间位置，如果有两个小块，则需要分左右排列或者是上下排列。页脚部分在页面的最下方，如图12-2所示。

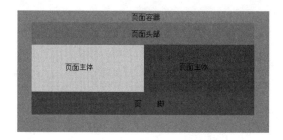

图12-2　各块位置示例图

12.1.3　用CSS将分布的DIV定位

在网页设计过程中，根据需求设计好各模块的位置后，就可以利用CSS对各个块进行定位，从而实现对页面的整体规划。模块位置设计完成之后，就可以向各个模块中添加对应的内容，从而完成页面的整体设计。

在定义好图12-3所示的框架后，可以通过如下的HTML代码实现这个效果。

```
1.  <html>
2.  <body>
3.  <div id="divmax">
4.   <div id="divheader">
5.    页面头部
6.   </div>
7.   <div id="divContent">
8.    <div id="divleft">
9.     左面内容页
10.   </div>
11.   <div id="divright">
12.    右面内容页
13.   </div>
```

```
14. </div>
15. <div id="divfoot">
16.   页脚
17. </div>
18. </div>
19. </body>
20. </html>
```

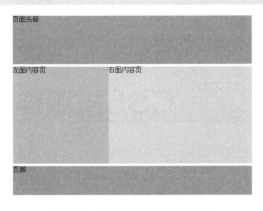

图12-3　用CSS+DIV定位示例图

在上面的HTML代码中，第1行与第20行是html标签，这个在HTML页面中是必须有的标签。而第2行到第19行则是整个HTML页面的主体部分，使用的是body标签，这里面放置整个HTML页面所要显示出来的内容。其中第3行与第18行的一组DIV标签是整个内容部分最大的一组标签，它就是页面容器，页面所要显示的内容都会在它的内部来编写的，并且在这里还定义了DIV的ID属性，它用来与CSS样式相关联。

第4行到第6行就是页面的头部部分，它属于页面容器的一个小块，写在页面容器块的内部；在页面头部部分一般用来放置Logo图片或者是菜单项。

第7行到第17行定义了内容页的部分，主要用来显示网页的内容部分，这里分了左右两个小块，并且同时定义了DIV块的ID属性。

第18行到第20行是页脚部分，一般放置的是一些网页的版权信息及友情链接等内容。

分析完了HTML页面的代码后，下面来看一下如何使用CSS代码将页面变得更美观。在HTML代码中，每个DIV块的ID属性都做了设置，下面学习如何通过ID属性来使用CSS样式，CSS样式代码如下所示。

```
1. body { font-family:Verdana; font-size:14px; margin:0;}
2. #divmax {margin:0 auto; width:500px;}
3. #divheader { height:100px; background:#6cf; margin-bottom:5px;}
4. #divContent { height:200px; margin-bottom:5px;}
5. #divleft { float:left; width:200px; height:200px; background:#9ff;}
6. #divright { float:right; width:300px; height:200px; background:#cff;}
7. #divfoot { height:60px; background:#6cf;}`
```

在上面代码中，第1行设置了body的属性，这个属性可以根据自己的需要来设置，不设置也可以；第2行设置的是页面容器的DIV属性，因为HTML页面中设置了DIV块的ID值，所以这里只要在ID属性值的前面加上一个"#"就可以设置该块的样式了，这种使用ID属性来设置样式的方法，称为ID选择器。

有了ID属性，就可以对HTML中相应的DIV块进行样式设计了。第3行是对页面头部的设置。第4行是对整个页面内容的设置。第5和第6行是对内容部分里的两个子块所做的设置。第7行是对页脚的设置。

这样就完成了使用DIV+CSS对页面进行分块并设计样式的操作了。

12.2 CSS排版样式

在设计页面的时候，经常会用到一些排版方式，这些排版方式使页面更加整齐、美观。本节将介绍几种排版样式，供大家参考。

12.2.1 设计上中下版式的样式

许多网页是使用上中下版式设计的，但这种版式设计不会出现在主页面上，因为页面显示的内容比较少，而且布局简单。

下面先看一个上中下版式的示例，其效果如图12-4所示。

图12-4 上中下版式示例图

从上面的效果图可以看到，这个页面一共分为三个部分，第一个部分包含了图片及菜单栏，这一部分内容都是放在页面的最上方的，它就是上中下版式里的"上"部分；第二个部分是中间的内容部分，主要用于放置需要显示的文本内容，这就是上中下版式里的"中"部分；第三个部分是页脚部分，放置了一些链接及版权信息，这一部分位于整个页面的最下方，它是上中下版式里的"下"部分。

这是一个很典型的上中下版式，下面我们来分析一下这个实例，以掌握这种排版样式，它的HTML代码如下所示。

```
1.  <body>
2.      <div class="big">
3.      <div class="up">
4.      <p><a href="#">首页</a><a href="#">市场动态</a>
5.      <a href="#">最新产品</a><a href="#">关于我们</a>
6.      <a href="#">联系我们</a>
7.      </p>
8.      </div>
9.      <div class="middle">
10.     <br />
11.     <h1>凯美瑞最低16.78万 中高级车价战再升级</h1>
12.     <p>16.78万元！即使回到年初，广汽凯美瑞(图库 论坛)这一最低售价仍难以想象，不过
        近日，它却成为现实。杭州5家广汽丰田经销商目前正大张旗鼓进行联合促销，凯美瑞全系
        车型在厂方指导价18.28—28.38万元的基础上优惠1.5万元，且附送购车礼包。
13.     </p>
14.     <p>这是凯美瑞自2006年6月上市以来，价格首次跌破17万元，也是继马自达6(图库 论坛)
        宣布降价至14.98万元后，杭城中高级轿车又一次价格公开探底。
15.     </p>
16.     </div>
17.     <div class="down">
18.     <br />
19.     <p>
20.     <a href="#">首页</a> | <a href="#">市场动态</a> |
21.     <a href="#">最新产品</a> | <a href="#">关于我们</a> |
22.     <a href="#">联系我们</a>
23.     </p>
24.     <p>2010 &copy; 上海润飞网络信息科技有限公司 技术支持</p>
25.     </div>
26.   </div>
27. </body>
```

在上面的HTML代码中，第2行与第26行是最外层的DIV块，也就是页面容器块，所有的内容都放在这个容器块内。

第3行到第8行的代码是第一个部分，即最上面部分，这里定义了一个类选择器的名字，为后面使用CSS样式做准备，同时还列出了菜单项的内容。

第8行到第16行是第二部分，也就是中间部分，这一部分主要用于显示文本内容的，大家可以看到这里同样定义了一个类选择器的名字，然后在下面列出了所有需要显示的内容。

第17行到第25行是第三部分，也就是最下面部分，这一部分定义了一个类选择器名字，及所要显示的链接和版权信息。

到此为止，网页上所要显示的内容都有了，但是样式及排版都还没有设置，下面就需要使用CSS来设置样式及排版，CSS样式代码如下所示。

```
1.  body{
2.              font-family:"宋体";
3.              font-size:12px;
4.              }
5.      .big{
6.              width:800px;
7.              margin:0 auto 0 auto;
8.              }
9.      .up{
10.             width:800px;
11.             height:100px;
12.             background-image:url(001.jpg);
13.             background-repeat:no-repeat;
14.             }
15.     .middle{
16.             background-color:#66CCFF;
17.             margin-top:10px;
18.             }
19. .down{
20.             background-color:#CCCCCC;
21.             height:80px;
22.             text-align:center;
23.             }
```

在上面CSS代码中，第1行到第4行设置了body标签的属性，包括字体及字体的大小，这里也可以不设置，而使用默认的字体及字体大小。

第5行到第8行设置了页面容器的样式，页面的宽度设置为固定值800px。第9行到第14行设置最上面一块的样式，包括这一块的宽度及高度，这样就固定了这个块的大小，同时还设置了这个块的背景图片，就是菜单栏后面图片。

第15行到第18行是中间文本部分的样式，因为前面在body中已经设置好了字体及其大小，所以这里就不需要重复设置了，只需设置这一块的背景色。最后第19到第23行设置最下面部分的样式，包括背景色、块的高度及其位置、居中显示。

12.2.2 设计固定宽度且居中的样式

在页面排版中，经常会用到一些宽度固定，并且要求所有内容都居中显示的样式，本小节就来介绍一下这种实现固定宽度且居中的样式的方法。

在图12-5所示的效果中，就用到了固定宽度且居中的样式，首先分析一下页面的框架，整个页面共分为4个部分，包括Logo部分、导航菜单部分、内容部分和页脚部分。

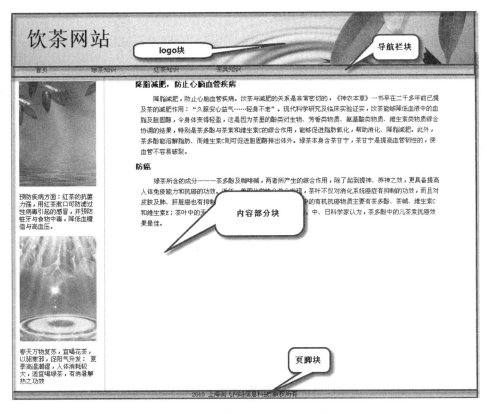

图12-5 设计固定宽度且居中的样式

在HTML页面中，将DIV的框架及所要显示的内容显示出来，并将所要引用的样式名称定义好，具体的代码如下所示。

```
1.  <body>
2.  <div class="big">
3.      <div class="logo">
4.      <h1>饮茶网站</h1>
5.   </div>
6.   <div class="nav">
7.       <ul>
8.       <li><a href="#">首页</a></li>
9.     <li><a href="#">绿茶知识</a></li>
10.     <li><a href="#">红茶知识</a></li>
11.     <li><a href="#">茶具知识</a></li>
12.  </ul>
13.  </div>
14.  <div class="main">
15.      <div class="left">
16.      <img src="img/001.jpg" border="0" />
17.      <p>预防疾病方面：红茶的抗菌力强，用红茶漱口可防滤过性病毒引起的感冒，并预防蛀
         牙与食物中毒，降低血糖值与高血压。</p>
18.      <img src="img/002.jpg" border="0" />
19.      <p>春天万物复苏，宜喝花茶，以驱寒邪，促阳气升发；
```

```
20.    夏季高温潮湿，人体消耗较大，适宜喝绿茶，有消暑解热之功效</p>
21.    </div>
22.    <div class="right">
23.    <div class="wen">
24.    <h1>降脂减肥，防止心脑血管疾病</h1>
25.        <p>降脂减肥，防止心脑血管疾病。饮茶与减肥的关系是非常密切的，《神农本草》一书
            早在二千多年前已提及茶的减肥作用："久服安心益气……轻身不老"。现代科学研究及
            临床实验证实，饮茶能够降低血液中的血脂及胆固醇，令身体变得轻盈，这是因为茶里的酚
            类衍生物、芳香类物质、氨基酸类物质、维生素类物质综合协调的结果，特别是茶多酚与
            茶素和维生素C的综合作用，能够促进脂肪氧化，帮助消化、降脂减肥。此外，茶多酚能溶
            解脂肪、而维生素C则可促进胆固醇排出体外。绿茶本身含茶甘宁，茶甘宁是提高血管韧性
            的，使血管不容易破裂。</p>
26.    <h1>防癌</h1>
27.        <p>绿茶所含的成分———茶多酚及咖啡碱，两者所产生的综合作用，除了起到提神、养
            神之效，更具备提高人体免疫能力和抗癌的功效。近年，美国化学协会总会发现，茶叶不
            仅对消化系统癌症有抑制的功效，而且对皮肤及肺、肝脏癌也有抑制作用。经过科学研究
            确认，茶叶中的有机抗癌物质主要有茶多酚、茶碱、维生素C和维生素E；茶叶中的无机抗
            癌元素主要有硒、钼、锰、锗等。中、日科学家认为，茶多酚中的儿茶素抗癌效果最佳。</p>
28.    </div>
29.    </div>
30.    </div>
31.    <div class="foot">
32.        <p>2010 上海润飞网络信息科技 版权所有</p>
33.    </div>
34.    </div>
35.    </body>
```

在上面的HTML代码中，第2行为页面容器定义一个样式的名称；从第3行到第5行定义logo块的样式名称；第6到13行是导航栏块，并给出了所要显示的内容及定义的样式名称；第14行到第30行是内容部分，定义了样式的名称，并在这里实现了固定宽度且居中的样式；第31行到第33行是页脚部分，同样实现了固定宽度且居中的样式。

接下来介绍页面的样式，我们按固定宽度和居中两个效果分别分析一下CSS代码。

1. 固定宽度

固定宽度就是将块的宽度设为固定的值，让其不能够自由地变大或变小，主要代码如下所示。

```
1.    .big{
2.        width:900px;
3.        margin:0 auto 0 auto;
4.        }
5.    .nav{
6.        background-color:#C2E3E9;
7.        width:900px;
8.        height:20px;
9.        }
10.   .main{
11.       width:900px;
12.       height:600px;
```

```
13.            }
14.        .left{
15.            width:180px;
16.            float:left;
17.            height:600px;
18.            text-align:center;
19.            }
20.        .right{
21.            width:719px;
22.            float:left;
23.            height:600px;
24.            border-left:1px #CCCC00 solid;
25.            }
26.        .right .wen{
27.            width:600px;
28.            margin:0 auto 0 auto;
29.            }
```

在上面代码中，可以看到这些样式里面都有一个用于设置宽度的width属性，代码将width的值设置成了一个固定的值，这样让使用这个样式的块宽度变成了一个固定的值，例如代码的第2行，将big块的宽度定义为900px，那么big块的宽度只能是900px大小，不能变大，也不能变小，也就说它必须严格按照设置的大小来显示，这就实现了固定宽度的要求。

2. 居中

从名字中就可以看出来，这是要把内容放在块的中间显示。在页面中，居中显示是很常用的。下面看一段CSS代码。

```
1.  .left{
2.      width:180px;
3.      float:left;
4.      height:600px;
5.      text-align:center;
6.  }
7.  .foot{
8.      height:15px;
9.      background-color:#CCCCCC;
10.     text-align:center;
11. }
```

在上面代码中，可以看到第5行和第10行的代码一样，都是tex-align:center，这个属性是整个排版的关键语句，因为设置了这个属性后，在使用这个样式的块中，所有元素都会被设置为居中。例如代码第5行设置了left块里面的所有内容都是居中显示，而在效果图里左面中间的一块内容部分的图片及文字所显示的位置也是位于整个块的中间部分，它们左右边距的距离都是相等的，这就实现了居中的效果。

12.2.3　设计左中右版式的样式

在一些页面中，经常可以看到页面的显示内容部分，按左中右三个部分来显示内容，这就是左中右版式的样式，它的应用非常广泛。左中右版式的效果，如图12-6所示。

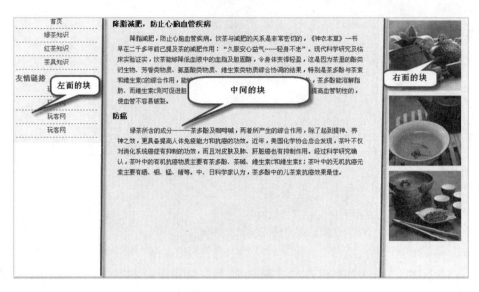

图12-6 左中右版式的样式

从效果图中可以看到，左中右版式的样式将一个整块分成了三个部分，而这三部分的布局按左、中、右排列。下面我们来看一下上图所示的左中右版式例子的HTML代码。

```
1.  <div class="big">
2.  <div class="left">
3.   <div class="dh">
4.    <ul>
5.     <li><a href="#">首页</a></li>
6.     <li><a href="#">绿茶知识</a></li>
7.     <li><a href="#">红茶知识</a></li>
8.     <li><a href="#">茶具知识</a></li>
9.    </ul>
10.    <h2>友情链接</h2>
11.    <ul>
12.     <li><a href="#">玩客网</a></li>
13.     <li><a href="#">玩客网</a></li>
14.     <li><a href="#">玩客网</a></li>
15.     <li><a href="#">玩客网</a></li>
16.    </ul>
17.   </div>
18.  </div>
19.  <div class="middle">
20.   <div class="wen">
21.    <h1>降脂减肥，防止心脑血管疾病</h1>
22.    <p>降脂减肥，防止心脑血管疾病。饮茶与减肥的关系是非常密切的，《神农本草》一书早在
        二千多年前已提及茶的减肥作用："久服安心益气……轻身不老"。现代科学研究及临床实
        验证实，饮茶能够降低血液中的血脂及胆固醇，令身体变得轻盈，这是因为茶里的酚类衍生
        物、芳香类物质、氨基酸类物质、维生素类物质综合协调的结果，特别是茶多酚与茶素和维生
        素C的综合作用，能够促进脂肪氧化，帮助消化、降脂减肥。此外，茶多酚能溶解脂肪、而维
```

生素C则可促进胆固醇排出体外。绿茶本身含茶甘宁，茶甘宁是提高血管韧性的，使血管不容
易破裂。</p>

```
23.    </div>
24.    </div>
25.    <div class="right">
26.    <p><img src="img/003.jpg" border="0" /></p>
27.    <p> <img src="img/004.jpg" border="0" /></p>
28.    <p> <img src="img/005.jpg" border="0" /></p>
29.    </div>
```

在上面代码的第1行定义了一个页面容器的样式名称；从第2行到第18行，定义了左边块
的样式名称及所要显示的内容，一般这一块用来放置一些导航菜单或者链接。从第19行到第
24行是中间块的样式名称及内容，这一块主要是显示详细信息的，一般都会在这里显示左面
链接的详细内容；第25行到第29行是右边的一块，它定义了样式名称，还使用了一些图片，
因为在一般的网页里面，这个位置放置一些合作信息或者广告。

上面整个页面容器部分分成了三个大块，每个块按照左中右的版式来分布，想要实现左
中右版式的效果还需要CSS样式的配合才可以现实。下面来看一下CSS所需要设置的相关属
性，代码如下所示。

```
1.   .left {
2.        width:180px;
3.        float:left;
4.        height:500px;
5.   }
6.   .middle {
7.        width:540px;
8.        float:left;
9.        height:500px;
10.       background-color:#FDFBCA;
11.  }
12.  .right {
13.       width:180px;
14.       float:right;
15.       height:500px;
16.       text-align:center;
17.       background-color:#F4FAFB;
18.  }
```

在上面代码中，第1行到第5行设置了左边块的样式，其中float:left将这一块设置成为左浮
动，这样就使这一块的位置靠左，不至于影响其他块的布局。

第12行到第18行设置了右边的一块，这里可以看到float的属性值已经变成了right，就是
说这一块的浮动方式是右浮动。这样左右两块的部分都已经设置好了，还差中间一块的设置
了，中间的一块如果不设置的话会默认靠左，但左面已经设置内容了，所以会自动的将这一
块内容向右侧挤过来，在设置排版的时候，需要将宽度设置成为可以容纳这三块宽度的值，
所以这一块就会自动定位到中间来了，也就完成了效果图中所表现出来的样式了。

12.2.4 设计块的背景色及背景图片

在页面中，经常看到一些图片或文字的后面都会有一些颜色或者图片，使得页面更加美观，其实这只是应用了背景色的设置，下面学习一下背景色是怎么设置的，我们先看一个效果，如图12-7所示。

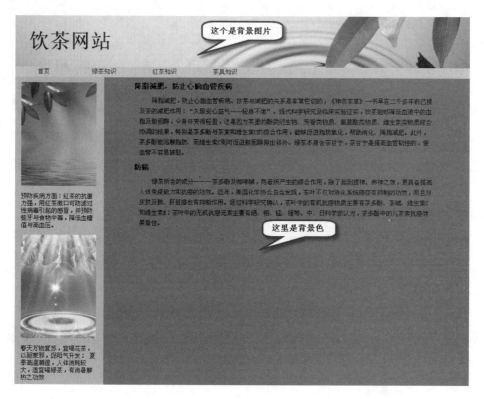

图12-7 块的背景色

在上面的效果图中可以看到，有背景的部分一共有两个，一个是背景图片，一个是纯的背景色，它们在页面中经常用到。下面来看一下背景色及背景图片的应用。

1. 背景色

我们先看一下图12-7左边部分的HTML代码。

```
1.  <div class="left">
2.      <img src="img/001.jpg" border="0" />
3.      <p>预防疾病方面：红茶的抗菌力强，用红茶漱口可防滤过性病毒引起的感冒，并预防蛀牙与食物中毒，降低血糖值与高血压。</p>
4.      <img src="img/002.jpg" border="0" />
5.      <p>春天万物复苏，宜喝花茶，以驱寒邪，促阳气升发；
6.  夏季高温潮湿，人体消耗较大，适宜喝绿茶，有消暑解热之功效</p>
7.   </div>
```

在上面代码中，没有直接设置背景色，背景色的属性在CSS样式中设置，在HTML页面中还是和其他的页面一样，只列出显示的内容及样式的定义。一般背景色都是设定在块中的，所以都在块的样式里设置。下面看一下CSS代码，以理解背景色的设置方法。

```
1.  .left{
2.      width:180px;
3.      float:left;
4.      height:600px;
5.      text-align:center;
6.      background-color:#CCCCFF;
7.  }
```

第6行代码background-color用于设置背景色的属性，后面是颜色的名字，我们也可以使用red、black这样的英文单词来为属性赋值，这样就为块加上背景色了。

2. 背影图片

背景图片的设置与背景色的设置有些相似，HTML代码中不放置样式代码，所以这里就不给出HTML代码，主要来看一下CSS代码。

```
1.  .logo{
2.      background-image:url(img/logo-bg.jpg);
3.      background-repeat:no-repeat;
4.      height:100px;
5.  }
```

上面第2行代码中，background-image属性设置了背景图片，后面的url括号里的内容是图片的路径，设好图片路径后，就完成了背景图片的设置。

12.2.5　内容分类显示版式

在一些新闻网页中，经常可以看到一些类似报纸的版面，按内容一块一块分布，这就是内容分类显示版式，这种版式的应用也是很广泛的。下面介绍一下这种版式的布局方法，我们先看一个整体效果，如图12-8所示。

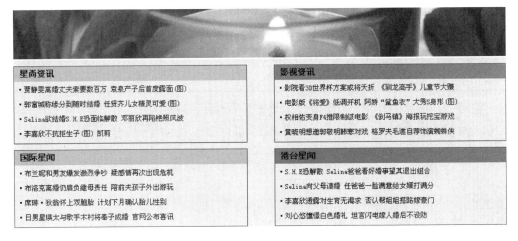

图12-8　内容分类显示版式示例图

从上面的图中，可以很明确地看出这个效果分成了上下两个大块，下面的大块又分成了四个小块，这四个小块里面所显示的内容及类别都各不相同。页面的块划分完成后，就能很轻松地实现上图的效果了，我们先来看一下HTML代码部分。

```
1.  <html>
2.  <body>
3.  <div class="big">
4.   <div class="up">
5.        <img src="002.jpg" />
6.   </div>
7.   <div class="down">
8.    <div class="one">
9.     <h2>星尚资讯</h2>
10.     <p>·贾静雯离婚丈夫索要数百万 袁泉产子后首度露面(图) </p>
11.     <p>·郭富城称缘分到随时结婚 任贤齐儿女精灵可爱(图) </p>
12.     <p>·Selina欲结婚S.H.E恐面临解散 邓丽欣再陷艳照风波</p>
13.     <p>·李嘉欣不抗拒生子(图) 凯莉</p>
14.    </div>
15.    <div class="two">
16.     <h2>影视资讯</h2>
17.     <p>·影院看3D世界杯方案或将夭折 《驯龙高手》儿童节大赚</p>
18.     <p>·电影版《将爱》低调开机 阿娇"鲨鱼衣"大秀S身形(图) </p>
19.     <p>·权相佑变身F4推限制级电影 《刹马镇》海报玩挖宝游戏</p>
20.     <p>·黄晓明想邀郭敬明韩寒对戏 格罗夫毛遂自荐饰演蜘蛛侠</p>
21.    </div>
22.    <div class="one">
23.     <h2>国际星闻</h2>
24.     <p>·布兰妮和男友爆发激烈争吵 疑感情再次出现危机 </p><p>
25.·布洛克离婚仍肩负继母责任 陪前夫孩子外出游玩 </p><p>
26.·席琳·狄翁怀上双胞胎 计划下月确认胎儿性别 </p><p>
27.·日男星瑛太与歌手木村将奉子成婚 官网公布喜讯</p><p>
28.    </div>
29.    <div class="two">
30.     <h2>港台星闻 </h2>
31.<p>·S.H.E恐解散 Selina爸爸看好婚事望其退出组合 </p><p>
32.·Selina向父母请婚 任爸爸一脸满意给女婿打满分 </p><p>
33.·李嘉欣透露对生育无渴求 否认帮姐姐搭路嫁豪门 </p><p>
34.·刘心悠憧憬白色婚礼 坦言闪电嫁人婚后不设防 </p><p>
35.    </div>
36.   </div>
37.  </div>
38. </body>
39. </thml>
```

上面代码中，第3行与第37行的代码是页面容器的块部分，页面上所有的内容都是放在页面容器里的，所以页面容器一般都放在最外层。

第4行到第6行则是第一个大块，上面只显示了一张图片，样式写在CSS文件中，所以我们需要定义一个选择器来关联到相应的样式，这里使用了类选择器class。

第7行到第36行是下面整个大块的代码，这里先定义了选择器类型及相关的样式名称。这一个大块由4个小块组成，每一个小块都会放置一种类别的内容。这4个小块的样式有两种，相同样式的块使用了同一个样式，同时列出小块的内容，这样就完成了HTML页面。

接下来定义CSS样式，CSS样式代码如下所示。

```
1.  .big {
2.      width:850px;
3.      margin:0 auto 0 auto;
4.  }
5.  .up {
6.      width:850px;
7.      height:100px;
8.  }
9.  .down {
10.     width:850px;
11.     background-color:#FDEEFC;
12. }
13. one {
14.     width:400px;
15.     float:left;
16.     border:#0066FF 1px solid;
17.     margin-top:10px;
18. }
19. .two {
20.     width:400px;
21.     float:left;
22.     margin-left:46px;
23.     margin-top:10px;
24.     border:#CC3300 1px solid;
25. }
```

第1行到第4行设置了页面容器的样式，宽度固定为850px。第5行到第8行设置了第一个大块的样式，包括它的宽度及高度。

第9行到第12行设置了第二个大块的样式，包括宽度，宽度与上面第一大块的宽度相同，这样上下两个块就会对齐，不会出现偏差。在页面中的第二大块有两种样式，第13行到第18行所设置的是第一种样式，它设置了宽度、对齐方式以及边框的样式。第19到第25行是第二种样式的设置，而第二种与第一种样式所需要设置的属性都差不多，只是值不同而已，所以我们就不一一列出了。

到此为止就完成了内容分类显示的样式。其实不管什么样式，只要完全理解了DIV的页面分块，所有的页面都可以按块分析，再加上一些CSS样式的设置就都能够实现所需要的效果了。

12.3 实训——构建一个上下结构的页面

范例12-1： 【光盘位置】\sample\chap12\构建一个上下结构的页面\index.html

在前面的章节里，讲述了一些排版的方法，本节通过一个真实的案例，说明一下上下结构网页的排版方式。以前我们通过范例讲述CSS知识点，而本节需要大家把注意力集中在"排版"这个主题上。

1. 需求描述

这个范例的效果如图12-9所示，它的排版方式采用上下结构。

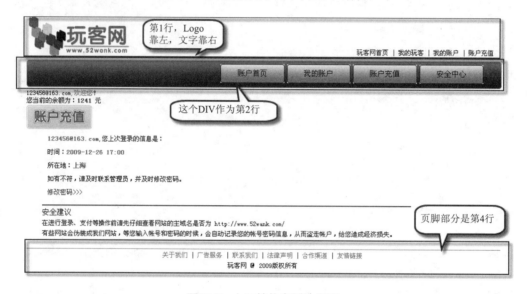

图12-9 上下结构实训效果图

具体的要求如下。

①在第1行的DIV里，放置Logo和导航菜单，它们分别是靠左和靠右对齐。
②在第2行的DIV里，放置4个按钮，同时把DIV的背景设置成蓝色，按钮靠右对齐。
③在正文部分，放置一些文字，这些文字可以理解成为段落，靠左对齐。
④在最下方的页脚部分里，文字居中对齐。

2. 开发步骤

首先使用DIV在页面上为内容设置DIV块，图12-10中的每个框框代表着一个DIV，而每个DIV里，可以放置合适的要素。

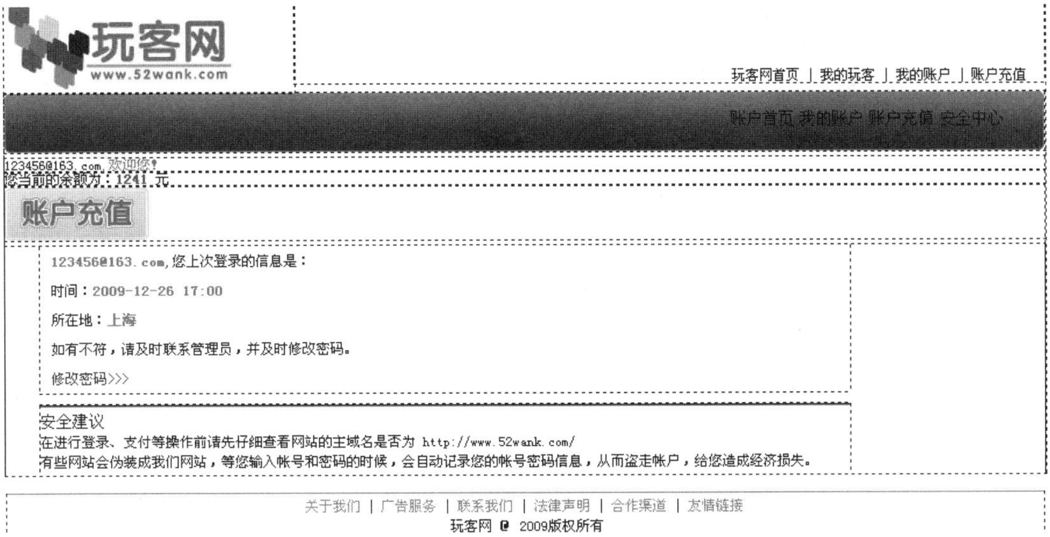

图12-10　上下实训DIV分块示列图

3. 开发页头部分的DIV和CSS部分的样式

本实训使用了上下结构，我们可以从顶端开始向下设计，下面是第一行的两个DIV，它们包含在logo_up这个大的DIV里。

```
1.  <div class="logo_up">
2.   <div class="logo_up_left"><img src="images/w-logo.gif" border="0" /></
     div>
3.   <div class="logo_up_right">
4.    <p><a href="#">玩客网首页</a> | <a href="#">我的玩客</a> |
5.     <a href="#">我的账户</a> | <a href="#">账户充值</a>
6.    </p>
7.   </div>
8.  </div>
```

在上面代码中，第2行定义了Logo，第3到第7行的DIV中，定义了右边部分的导航信息，而Logo和导航菜单，包含在第1到第8行的DIV里。

为了保证这整块DIV的样式，我们引入了logo_up、logo_up_left和logo_up_right块的三个CSS，代码如下所示。

```
1.  .logo_up{ /*设置宽度和高度*/
2.       width:900px;
3.       height:80px;
4.  }
5.  .logo_up_left{
6.       width:250px;
7.       float:left; /*设置向左悬浮*/
8.  }
9.  .logo_up_right{
10.      width:650px;
11.      float:left; /*设置向右悬浮*/
```

```
12.         text-align:right;
13. }
14. .logo_up_right p{
15.         margin-right:15px;
16.         margin-top:60px;
17. }
```

在上面代码中，第1行的logo_up样式，定义了整体第一行DIV的宽度和高度。第5行的logo_up_left，不仅声明了logo部分的宽度，以及向左悬浮的对齐方式。第9行的.logo_up_right样式，同样设置了宽度和向右对齐的方式。

4. 开发第二行导航部分

导航部分的代码相对简单，如下所示。

```
1.     <div class="logo_dh">
2.     <p><a href="#">账户首页</a><a href="#">我的账户</a>
3.     <a href="#">账户充值</a><a href="#">安全中心</a>
4.     </p>
5.     </div>
```

代码通过第1行的logo_dh样式，设置这个DIV的宽度，由此设置这个DIV和第一行的页头DIV是相同宽度，logo_dh的代码如下所示。

```
1.     .logo_dh{
2.         background-image:url(../images/zhifu_up_dh.gif);
3.         background-repeat:no-repeat;
4.         height:50px;
5.         line-height:50px;
6.         width:900px;
7.     }
8.     .logo_dh p{
9.         text-align:right;
10.         margin-right:30px;
11.         margin-top:6px;
12.     }
```

其中，第6行指定了宽度，使这个DIV和第一行的DIV具有相同的宽度，这样才能实现两个板块的对齐。第2行设置了这个DIV的背景色，由此实现底色变蓝的效果。

5. 开发正文部分的效果

正文部分的HTML代码如下所示。

```
1.     <div class="zhuti">
2.       <div class="zhifu_name">
3.       <p>123456@163.com<span style="color:#FF6600;">,欢迎您！</span></p>
4.       </div>
5.       <div class="my_zhuti_up">
6.       <div class="zhifu_up_f">
7.       <div class="zhifu_up_f_left">
8.         <p>您当前的余额为：<span style="color:#FF0000; font-
```

```
        weight:800;">1241</span> 元</p>
9.      </div>
10.     <div class="zhifu_up_f_right">
11.      <p><img src="images/zhifu_chongzhi.gif" border="0" /></p>
12.     </div>
13.    </div>
14.   </div>
15.   <div class="my_zhuti_down">
16.    <div class="down_nei">
17.     <div class="wen">
18.      <p><span style="color:#FF6600; font-weight:800;">
19.       123456@163.com
20.       </span>,您上次登录的信息是:
21.      </p>
22.      <p>时间:
23.       <span style="color:#FF6600; font-weight:800;">
24.        2009-12-26 17:00
25.       </span>
26.      </p>
27.      <p>所在地: <span style="color:#FF6600; font-weight:800;">上海</span></p>
28.      <p>如有不符, 请及时联系管理员, 并及时修改密码。</p>
29.      <p><a href="#">修改密码&gt;&gt;&gt;</a></p>
30.     </div>
31.     <div class="safe_jianyi">
32.      <h1>
33.        安全建议
34.      </h1>
35.      <p>在进行登录、支付等操作前请先仔细查看网站的主域名是否为 http://www.52wank.
        com/</p>
36.      <p>有些网站会伪装成我们网站,等您输入账号和密码的时候,会自动记录您的账号密码信
        息,从而盗走帐户,给您造成经济损失。</p>
37.     </div>
38.    </div>
39.   </div>
```

正文部分包含在一个大DIV里,这个DIV样式由第1行的zhuti定义的CSS控制。在这部分样式中,同样设置了宽度为900px,以保证和其他DIV对齐,同时设置了上部的外边距是5px,这样才能和第二行的导航部分DIV保持一定的距离,代码如下所示。

```
1.  .zhuti{
2.      width:900px;
3.      margin-top:5px;
4.      }
```

6. 开发页脚部分的效果

页脚部分需要实现居中的效果,它的HTML代码如下所示。

```
1.  <div id="foot">
2.   <p><a href="#">关于我们</a> | <a href="#">广告服务</a> | <a href="#">联系我们
     </a> | <a href="#">法律声明</a> | <a href="#">合作渠道</a> | <a href="#">友情链
     接</a></p>
```

```
3.    <p>玩客网 @ 2009版权所有</p>
4.  </div>
```

代码相对简单，一些样式是定义在第1行的foot里的，我们来看一下其中的代码。

```
1.  #foot {
2.        margin-top:15px;
3.        width:898px;
4.        text-align:center;
5.        border-top:#999999 solid 1px;
6.        margin-left:auto;
7.        margin-right:auto;
8.  }
```

代码第4行，定义了文字的对齐方式，而第3行定义了整个DIV的宽度，这里是 898px，和前面的900px非常靠近。

 12.4 实训——构建一个左中右结构的页面

范例12-2：【光盘位置】\sample\chap12\构建一个左中右结构的页面\index.html

在前面一节中，我们练习了一道上下结构的页面，本节再做一个左中右结构的页面实训，来学习一下左中右结构网页的排版。在一个网页中往往会同时用到几种不同的设计样式，本节主要使用的是左中右结构的版式。

1. 需求描述

这里将开发一个如图12-11所示的优惠产品页面，页面上每个优惠产品的排版方式就是左中右结构。因为和效果图里面上中下三个层的效果一样，而且所用到的技术也都一样，所以我们只针对上面的一个大块进行说明。

具体的要求如下。

①在左边的DIV中，放置Logo和名称，它们的位置是上面放图片，下面放名称。

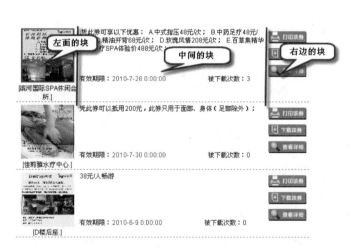

图12-11　左中右实训效果图

②在中间的DIV中，显示了优惠项目的详细说明、有效期及下载次数。

③在右边的DIV中，垂直放置了三个按钮。

④在最下面的DIV中，有一个布满整个块的虚线。

2. 开发步骤

首先需要使用DIV在页面上为内容分块，下面的每个蓝色的虚线代表一个大的DIV块，每一个红色的实线代表着一个小的DIV块。这部分所需要的技术主要就是每个蓝色分隔开的大块，我们先从第一个蓝色大块开始开发，如图12-12所示。

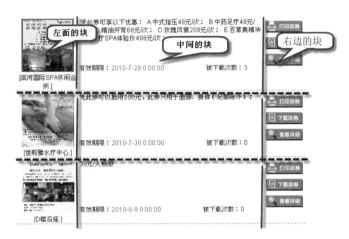

图12-12　左中右实训DIV分块示例图

3. 开发第一个大块的部分

首先分析第一个大块的内容，这一个大块的HTML代码如下所示。

```
1.  <DIV class=zhong_list>
2.     <DIV class=list_l><IMG height=100 alt=滨河国际SPA休闲会所
       .src="images/805_coupon_201035103101.jpg" width=100 border=0>
3.    <P style="FONT-WEIGHT: 400; FONT-SIZE: 12px"> [滨河国际SPA休闲会所.] </P>
4.     </DIV>
5.     <DIV class=list_z>
6.      <DIV class=l_z_nei>
7.       <P>.凭此券可享以下优惠：A.中式指压48元/次；B.中药足疗48元/次；C.精油开背
          68元/次；D.玫瑰风情208元/次；
8.        E.百草集精华专业水疗SPA体验价488元/次； </P>
9.      </DIV>
10.     <DIV class=l_z_jiao>
11.      <P>有效期限：<SPAN style="COLOR: #ff0000">2010-7-28 0:00:00</
         SPAN><SPAN
12. style="MARGIN-LEFT: 80px">被下载次数：3</SPAN></P>
13.     </DIV>
14.    </DIV>
15.    <DIV class=list_r>
16.     <DIV class=l_r_one>
17.      <INPUT id=Rpt_couponList_ctl00_ImageButton1 title=打印优惠卷
          style="BORDER-TOP-WIDTH: 0px; BORDER-LEFT-WIDTH: 0px; BORDER-BOTTOM-
          WIDTH: 0px; BORDER-RIGHT-WIDTH: 0px"
18. type=image src="images/youhui_img/youhui_dayin.gif"
19. name=Rpt_couponList$ctl00$ImageButton1>
20.     </DIV>
```

```
21.      <DIV class=l_r_one>
22.      <INPUT id=Rpt_couponList_ctl00_imgbtnDownLoad title=下载图片
         style="BORDER-TOP-WIDTH: 0px; BORDER-LEFT-WIDTH: 0px; BORDER-BOTTOM-
         WIDTH: 0px; BORDER-RIGHT-WIDTH: 0px" type=image src="images/youhui_
         img/youhui_xiazai.gif" name=Rpt_couponList$ctl00$imgbtnDownLoad>
23.      </DIV>
24.      <DIV class=l_r_one>
25. <IMG alt=查看详细 src="images/youhui_img/youhui_chakan.gif" border=0> </
    DIV>
26.      </DIV>
27. </DIV>
```

在上面代码中，第1行定义了整个大块的CSS样式名称。在第2行到第4行的DIV中，定义了左边部分的所要显示的图片及名称。在第5行到第14行的DIV中，定义了中间所要显示的内容，包括了优惠项目的介绍、有效期及下载次数。而在15行到第26行的DIV中，定义了右边的一块所要显示的3个图标按钮，并且设置了一些相关属性。

每一个DIV块都定义了一个class名称，这个名称就是与CSS样式相关联的主要关键字。

 class关键字是CSS选择器中的一种，叫做类选择器，在CSS文件中样式的开头使用了"."这个符号，说明这个样式会和应用了这个样式的块相关联，从而使用到样式。类选择器与前面我们讲的ID选择器不同，类选择器可以应用到多个块内，而不会发生冲突，而ID选择器不能应用在多个块里，因为有的地方会发生冲突，使其不能够正常的运行。

为了保证整块DIV的样式，代码中引入了一些针对这些DIV块的CSS样式，其代码如下所示。

```
1.  .zhong_list
2.  {
3.   width: 550px;
4.   border-bottom: dashed 1px #FF6600;
5.   margin-top: 5px;
6.   min-height:105px;
7.  }
8.  .list_l
9.  {
10.  width: 120px;
11.  text-align: center;
12.  float: left;
13.  overflow:hidden;
14.   _overflow:visible;
15. }
16. .list_z
17. {
18.  width: 350px;
19.  float: left;
20. }
21. .l_z_nei
22. {
23.  height: 84px;
```

```
24. line-height: 15px;
25. }
26. .l_z_jiao
27. {
28. height: 18px;
29. line-height: 18px;
30. }
31. .list_r
32. {
33. width: 80px;
34. float: left;
35. }
36. .l_r_one
37. {
38. text-align: center;
39. margin-top: 3px;
40. height: 26px;
41. }
```

其中，第1行到第7行设置了整个大块的样式，包括它的宽度等属性；第8行到第15行设置了所要显示的图片及名称的样式，主要有宽度及对齐方式；第16行到第30行设置了所要显示的详细内容、有效期和下载次数等属性，这样显示出来的内容就会整齐一些，主要有块的宽度、文字的字号、对齐方式等属性；第31行到第41行设置了右边三个按钮的样式，其中也包括了宽度、对齐方式及按钮上文字对齐等。

12.5 上机题

（1）请使用DIV+CSS排版来完成如图12-13所示的页面的排版。

图12-13 上机题1效果图

图12-13使用了上中下版式，其中上面的图片为第一块，中间的内容部分为第二块，页脚部分为第三块。而在中间内容部分块里，还可以将整个内容部分再细分为两个小块，一块为标题及文字信息，一块为链接内容的信息。

①固定宽度且布满整块版式，如图12-14所示。

图12-14　上机题1第一块示例图

　这一块的图片宽度为整个页面容器的宽度，高度也可以占整个块的高度。

②上下分块且分类显示版式，如图12-15所示。

国家旅游局警示：禁收老年游附加费

以老年人、青少年消费水平不高为由，向60岁以上老年人和18岁以下青少年收取附加费成为旅游业"潜规则"，国家旅游局质量监督管理所昨天发布的今年第三号旅游服务警示强调，同一旅游团队中，旅行社不得由于旅游者存在的年龄或者职业上的差异提出加价费用，否则将受到处罚。

部分旅行社向60岁以上老年人收取附加费 旅游服务警示提示消费者，根据《旅行社条例实施细则》规定，除非旅行社提供了与其他旅游者相比更多的服务或旅游者主动要求，否则同一旅游团队中，旅行社不得由于旅游者存在的年龄或者职业上的差异，提出与其他旅游者不同的合同事项，如附加费用等，违者要受到处罚

魅力华夏	人文地理
不走寻常路 海南最值得去冒险的景点	英国名舰皇家胜利号装进"小瓶"
赏景外美景 探寻宁夏神秘宝塔（组图）	哥伦比亚罕见的地下盐矿教堂
旅行中升华 80后而立之年必去三大旅游地	走进奥黛丽赫本大嘴之地（组图）
重新认识"天堂" 杭州三条隐秘线路推荐	罕见的欧洲野生动物景观（组图）
心驰神往 八条上海周边自驾游推荐（组图）	新鲜体验 秘鲁盛行"青蛙汁"
明媚初夏 六条线路品出江南的六种韵味	探秘秘鲁纳斯卡文明之谜（组图）

图12-15　上机题1第二块示例图

　可以先将整个大块分成上下两个小块，第一块显示上面的文字信息；下面的一块再分为左右两个小块，分别显示相应的信息，注意两个小块的样式不同，需要分别设置，同时注意块与块之间的距离。

③宽度固定且布满整块版式，如图12-16所示。

首页 ｜ 最新路线 ｜ 旅游新闻 ｜ 关于我们 ｜ 联系我们
2010 © 上海润飞网络信息科技有限公司 技术支持

图12-16　上机题1第三块示例图

　这一块只需要将图片设置成为宽度占用整个一块即可，高度可以根据需求而定，再设置一下背景色就达到要求的效果了。

（2）请使用DIV+CSS排版完成如图12-17所示的效果。

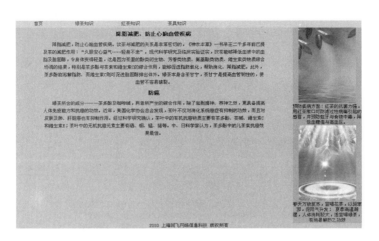

图12-17　上机题2效果图

图12-17一共可以分为三个大块，第一大块为上面的标题链接，第二大块为中间的内容部分，包括文字及图片的部分，第三大块为下面的版权部分。

①宽度固定、带背景色且链接文字左对齐版式，如图12-18所示。

首页　　　　绿茶知识　　　　红茶知识　　　　茶具知识

图12-18　上机题2第一块示例图

在这一大块里面，可以先设置背景色，然后再设置链接文字的样式，就可以实现上面的效果，但要注意文字的间距。

②宽度固定且左右再分版式，如图12-19所示。

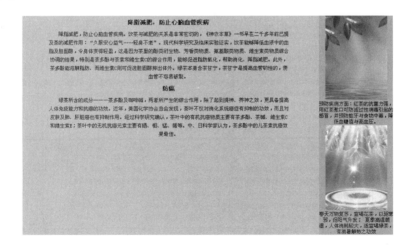

图12-19　上机题2第二块示例图

可以将这一大块分成左右两个块，左边的一块放上文字内容；右边的一块再分成上下两个小块，在每块里面分别放上需要的图片及文字即可。这样大块的布局就会很清晰、明了，并且也方便以后的维护。

③宽度固定且布满整块版式，如图12-20所示。

图12-20　上机题2第三块示例图

　　这一大块很简单，只要将图片的宽度设置为与此块一样的宽度就可以实现要求了。

（3）请使用DIV+CSS完成如图12-21所示的效果。

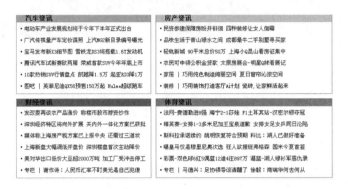

图12-21　上机题3效果图

在这一题中，页面可以分成四块，块与块之间的间隔、标题的背景色都需要注意。我们可以先将整个大块分成左右两块，这样可以保证上下相邻的两块有一样的布局。然后再将左右的两个大块再分成上下两个小块，这样大体上分成四块的布局。但是，还有标题的部分需要设置，可以把标题和内容部分再分成两个小块，单独设置标题和内容，就可以实现上图的效果了。

①左右不等版式，如图12-22所示。

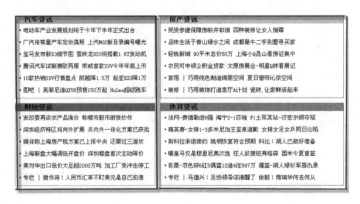

图12-22　上机题3第一次分块示例图

　　先将整个大块分成两个小块，注意左面一块的宽度要小于右面一块的宽度。这样便于后面的排版布局。

②上下等分版式，如图12-23所示。

 先将第一个大块分成上下两个等高的小块，这样上下显示的内容就可以对齐了；然后再将右面的一大块也同样操作。

③上下不等分版式，如图12-24所示。

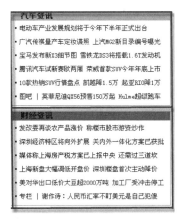

图12-23 上机题3第二次分块示例图 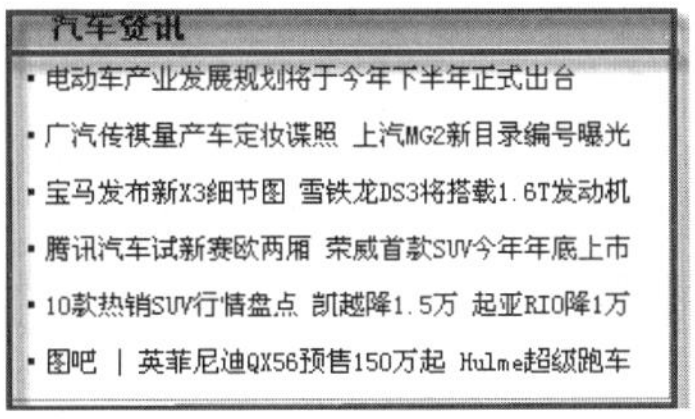　　　　图12-24 上机题3第三次分块示例图

 先将第一大块分出的第一小块再次划分为两个小块，第一块为标题部分，同时再设置背景色，下面的一小块根据要求显示出内容就可以了。其他的三个小块也同样操作。注意每个小块之间的间距及边框的厚度。

（4）请使用DIV+CSS完成如图12-25所示的效果。

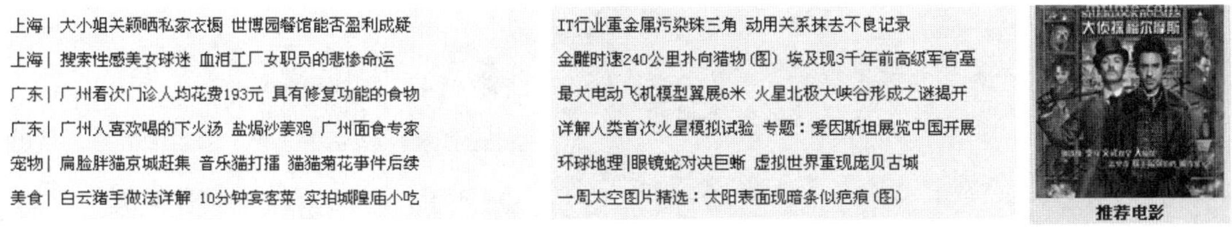

图12-25 上机题4效果图

上面的效果图很明显地使用了左中右不等版式，所以这一题只需要使用这一种版式即可完成。左中右不等版式的分块，如图12-26所示。

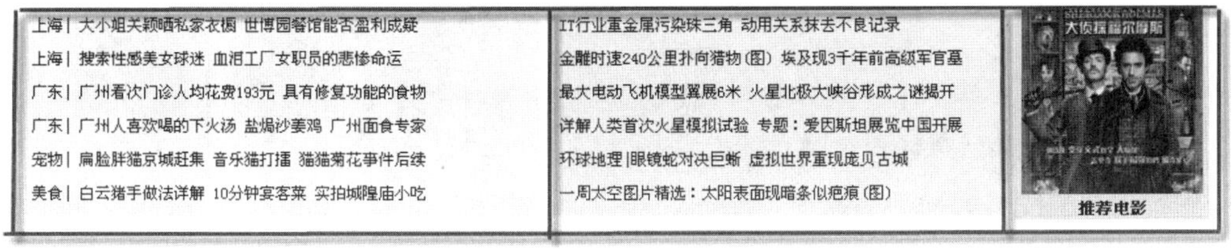

图12-26 上机题4分块示例图

先将整个页面分成三个小块，然后再把第一块与第三块的背景色加上，然后还要将第一块设置成为左对齐，右边的一块设置为右对齐，中间的一块设置为居中即可。注意，前两块的文字部分都要左对齐，最后面的一块的图片与文字都要居中对齐。

（5）请使用DIV+CSS完成如图12-27所示的效果。

从图中可以看出，整个内容部分需要分成为由上到下排列的四个小块，每个块之间的空隙要相等；然后再将每一个小块再分成左中右三个等分的小块即可。

①上下等分版式，如图12-28所示。

图12-27　上机题5效果图

图12-28　上机题5第一次分块示例图

在此处，只需要将整个内容部分分成上下四个相等的小块，这样就可以实现四行的效果。

②左中右相等版式，如图12-29所示。

再将每一小块再次分成为左中右三个相等的小块。分的时候需要注意位置，左面的小块左对齐，右面的小块右对齐，中间的小块要居中对齐。这样就把整个的一个大块分成了若干个小块，这几个小块的样式都是一样的，所以只要设计一个小块的样式就可以了，其他小块全部使用这一个样式就能实现要求的效果了。

图12-29　上机题5第二次分块示例图

CSS、XML和Ajax
综合使用方式

第13章

CSS虽然能很有效地定义页面上的各种样式，但它毕竟属于静态的，在创建动态效果方面，它最多只能通过hover这类伪对象来实现鼠标效果。

在第11章讲述了用JavaScript实现一些动态效果，本章将用XML和Ajax实现一些"富客户端"的样式。在本章中，我们将讲述的重点内容如下。

- XML知识点概述
- 在XML里调用CSS的方法
- 通过CSS美化XML页面的方式
- Ajax概述
- Ajax与CSS的应用实例

13.1 XML基础

XML是HTML的替代物，由于它具有HTML无法具备的优势，所以在不远的将来，网页文件的格式或许是XML而不是HTML。目前，XHTML这个XML和HTML之间的过渡语言得到很大的发展，就能充分说明这个趋势。

本节主要学习XML相关知识，我们将重点介绍XML的基础知识，并在下一节中介绍XML与CSS在一起的简单使用方法。

13.1.1 XML的特点

XML（Extensible Markup Language）即可扩展标记语言，它与HTML一样，都是符合SGML（Standard Generalized Markup Language，标准通用标记语言）标准的语言。

XML是Internet环境中跨平台的、依赖于内容的技术，是当前处理结构化文档信息的有力工具，虽然XML数据占用的空间比二进制数据要占用更多的空间，但XML极其简单易于掌握和使用。XML语言有如下的特点。

①XML是一种元标记语言，所谓元标记，就是开发者可以根据自己的需要定义符合自己需求的标记。在这种元标记的语言里，任何满足XML命名规则的名称都可以作为标记，这样

我们就能用XML定义不同种类型的网页，而HTML是一种预定义标记语言，它只认识\<html\>等已经定义的标签，不能识别对于用户自己定义的标记。

②XML是一种严格的语义结构化语言，它描述了文档的结构和语义。

比如，在HTML语言里，要描述一本书，可以如下表示：

```
1.  <p>
2.    book name
3.  </p>
4.  <ul>
5.   <li>author_name
6.   <li>publisher_name
7.   <li>isbn_number
8.  </ul>
```

其中使用了多种HTML的标签来定义书的属性，而在XML中，同样的数据可以表示为：

```
1.  <book>
2.    <title>book name</title>
3.    <author>authorname</author>
4.    <publisher>publisher name</publisher>
5.    <isbn>isbn_number</isbn>
6.  </book>
```

从上述代码中可以看出，XML是有明确语义，并且是语言结构化的，所以XML是一种简单纯文本的数据格式。

③XML语言可用于数据交换，这主要是因为，XML表示的信息独立于操作平台，这里的平台即可以理解为不同的应用程序，也可以理解为不同的操作系统，它描述了一种规范，通过XML，我们可以在微软公司的Word程序和Adobe公司的Acrobat程序之间交换信息，也可以在不同的数据库（比如Access和Sql Server）之间交换数据信息。

④XML文档由DTD和XML两部分文本组成，所谓DTD（Document Type Defination），简单的说就是一组标识符的语法规则，表明XML文本是怎样组成的，比如通过DTD程序可以表示一个\<book\>标记必须有一个子标记\<author\>，或者可以表示一定要有标记\<page\>等，DTD可以理解成是XML程序的"说明文档"，当然，一个简单的XML文本可以没有DTD。

13.1.2　XML的结构和基本语法

XML对于语法有着严格的规定，只有当一个XML文档符合"格式良好"的基本要求时，才能被XML处理程序分析和处理。在一个XML文档里包含如下的要素。

1. XML声明

XML声明是处理指令的一种。一个XML文档最好以一个XML声明作为开始。下面是一个完整的XML声明的例子。

```
<?XML version = "1.0" encoding = "GB2312" standalone = "no"?>
```

其中，"\<?"代表一条指令的开始，"?\>"代表一条指令的结束，"XML"代表此文件是XML文件，"version="1.0""代表此文件用的是XML1.0标准。"encoding="GB2312""代表此文件所用的字符集，如果不定义，默认值为Unicode，如果该文件中要用到中文，就必须将此值设定为GB2312。

 XML声明必须出现在文档的第一行。

2. 元素

元素是XML文档内容的基本单元。从语法上讲，一个元素包含一个起始标记、一个结束标记以及标记之间的数据内容，XML中元素的样式如下：

<标记>数据内容</标记>

对于元素与标记，在XML里有如下的语法规定。

①标记必不可少。任何一个格式良好的XML文档中至少要有一个元素。

②大小写是有差别的，例如<Home>与<home>不是一个标记。

③要有正确的结束标记。结束标记除了要和起始标记在拼写和大小写上完全相同，还必须在前面加上一个斜杠"/"；当一对标记之间没有任何文本内容时，可以不写结束标记，而在起始标记的最后冠以斜杠"/"来确认，这样的标记称为"空标记"。

④标记要正确嵌套，只有最外层的标记不被其他标记所嵌套。

⑤标记命名要合法。标记名应该以字母、下划线"_"或冒号":"开头，后面跟字母、数字、句号"."、冒号、下划线或连字符"-"，但是中间不能有空格，而且任何标记名不能以"XML"（或者"XML"大小写的任何组合，如"xml"、"Xml"、"XMl"等等）起始。

⑥要正确有效地使用属性。标记中可以包含任意多个属性，属性以名称加上属性值成对出现，属性名称不能重复，名称与属性值之间用等号"="分隔，且属性值用引号引起来。

3. CDATA节

在标记CDATA下，所有的标记、实体引用都被忽略，而被XML处理程序一视同仁地当作字符数据看待。CDATA的形式如下：

<![CDATA[文本内容]]>

CDATA的文本内容中不能出现字符串"]]>"，另外，CDATA不能嵌套使用。

4. 注释

有些时候，人们希望在XML文档中加入一些用作解释的字符数据，并且希望XML处理器不对它们进行任何处理，这种类型的文本称作注释（COMMENT）文本，在XML中，注释的方法与HTML完全相同，用"<! --"和"-->"将注释文本引起来。对于注释还有以下规定。

①在注释文本中不能出现字符"-"或字符串"--"。

②不要把注释文本放在标记之中，类似地，不要把注释文本放在实体声明之中或之前。

③注释不能被嵌套。

下面我们来看一个学生信息的XML文档，这个文件可以命名为student.xml。

```
1.   <?XML version="1.0" encoding="GB2312" standalone="no"?>
2.   <?XML-stylesheet type="text/xsl" href="mystyle.xsl"?>
3.   <!-- 一个XML的例子 -->
4.   <学生>
5.   <学号>001</学号>
6.   <姓名>张三</姓名>
7.   <性别>男</性别>
8.   <成绩>100</成绩>
9.   </学生>
```

其中，第1行定义了针对这个XML的声明，通过version定义了这个XML的版本，通过encoding定义了这个XML文件里的编码方式。

第3行定义了一段注释。第4行通过<学生>定义了元素。第5到第8行在<学生>元素里嵌套定义了<学号>、<姓名>、<性别>和<成绩>四个子元素。从中，可以看到XML里的"标记正确嵌套"等要素。

除了刚才讲述的一些XML的一些基本语法之外，在XML语法里，还包含了如下的规则。

①所有 XML 元素都必须关闭标签。
②XML 必须正确地嵌套。

比如，在 HTML 中，常会看到没有正确嵌套的元素：

```
<b><i>This text is bold and italic</b></i>
```

在 XML 中，所有元素都必须彼此正确地嵌套：

```
<b><i>This text is bold and italic</i></b>
```

③XML 文档必须有根元素。XML文档必须有一个元素是所有其他元素的父元素，该元素称为根元素，比如下面的代码中，第1行的root就是根元素，其他所有的元素都是包含在这个根元素里的。

```
1.   <root>
2.   <child>
3.   <subchild>.....</subchild>
4.   </child>
5.   </root>
```

④XML 的属性值须加引号。

13.2 XML与CSS的综合应用

CSS能作用到HTML文件上，同样也能作用到XML文档上，我们可以采用在HTML文件中定义样式的方法，在XML文档里通过CSS来规范网页的样式。

13.2.1 在XML里链接CSS文件

我们可以采用与HTML文件里定义样式的方法，在XML文档里链接CSS文件，链接的语法如下：

```
<?XML-stylesheet type="text/css" href="XML-1.css"?>
```

其中，通过type说明引入文档的类型，通过href属性说明要引入的CSS文件。

下面来看一个例子，首先编写内容如下所示的XML文档，这个文档命名为XML01.XML。

```
1. <?XML version="1.0" encoding="utf-8"?>
2. <?XML-stylesheet type="text/css" href="XML-1.css"?>
3. <XML>
4.  <book>
5.   <name>XML应用系列</name>
6.   <author>学路的小孩</author>
7.   <date>2009-03-23</date>
8.  </book>
9. </XML>
```

在上面代码的第2行中，引入了XML-1.css这个文件，在第3行<XML>这个根元素里，引入了book等信息。在这个文件引用的XML-1.css文件，其代码如下所示。

```
1. book{
2.   display:block;
3.   background-color:#0099CC;
4.   margin-top:5px;
5. }
6. date{
7.   display:block;
8.   line-height:30px;
9. }
10. author{
11.     display:block;
12.     line-height:30px;
13. }
14. name{
15.   display:block;
16.   line-height:30px;
17. }
```

这里定义了许多样式，第1行定义了针对book元素的样式，包括背景色和顶部的外边距。第6行设置了针对date元素的样式。第10和第14行，分别针对XML里的author和name元素，定义了相应的CSS样式。

由此可以看到，如果要用CSS装饰XML文档，需要在XML文件里用href引入CSS文件，而后可以在CSS文件里，为XML中的每个元素定义样式，这种做法与在HTML里引入CSS的做法非常相似。图13-1展示了运行XML01.XML文件的效果。

由于在CSS文件的第3行，通过background-color属性设置了针对book的背景色，在页面上可以看到XML文件的背景是蓝色的，而且，由于设置了行高是30px，所以这里的3行文字之间的间距比常规的要大很多。

图13-1　XML01.XML的运行效果

上面通过一个简单的例子来说明XML中链接CSS文件的方法，事实上，HTML页面上通过CSS实现的诸多美观效果，都能通过类似的方法，迁移到XML文件上。

13.2.2　通过XML和CSS，搭建具有图文并茂效果的案例

在上一小节中，讲述了在XML文件里引用CSS的方法，在XML中，可以像在HTML里一样通过CSS代码实现各种样式。可以这样说，CSS在HTML页面上能达到什么效果，那么CSS在XML文件里也能实现那样的效果。

下面来看一个XML和CSS配合，搭建具有图文并茂效果的案例。案例的效果如图13-2所示，页面上放置一张背景图，在这张背景图之上，需要以各种格式放置一首唐诗。

可以通过HTML来实现这个效果，不过用XML实现更为方便，首先用XML文件定义整个页面的框架，代码如下所示。

图13-2　用XML和CSS实现图文并茂的效果

```
1.  <?XML version="1.0" encoding="utf-8"?>
2.  <?XML-stylesheet type="text/css" href="XML04.css"?>
3.  <poem>
4.      <title>九日</title>
5.      <author>唐 杜甫</author>
6.      <wen>
7.              重阳独酌杯中酒，抱病起登江上台。
8.  <br />
9.  竹叶于人既无分，菊花从此不须开。
10.  <br />
11.  殊方日落玄猿哭，旧国霜前白雁来。
12.  <br />
13.  弟妹萧条各何在，干戈衰谢两相催！
14.      </wen>
15. </poem>
```

这里通过第2行的href引入XML04.css文件，从第3行开始，通过poem、title等标签来定义唐诗的内容。

需要说明的是，由于使用了XML文档，所以第8、第10和第12行的
不能像在HTML里那样实现换行的效果，这里需要为br定义CSS样式，才能实现诗词里各句的换行效果。

在XML文件中没法定义唐诗的显示样式，这部分的样式定义在XML04.css文件中，其代码如下所示。

```
1.  poem{
2.       margin:0px;
3.       width:300px;
4.       height:400px;
5.       position:absolute;
6.       background-image:url(001.jpg); /*定义背景图*/
7.       left:0px;
8.       top:0px;
9.       }
10. title{
11.      font-size:16px;
12.      color:#FFF;
13.      position:absolute;
14.      left:140px;
15.      top:20px;
16.      font-weight:800;
17.      }
18. author{
19.      font-size:14px;
20.      color:#0033FF;
21.      position:absolute;
22.      left:160px;
23.      top:50px;
24.      }
25. wen{
26.      position:absolute;
27.      color:#000;
28.      font-size:14px;
29.      left:45px;
30.      top:70px;
31.      line-height:20px;
32.      font-weight:800;
33.      }
34. br{
35.      display:block;
36.      }
```

从中可以看到，针对XML里的元素定义了一些样式，比如在第1到第9行里，定义了针对poem的样式。第6行通过background-img:url定义了整个唐诗的背景色。在第10到第17行的title里，定义了针对标题的样式，比如定义了标题的字体大小是16px，定义了标题文字的颜色是"#FFF"。

特别注意一下从第34到第36行的br样式，它通过设置display:block语句，实现了换行。

在网页上解析XML文档时，诸如br这类在HTML语言下能自动实现换行效果的元素，未必能得到所有浏览器的支持，所以，为XML编写CSS的时候，不能想当然地利用HTML语法下的元素。所有在XML里定义的样式，都需要在CSS里实现。

上面代码中，针对其他元素定义的CSS样式就不再一一分析了，总之，通过CSS，可以像在HTML里一样引入装饰性代码，从而让XML文件具有各种风格，开发完成后，用IE等浏览器打开上述XML程序，就能看到图13-2所示的效果。

13.3 Ajax与CSS的综合应用

"局部刷新"对用户来说是一种非常舒适的体验，就像谷歌地图一样，不管如何拖动地图，都只是地图的一小部分在刷新，而整个页面不会刷新，这样的话用户就不会感到页面很卡。

我们可以通过Ajax来实现针对页面的局部刷新的效果，而在Ajax和CSS综合应用下，可以通过Ajax来局部刷新某部分的CSS的样式（而不需要刷新网页里的所有CSS样式），从而实现对页面样式的局部更改。

本节讲述一下Ajax和CSS两者的关系以及两者相互配合的应用方法。

13.3.1 Ajax概述

Ajax全称为"asynchronous JavaScript and xml"（异步JavaScript和xml），是一种创建交互式网页应用的网页开发技术。

Ajax并不是一门新的语言或技术，它实际上是几项技术按一定的方式组合在一起协作发挥各自的作用，说穿了它仅仅是一种模式，虽然它以JS为主，但它是针对服务端技术而产生的，包含了使用XHTML和CSS的内容。

使用DOM实现动态显示和交互，使用XML和XSLT进行数据交换与处理，使用XMLHttpRequest进行异步数据读取，最后用JavaScript绑定和处理所有数据。事实上，所谓的Ajax其核心只有JavaScript、XMLHttpRequest和DOM，但恰恰是利用这些技术，能做出很精美的页面效果。

13.3.2 Ajax与CSS的综合应用

在一个网站中，Ajax还可以与CSS样式一同使用，其中Ajax负责网站的动态效果及一些互动的操作；而CSS负责网站的样式设置。这两种技术在一起使用，会使网站在更具有互动性的同时，还会有完美的外观样式。

在本小节中，我们将用Ajax的局部刷新特性，完成对表格样式的局部更改。

下面我们来看一个Ajax与CSS综合应用的示例，通过它学习一下Ajax与CSS是如何在一起使用的，从而使页面更加美观。

示例的效果如图13-3所示，当用户单击任何一列的时候，那一列内容部分的背景会变成草绿色，而鼠标移动到任何列时，那一列的背景色会变成淡绿色，但移动到被单击的列时，不会有任何变化。

这里可以使用Ajax的局部刷新效果，局部更改某一列（而不是全部）的背景色样式。

图13-3 Ajax与CSS综合应用示例题

请注意，上图中的所有样式都是由CSS来完成的，下面分析一下这个效果是怎么实现的。
第一步，设计HTML代码如下所示。

```
1.  <html >
2.  <head>
3.  <title>AJAX+CSS修饰表格属性</title>
4.  <link href="tablecloth/tablecloth.css" rel="stylesheet" media="screen" />
5.  <script type="text/javascript" src="tablecloth/tablecloth.js"></script>
6.  </head>
7.  <body>
8.  <div id="container">
9.              <h1>AJAX+CSS修饰表格属性</h1>
10.         <div id="content">
11.             <table cellspacing="0" cellpadding="0">
12.             <tr>
13.                 <th>编号</th>
14.                 <th>姓名</th>
15.                 <th>地址</th>
16.                 <th>电话</th>
17.             </tr>
18.             <tr>
19.                 <td>1</td>
20.                 <td>张三</td>
21.                 <td>上海市</td>
22.                 <td>021-58505245</td>
23.             </tr>
24.             <tr>
25.                 <td>2</td>
26.                 <td>李四</td>
27.                 <td>广州市</td>
28.                 <td>020-88833388</td>
29.             </tr>
30.             <tr>
31.                 <td>3</td>
32.                 <td>王五</td>
33.                 <td>南京市</td>
```

```
34.                            <td>025-66666666</td>
35.                      </tr>
36.                      <tr>
37.                            <td>4</td>
38.                            <td>赵六</td>
39.                            <td>北京市</td>
40.                            <td>010-86245831</td>
41.                      </tr>
42.                </table>
43.                </div>
44. </div>
45. </body>
46. </html>>
```

在上面代码中，第3行显示的是表头部分的内容，第4行代码引用外部CSS文件的代码，第5行是引用外部JavaScript的代码。第8行到第45行就是页面内容部分了。

第8行与第16行是一个大的DIV块，在这个块里面包含了所有的页面内容部分。第9行显示了一段文字，这里使用了<h1>标签，说明这段文字使用<h1>标签的样式。第11行到第44行是一组表格标签，它一共有5行，第一行是标题部分，下面有4行的内容。

第二步，开发针对这个页面的CSS样式，代码如下所示。

```
1.  table{
2.  width:100%;border-collapse:collapse;margin:1em 0;
3.  }
4.  th, td{
5.  text-align:left;padding:.5em;border:1px solid #fff;
6.  }
7.  th{
8.  background:#328aa4 url(tr_back.gif) repeat-x;color:#fff;
9.  }
10. td{
11. background:#e5f1f4;
12. }
13. a:hover{
14.      text-decoration:none;
15.      color:#999;
16. }
17. h1{
18.      font-size:140%;
19.      margin:0 20px;
20.      line-height:80px;
21. }
22. #container{
23.      margin:0 auto;
24.      width:680px;
25.      background:#fff;
26.      padding-bottom:20px;
27. }
28. #content{
29. margin:0 20px;
```

```
30. }
31. td.over, tr.even td.over, tr.odd td.over{
32. background:#ecfbd4;
33. }
34. td.down, tr.even td.down, tr.odd td.down{
35. background:#bce774;color:#fff;
36. }
```

在上面的CSS代码中，第1行到第3行设置了表格的一些样式，如表格的宽度等。第4行到第6行设置了表头里的每个单元格的样式。第7行到第9行设置了整个表头部分的样式。第10行到第12行设置了所有表格的单元格的样式，这里只设置了背景色。

第13行到第16行用到了伪类，实现鼠标滑动的效果，这里定义了当鼠标移动到表格内容时，背景色变成淡绿色的效果。第17行到第21行设置了页面中所显示的文字的样式，主要是文字大小。第22行到第27行设置了整个内容部分的样式，这里定义了内容部分的宽度、高度及背景色。第31行到第36行设置了行与单元格被选中前与被选中后的样式。

第三步，至此完成了整个页面部分，内容显示出来了，样式也有了，现在还差Ajax部分的代码了，下面我们再来看一下相关代码。

```
1.  this.tablecloth = function(){
2.      var highlightCols = true;
3.      var highlightRows = false;
4.      var selectable = true;
5.      var tableover = false;
6.      this.start = function(){
7.          var tables = document.getElementsByTagName("table");
8.          for (var i=0;i<tables.length;i++){
9.              tables[i].onmouseover = function(){tableover = true};
10.             tables[i].onmouseout = function(){tableover = false};
11.             rows(tables[i]);     };      };
12.     this.rows = function(table){
13.         var css = "";
14.         var tr = table.getElementsByTagName("tr");
15.         for (var i=0;i<tr.length;i++){css = (css == "odd") ? "even" :
            "odd";
16.             tr[i].className = css;      var arr = new Array();
17.             for(var j=0;j<tr[i].childNodes.length;j++){
18.         if(tr[i].childNodes[j].nodeType == 1) arr.push(tr[i].
            childNodes[j]);      };
19.             for (var j=0;j<arr.length;j++){
20.                 arr[j].row = i;          arr[j].col = j;
21.     if(arr[j].innerHTML == " " || arr[j].innerHTML == "")
22.     arr[j].className += " empty";
23.                 arr[j].css = arr[j].className;
24.                 arr[j].onmouseover = function(){
25.                     over(table,this,this.row,this.col);  };
26.                 arr[j].onmouseout = function(){
27.                     out(table,this,this.row,this.col);};
28.                 arr[j].onmousedown = function(){
        down(table,this,this.row,this.col);  };
```

```
29.                              arr[j].onmouseup = function()
     {up(table,this,this.row,this.col);    };
30.                              arr[j].onclick = function()
     {click(table,this,this.row,this.col);};         };};};
31.          this.over = function(table,obj,row,col){
32.          if (!highlightCols && !highlightRows) obj.className = obj.css
     + "over";
33.          if(check1(obj,col)){if(highlightCols)
     highlightCol(table,obj,col);
34.                    if(highlightRows) highlightRow(table,obj,row);  };  };
35.       this.out = function(table,obj,row,col){   if (!highlightCols &&
     !highlightRows) obj.className = obj.css; unhighlightCol(table,col);unhighlig
     htRow(table,row);         };
36.          this.down = function(table,obj,row,col){obj.className = obj.
     css + "down";        };
37.       this.up = function(table,obj,row,col){obj.className = obj.css + "
     over";        };
38.       this.click = function(table,obj,row,col){
39.          if(check1){   if(selectable){        unselect(table);
40.                         if(highlightCols) highlightCol(table,obj,col,
     true);
41.                         if(highlightRows) highlightRow(table,obj,row,
     true);
42.                         document.onclick = unselectAll;}    };
43.          clickAction(obj); };
44.       this.highlightCol = function(table,active,col,sel){
45.          var css = (typeof(sel) != "undefined") ? "selected" : "over";
46.          var tr = table.getElementsByTagName("tr");
47.          for (var i=0;i<tr.length;i++){
48.                 var arr = new Array();
49.                 for(j=0;j<tr[i].childNodes.length;j++){
50.                        if(tr[i].childNodes[j].nodeType == 1) arr.
     push(tr[i].childNodes[j]);    };
51.                 var obj = arr[col];
52.          if (check2(active,obj) && check3(obj)) obj.className =
     obj.css + " " + css; };       };
53.       this.unhighlightCol = function(table,col){
54.          var tr = table.getElementsByTagName("tr");
55.          for (var i=0;i<tr.length;i++){
56.                 var arr = new Array();
57.                 for(j=0;j<tr[i].childNodes.length;j++){
58.                        if(tr[i].childNodes[j].nodeType == 1) arr.
     push(tr[i].childNodes[j])
59.                 };
60.                 var obj = arr[col];
61.                 if(check3(obj)) obj.className = obj.css; };};
62.       this.highlightRow = function(table,active,row,sel){
63.          var css = (typeof(sel) != "undefined") ? "selected" : "over";
64.          var tr = table.getElementsByTagName("tr")[row];
65.          for (var i=0;i<tr.childNodes.length;i++){
66.                 var obj = tr.childNodes[i];
```

```
67.        if (check2(active,obj) && check3(obj)) obj.className = obj.css + " "
    + css; };    };
68.        this.unhighlightRow = function(table,row){
69.            var tr = table.getElementsByTagName("tr")[row];
70.            for (var i=0;i<tr.childNodes.length;i++){
71.                var obj = tr.childNodes[i];
72.                if(check3(obj)) obj.className = obj.css;    };        };
73.        this.unselect = function(table){
74.            tr = table.getElementsByTagName("tr")
75.            for (var i=0;i<tr.length;i++){
76.                for (var j=0;j<tr[i].childNodes.length;j++){
77.                    var obj = tr[i].childNodes[j];
78.    if(obj.className)obj.className= obj.className.
    replace("selected","");};};        };        };
79.    start();        };
80. window.onload = tablecloth;
```

在上面代码中，最后第80行是打开网页的时候就调用后面的这个函数tablecloth。第1到第11行中，tablecloth这个函数的作用就是声明了变量，并赋了初值，在start函数中设置当鼠标移动到列的上面及移开列时所需要调用的函数，同时下面调用了rows的这个函数。第12行到第30行完成了通过循环判断表格使用了哪种样式，如果是被选中前的样式，那么就使用被选中后的样式。

第31行到第37行设置了鼠标over与out时所需要调用的函数名称，第44行到第54行、第63行到第67行代码的函数是鼠标over时所调用的函数体，第55行到第62行、第68行到第72行是鼠标out时所调用的函数体。第38行到第43行设置了当表格被单击时，所需要执行的函数，第73行到第78行定义了当表格被单击时通过循环当前列所设置的样式。

现在可以看到Ajax的局部刷新效果，比如上述的第31行到第37行，通过Ajax定义了鼠标移动的效果，这里需要注意，不是更新全部表格CSS的效果，而是更新鼠标移动目标当前列的CSS效果。

13.4 实训——XML与CSS结合的练习

范例13-1：【光盘位置】\sample\chap13\XML与CSS结合的练习\index.xml

本章讲述了关于XML的一些基本知识，并讲述了用CSS美化XML页面的一些方法，在本节实训中，将实现一个采用CSS样式的XML来练习之前所学到的内容，并用CSS美化这部分的网页。

1. 需求描述

本范例的效果如图13-4所示，左中右结构的排版最为实用，又不浪费页面空间，还能显示大量的信息，对于门户类网站尤其适用。它包括最左边的"汽车新闻"、中间的"时尚新闻"，以及最右边的图片。

这样的设计，可以让整体版面显得饱满，又不杂乱。为了获得较高的代码可移植性，要求用XML+CSS的方式来实现。

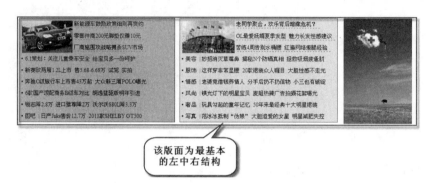

图13-4　实训效果图

在设计这个页面的时候，需要把大致框架先搭建好，然后在搭建好的框架内填入所需的信息。

2. 构建XML页面

首先需要创建一个XML页面，同时用自己的标签搭建基本框架，并在页面中划分"汽车新闻"、"时尚新闻"和图片部分。搭建XML页面的代码如下所示。

```
1.  <?XML version="1.0" encoding="utf-8"?>
2.  <big>
3.   <one>
4.    <nei>
5.     <tu></tu>
6.    </nei>
7.   </one>
8.   <two>
9.    <nei>
10.    <tu1></tu1>
11.   </nei>
12.  </two>
13.  <three></three>
14. </big>
```

第2行定义一个标签big，然后再加入3个标签one、two和three。接下来，在one和two标记内加上nei、tu、tu1标记，如第4行所示，之后可以通过CSS定义该标记的样式，以实现我们所需要的效果。

3. 引入CSS文件

在构建的XML文件的页头部分之前，需要引用CSS文件，这个文件直接在页面中定义"<?XML-stylesheet type="text/css" href="XML.css"?>"，并将样式写入CSS文件中，这样就能让CSS的样式作用到XML文档里，代码如下所示。

```
1.  <?XML version="1.0" encoding="utf-8"?>
2.  <?XML-stylesheet type="text/css" href="XML.css"?>
```

4. 开发正文部分的XML代码

网页的框架需要用XML代码搭建起来，XML代码如下所示，其中第2行引入了XML.css文件。

```
1.  <?XML version="1.0" encoding="utf-8"?>
2.  <?XML-stylesheet type="text/css" href="XML.css"?>
3.  <big>
4.   <one>
5.    <nei>
6.     <tu></tu>
7.     新能源车鼓励政策细则再爽约
8.     <br />
9.     零部件商200元脚垫仅赚10元
10.    <br />
11.    厂商施围攻战略搏杀SUV市场
12.    <br />
13.   </nei>
14.   •6.1策划：关注儿童乘车安全 给宝贝多一份呵护
15.    <br />
16.   •新赛欧两厢1.2L上市 售5.68-6.68万 试驾 实拍
17.    <br />
18.   •奔驰C级旅行车上市售43万起 大众新三厢POLO曝光
19.    <br />
20.   •6款国产顶配商务B级车对比 朗逸蓝驱版明年引进
21.    <br />
22.   •锐志降2.8万 进口雅尊降2万 沃尔沃S80L降3.3万
23.    <br />
24.   •图吧 | 日产Juke售价12.7万 2011款SHELBY GT500
25.  </one>
26.  <two>
27.   <nei>
28.    <tu1></tu1>
29.    老同学聚会，欢乐背后暗藏危机？
30.     <br />
31.    OL最爱妩媚夏季发型 魅力长发性感建议
32.     <br />
33.    苦练4周告别水桶腰 红遍网络瘦腿经验
34.     <br />
35.   </nei>
36.   •美容 | 妙招消灭草莓鼻 揭秘N个防晒真相 拯救吸烟疲惫肌
37.    <br />
38.   •服饰 | 这样穿非常显腰 20款裙装众人瞩目 大胆性感不走光
39.    <br />
40.   •情感 | 老婆竟借钱养情人 分手后扔不扔信物 小三也有破绽
41.    <br />
42.   •风尚 | 镁光灯下的明星宝贝 麦姐热辣广告拍摄花絮曝光
43.    <br />
44.   •奢品 | 玩具勾起的童年记忆 50年来最经典十大明星裙装
```

```
45.    <br />
46.    •写真 | 范冰冰抵制"伪娘" 大胆追爱的女星 明星减肥失控
47. </two>
48. <three></three>
49. </big>
```

在上面代码中，第4行到第25行是第一块部分，也就是左面的一块，这里的标记定义为
<one>。

第6行放置图片，因为XML不能使用原有的HTML标签了，所以我们只能在CSS里设置
它了。

第7行到第24行是第一块需要显示的内容部分。第26行到第47行是第二块部分，也就是中
间的一块，所需要的操作与第一块相同，这里就不详细说明了。最后一块主要显示一张图片，
这里也不能放置HTML图片，所以第48行代码和第6行代码一样，都只给出一对空的标记。

5. 开发正文部分的样式代码

如果不开发CSS部分的代码，那就无法让XML具有图13-4所示的效果，所以还需要设置
一下页面的样式。这个示例中的CSS样式代码如下所示。

```
1.  big{
2.        width:900px;
3.        font-size:12px;
4.        font-family:"宋体";
5.        margin:0 auto 0 auto;
6.  }
7.  br{
8.        display:block;
9.        }
10. one{
11.       width:350px;
12.       border:#6633FF 1px solid;
13.       float:left;
14.       line-height:25px;
15.       background-color:#CCCCCC;
16. }
17. two{
18.     width:350px;
19.       border:#CC6600 1px solid;
20.       float:left;
21.       line-height:25px;
22.       margin-left:10px;
23.       background-color:#FFFF99;
24.       }
25. tu{
26.       width:115px;
27.       height:70px;
28.       background-image:url(001.jpg);
29.       float:left;
30.       margin:5px 0 0 5px;
31.       }
```

```
32. tu1{
33.      width:115px;
34.      height:70px;
35.      background-image:url(002.jpg);
36.      float:left;
37.      margin:5px 0 0 5px;
38.      }
39. nei{
40.      border-bottom:#999999 dashed 1px;
41.      }
42. three{
43.      background-image:url(003.jpg);
44.      width:150px;
45.      height:230px;
46.      margin-left:10px;
47. }
```

　　首先看一下针对big部分的样式，big是XML里的根元素，所以这部分的CSS可以作用到整个XML的范围上，代码的第1行到第6行是对big块所做的样式设置，它设置了整体框架的宽度、字体大小、字体样式和外边框等。

　　第7到第9行设置了br的样式，整个部分设置成block。

　　第10行到第24行，通过设置CSS里的one和two的标记，来设置XML里相对应元素的样式，这里设置了它们的宽度、行高、浮动特性、边框线和背景色。

　　由于XML页面不能再使用原有的HTML标签，所以这里无法使用img标签，只能先定义一个tu以及tu1标记，然后给该标记设定背景图样式，这样就能够达到与使用img标签相同的样式了，tu与tu1标记的样式在第25到第38行代码中定义了，主要设置了这一块的宽度、高度以及相应的图片。

　　第39到第41行设置了nei的样式，包括划线的样式及宽度，这样就使图片后面的这一块文字样式与其他部分的文字样式不同，也强化了视觉效果。

　　第42到第47行设置了最后第三块的图片样式，因为它只是一张图片，所以同样将图片设置为背景色，并设置了它的宽度和高度。

　　这样，完成了整个实训的实现，相信读者也能够自己动手实现一些这方面的页面效果了。

13.5　实训——Ajax与CSS结合的练习

　　范例13-2：【光盘位置】\sample\chap13\Ajax与CSS结合的练习\index.html

　　在前几节中讲解了Ajax的基础知识，以及结合CSS样式对Ajax所产生的效果进行美化。本节将制做一个实例，来加强我们对Ajax与CSS样式的综合应用能力，同时加深读者对Ajax与CSS的理解。

1. 需求分析

本实训要求实现如图13-5所示的文件载入效果。当页面刚刚打开时，下面的黄色进度条位于初始位置，然后进度条就会慢慢增长，同时会在进度条上显示相应的百分比数，效果如图13-6所示。

图13-5　实训效果图　　　　　　　　图13-6　页面加载后效果

其中的动态效果使用Ajax技术来完成，而所有的样式都是在CSS文件中定义，这个范例将运用到第13.3节所讲的Ajax与CSS技术。

2. 创建HTML页面

在这个实训中，首先需要将HTML页面构造出来，定位好需要显示的内容，并将内容加入即可。下面来看一下HTML页面代码，如下所示。

```
1.  <html >
2.  <head>
3.  <title>预载模拟</title>
4.  <head>
5.  <body>
6.  <div class="load_">
7.  <p style="width:1%;" id="load_"></p>
8.  正在载入，请稍后...
9.  </div>
10. </body>
11. </html>
```

可以看到，这部分的代码只有短短的11行，下面分析一下这些代码的作用。

第1行与第11行是一组<html>标签，这是HTML页面的根基，是必须使用的标签；第2行与第4行的代码是一组<head>标签，用来显示页面的头部信息，第3行代码里面的<title>标签，定义页面标题栏所显示的内容，网页的标题都要写在这里。

第5行到第10行就是需要显示的内容，也是这个HTML页面的主要部分，这里定义了一个DIV，这个DIV就是整个页面的容器。

第6行代码中的class="load_"，说明通过load_引用相应的样式。第7行主要初始化了进度条的宽度。

3. 引入并设计CSS样式

HTML页面已经设计好了，接下来定义CSS样式代码，这里将CSS样式放在了HTML页面的<head>标签内了，所以需要在<head>标签内加入<style type="text/css"></style>标签，样式代码放在style标签之间。

CSS样式代码如下所示。

```
1.  load_ {
2.  width:200px;
3.  height:40px;
4.  padding:20px 50px;
5.  margin:20px;
6.  font-size:9pt;
7.  background:#eee;
8.  }
9.  .load_p {
10. margin-bottom:8px;
11. height:12px;
12. line-height:12px;
13. border:1px solid;
14. border-color:#fff #000 #000 #fff;
15. padding:4px 2px 2px;
16. text-align:right;
17. font-size:7pt;
18. font-family:Lucida Sans!important; color:#333; background:#ff0;
19. }
```

在上面代码中，第1行到第8行设置了内容部分的样式，它作用于整个页面的内容部分。第2行与第3行设置了内容区域的宽度及高度，并给出了固定值。第4行到第5行设置了边距。第6行与第7行设置了字体大小与背景色。

第9行到第19行主要针对HTML页面中的第7行来设置的，这里设置了页面进度条部分的样式。第10行和第15行都设置了边距，第11行设置了高度，第13行设置了进度条的边框样式及宽度，第14行设置了边框的颜色；第16行到第18行主要是对进度条上的文字做了设置，如文字对齐方式、字体大小、字体及颜色等。

4. 实现动态效果的AJAX代码

完成了所有的样式及页面代码后，还差最后的Ajax代码了，下面看一下这部分代码的内容。

```
1.  function $(id,tag)
2.  {
3.  if(!tag)
4.  {
5.  return document.getElementById(id);
6.  }
7.  else
8.  {
9.  return document.getElementById(id).getElementsByTagName(tag);
10. }
11. }
12. function load_(obj,s){
13.         var objw=$(obj).style.width;
14.         if(objw!="101%"){
15.                 if(!s){var s=0;}
16.                 $(obj).innerHTML=objw;
17.                 $(obj).style.width=s+"%";
18.                 s++;
19.                 setTimeout(function (){loads_(obj,s)},50);
```

```
20.        }
21.        else{
22.              $(obj).innerHTML="完毕!!!!";
23.        }
24. }
25. loads_("load_");
```

在上面代码中，第1行到第11行代码获取到进度条的这一块的ID值，这样程序就知道从哪里开始运行的了。

第3行到第6判断tag的值是否为空，如果为空则直接通过ID获取到进度条部分的标签；第7行到第10行定义了如果tag的值不为空，那么就能通过tag的值取得进度条部分的标签了。

第12行到第24行通过循环来增加进度条的长度，同时显示进度条进度的百分比。第13行创建了一个变量objw来获取到当前进度条的宽度值，第14行判断进度条的宽度值是否达到101%，如果没达到则继续循环。

第21行到第23定义如果进度条进度达到100%了，那么就跳出循环，并且在进度条上显示"完结！！！"字样。第25行代码在页面加载完毕后就运行load_函数。

到此，我们就完成了本节的实例。在实训中，主要练习了如何综合使用Ajax与CSS样式，从而使页面达到更好的效果，能够更吸引用户的眼球。

13.6 上机题

（1）请使用CSS+Ajax完成如图13-7所示的效果，要求如下。

①使用CSS完成对字体的设置：字号为24号、字体为tahoma。

②下拉列表框内的日期被更改后，下面的日期也随着更改，但要求整个页面不随着更新，只有显示文字部分刷新。

（2）请使用CSS+XML的方法，完成如图13-8所示的效果，要求如下。

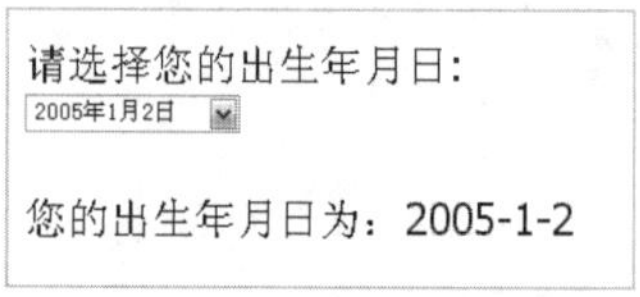

请选择您的出生年月日：
2005年1月2日
您的出生年月日为：2005-1-2

图13-7 上机习题1效果图 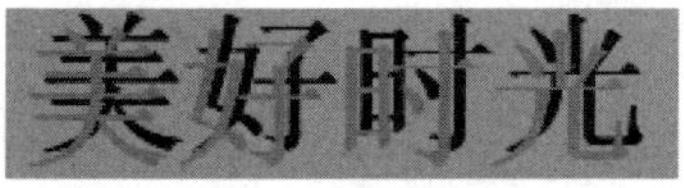   图13-8 上机习题2效果图

①使用XML文档格式写出"美好时光"四个字，标记名字可以自己定义，注意名命规范。

②所有样式均需要写在CSS文件内，不得写在XML文档内部。注意文字后面的阴影部分及背景色。

完成这个题目需要注意以下两点。

①注意在XML里链接CSS的方法。

②所有的在HTML内通用的元素在XML里需要谨慎使用，定义后需要及时在CSS代码里声明。

（3）请使用CSS+XML的方法，完成如图13-9所示的效果，要求如下。

①标题部分，字体采用18像素，行高采用25像素，文字居中显示，并且适当地设置字体颜色。

②整个XML文档中，采用适当的背景色，并设置字体为宋体。

③设置整体的边框效果，颜色可以自定，但边框宽度是1px。

④在正文部分，行高设置为20px。

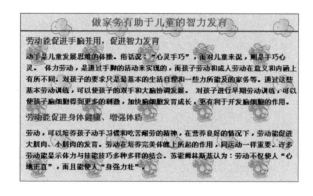

图13-9　上机习题3效果图

（4）请使用CSS+XML的方法，完成如图13-10所示的效果，要求如下。

①请使用XML文档来编写所要显示的诗词，标记注意命名规范，不要使用无意义的名称。

②所有的样式都要写在CSS文件内，在XML文档内不允许出现样式说明，注意标题有背景色。

③标题部分采用居中效果，而唐诗正文部分，前方用圆点作为标记。

④边框部分采用绿色，宽度设置为1px。

图13-10　上机习题4效果图

（5）请使用CSS+AJAX的方法，完成如图13-11所示的效果，要求如下。

①图13-11的效果为页面加载后的效果，其中文字部分使用了CSS样式，要求CSS的样式写在CSS文件内，在页面的HTML代码中不允许出现样式代码。

②当用户输入账号和密码，单击添加按钮后，会即时在下面的表格中显示出账号及密码，同时清空账号及密码文本框内容；要求当前页面不刷新，只有表格部分刷新，并且在操作栏内显示删除按钮，单击删除可以删除当前行的数据，效果如图13-12所示。

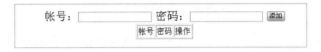

图13-11　上机习题5效果图（1）

图13-12　上机习题5效果图（2）

解决CSS开发中的常见问题

第14章

在编写DIV和CSS的过程中，我们经常会遇到一些古怪的问题，比如虽然语法正确，但在一些浏览器里，CSS效果就是出不来。

这些问题对于资深美工来说，可能不是问题，但对于初学者来说，可能就会无所适从了，本章就来归纳一些这方面的问题。在本章中，我们将讲述的重点内容如下。

- CSS不兼容问题的症状以及解决方法
- 解决HTML和CSS文本里的中文编码问题

14.1 解决浏览器不兼容的问题

第3章提到了一些CSS不适用所有浏览器的问题，本节将按照"症状——问题点分析——解决方案"的思路，分析一些常见的浏览器不兼容的问题。

14.1.1 解决字体大小不兼容的问题

各个浏览器对字体大小small的定义不同，所以同样使用small，但显示的字体大小效果不一样。下面看一个例子，来演示一下IE和Firefox浏览器中small字体大小究竟差了多少，请看下面一段HTML代码。

```
1.  <html >
2.  <head>
3.  <meta charset=utf-8" />
4.  <title>表单实训</title>
5.  <style>
6.  .fon {
7.  font-size:small;
8.  }
9.  </style>
10. </head>
11. <body>
12. <form>
13.   </div>
```

```
14.   <div class="fon">
15.      浏览器不兼容字体大小
16.   </div>
17. </form>
18. </body>
19. </html>
```

IE浏览器中所显示出来的文字大小，如图14-1所示。

而在Firefox中所显示出来的文字大小，如图14-2所示。

图14-1　IE浏览器效果

图14-2　firefox浏览器效果

大家对比看一下，两个浏览器所显示的字体大小差别很明显。这就是由于不同浏览器对字体大小small不同的定义所造成的。Firefox将small定义为13px，而IE将small定义为16px，所以这样就导致了同样的设置，在两个不同的浏览器中所显示的字体大小差别这么大了。

这个问题的解决办法是，在页面中设置文字大小的时候，不要使用small设置大小，直接设置为15px等具体的数值，这样，不管在何种浏览器中都会以同样的方式识别，就不会出现字体有差异的问题了。

还使用上面的代码为例，把文字的大小更改为具体的数值，这里定义为15px，代码如下所示。

```
1.  <html >
2.  <head>
3.  <meta charset=utf-8" />
4.  <title>表单实训</title>
5.  <style>
6.  .fon {
7.  font-size:15px;
8.  }
9.  </style>
10. </head>
11. <body>
12. <form>
13.    </div>
14.    <div class="fon">
15.       浏览器不兼容字体大小
16.    </div>
17. </form>
18. </body>
19. </html>
```

在上面代码中，第7行定义文字大小为15px，下面再来看一下在两种浏览器中的效果，如图14-3所示。

IE浏览器效果   firefox浏览器效果

图14-3　解决字体不兼容问题效果图

在图14-3中，可以看到两个浏览器中的字体大小相同，没有差别。这样就解决了这种字体大小不兼容的问题。

14.1.2 解决DIV里的float悬浮问题

在网页中，经常需要使用DIV分块对页面进行布局，并使用到float来设置浮动。但是在IE浏览器与Firefox中，两个相连的DIV块，如果一个设置左浮动，一个设置右浮动，这时就会出现问题，下面我们用相同的一段代码来看一下效果。

```
1.  <html >
2.  <head>
3.  <meta charset=utf-8" />
4.  <style>
5.  .fon {
6.   float:left;
7.  }
8.  .a{
9.  float:left;
10. }
11. .b{
12. float:right;
13. }
14. </style>
15. </head>
16. <body>
17. <form>
18.    <div class="fon">
19.       <div class="a" >左浮动</div>
20.       <div class="b">右浮动</div>
21.    </div>
22. </form>
23. </body>
24. </html>
```

在上面代码的第18行到第21行，一共定义了3个DIV块，其中一个大块包含了两个小的DIV块。第6行到第14行的CSS中，为最大的DIV块设置了左浮动，下面两个小块一个设置了左浮动，一个设置了右浮动。这个页面在IE中的效果如图14-4所示。

图14-4　IE中浮动效果

可以看到，显示的效果和我们所设计的一样没有问题。下面再来看一下这段代码在Firefox浏览器中的效果，如图14-5所示。

图14-5　Firefox浮动效果

很明显，在Firefox浏览器中，本来应该右浮动的一块并没有到达到效果，还是和上一个DIV块用了相同的设置，它自己的设置没有生效。

这是因为在IE浏览器中会根据设置来判断float浮动，而在Firefox中，如果上一个float没有被清除的话，下一个float会自动延用上一个float的设置，而不会使用自己的float设置。

这个问题的解决办法是，在每一个DIV块设置了float后，在最后加入一句清除浮动的代码clear:both，这样就会清除前一个浮动的设置了，下一个float也就不会再使用上一个浮动设置，从而使用自己所设置的浮动了。

下面使用上面的例子，把代码按我们所讲的解决办法修改一下，代码如下所示。

```
1.  <html >
2.  <head>
3.  <meta charset=utf-8" />
4.  <style>
5.  .fon {
6.   float:left;
7.  }
8.  .a{
9.  float:left;
10.  clear:both;
11.
12. }
13. .b{
14. float:right;
15. }
16. </style>
17. </head>
```

```
18. <body>
19. <form>
20.    <div class="fon">
21.       <div class="a" >左浮动</div>
22.       <div class="b">右浮动</div>
23.    </div>
24. </form>
25. </body>
26. </html>
```

在上面代码中，第12行前面加了"clear:both;"，下面再来看一下效果的对比，如图14-6所示。

IE浏览器效果　　　　　　　　　　　firefox浏览器效果

图14-6　使用清除浮动效果图

可以看到，两个浏览器的效果都一样了，浮动效果都在各自相应的位置上，这样就解决了浮动问题。

14.1.3 容器高度的限定问题

在网页中，经常需要设置容器的高度，即hight的值，这个高度的值也会产生浏览器不兼容的问题。

比如在IE浏览器中，如果设置了高度值，但是内容很多，会超出所设置的高度，这时浏览器就会自己撑开高度，以达到显示全部内容的效果，不受所设置的高度值限制。

而在Firefox浏览器中，如果固定了高度的值，那么容器的高度就会被固定住，就算内容过多，它也不会撑开，也会显示全部内容，但是如果容器下面还有内容的话，那么这一块就会与下一块内容重合。下面看一个实例，同样使用同一个页面，在两种浏览器中查看效果，代码如下所示。

```
1. <html >
2. <head>
3. <meta charset=utf-8" />
4. <title></title>
5. <style>
6. .fon {
7. width:50px;
8.       height:20px;
9. }
```

```
10. </style>
11. </head>
12. <body>
13. <form>
14.    <div class="fon">
15.      如在IE浏览器中，你如果设置了高度值，但是内容很多，
16.   </div>
17. <diva>123454654</div>
18. </form>
19. </body>
20. </html>
```

在上面代码中，第6行到第9行定义了高度和宽度值。第15行定义的内容部分比较多。下面看一下在IE浏览器中所显示的内容是什么效果，如图14-7所示。

可以看到，第一块的内容全部都显示出来了，而且在它下面的一块的内容也同样显示出来，但是第一块所设置的高度20px，在这里没有效果。这就是IE浏览器的功能，它会自动根据内容来重新定义容器的高度，如果不够高的话会自动撑开所需要的高度。

下面再来看一下同样的例子在Firefox浏览器中是什么样的效果，如图14-8所示。

图14-7　IE浏览器设置高度的效果　　　　　图14-8　firefox浏览器中设置高度的效果

在图14-8中，可以看到第二个DIV块的位置没有变化，内容也还是显示在原来的地方，第一个DIV块的内容虽然也全显示出来，但是它还占用了下面的DIV块的空间，并且内容还重合在一起了，这不是我们想要的效果。

这个问题的解决办法是，不要设置高度的值，这样浏览器就会自动根据内容来判断高度，也就不会出现上面的内容重合的问题了。

下面还使用上面的代码为例，去掉DIV块高度的定义，代码如下所示。

```
1.  <html >
2.  <head>
3.  <meta charset=utf-8" />
4.  <title></title>
5.  <style>
6.  .fon {
7.  width:50px;
8.  }
9.  </style>
10. </head>
```

```
11. <body>
12. <form>
13.     <div class="fon">
14.         如在IE浏览器中，你如果设置了高度值，但是内容很多，
15.     </div>
16. <diva>123454654</div>
17. </form>
18. </body>
19. </html>
```

再来看一下页面在两种浏览器中的效果，如图14-9所示。

IE中的效果图

Filefox中的效果图

图14-9　不设置高度时两种浏览器效果对比

可以看到，现在两种浏览器的效果相同，都是根据内容来自动定义块的高度，这样两种浏览器的兼容问题就解决了。

 ## 14.2 解决HTML和CSS的中文编码问题

在网页中，经常会碰到一些因为编码格式而使CSS样式无效的问题，本节将介绍在CSS与HTML页面中经常会遇到的一些编码问题。

14.2.1　CSS与HTML页面的默认编码问题

在使用DIV+CSS做网页设计的时候，经常会碰到IE6浏览器不能正常解析CSS样式的情况。这是为什么呢？这时，我们通常都会先检查一下代码有没有问题，HTML文件的代码没有问题，而CSS文件的代码也没有问题，但是在CSS文件里有一些中文的注释。

经过仔细研究终于发现了问题，一般网页里面都是采用UTF-8的编码格式，这本来对

设计网页是没问题的，但问题就出现在外部的CSS文件默认的是ANSI的编码格式，而不是
UTF-8的格式。一般的情况下是不会有问题的，然而，当CSS文件中包含有中文注释的时
候，问题就出现了，这应该是IE6浏览器在解析CSS文件时因为编码不同而无法正确解析所造
成的，所以才出现了上面提到的CSS在IE6下不起作用的情况。

下面我们来看一个页面，这个页面在IE6的浏览器下运行，并在CSS代码中加入了中文注
释，页面代码如下所示。

```
1.  <html>
2.  <head>
3.  <link href="css.css" style="stylesheet" />
4.  </head>
5.  <body>
6.  <div class="test">
7.  <ul>
8.  <li><a href="#">首页</a></li>
9.  <li><a href="#">产品介绍</a></li>
10. <li><a href="#">服务介绍</a></li>
11. <li><a href="#">技术支持</a></li>
12. <li><a href="#">立刻购买</a></li>
13. <li><a href="#">联系我们</a></li>
14. </ul>
15. </div>
16. </body>
17. </html>
```

上述HTML代码使用的CSS代码如下所示。

```
1.  .test ul{
2.  list-style:none;
3.  } /*这里是test下的ul的样式*/
4.  .test li{
5.  float:left;
6.  width:100px;
7.  background:#CCC;
8.  margin-left:3px;
9.  line-height:30px;
10. }
11. .test a{
12. display:block;
13. text-align:center;
14. height:30px;
15. }
16. .test a:link{
17. color:#666;
18. background:url(arrow_off.gif) #CCC no-repeat 5px 12px;
19. text-decoration:none;
20. }
21. .test a:visited{
22. color:#666;
23. text-decoration:underline;
```

```
24. }
25. .test :hover{
26. color:#FFF;
27. font-weight:bold;
28. text-decoration:none;
29. background:url(arrow_on.gif) #F00 no-repeat 5px 12px;
30. }
```

在上面CSS代码的第3行里，加入了中文注释，这个页面显示的是一个横排的菜单，并且鼠标移动到菜单上面时有切换效果。页面效果如图14-10所示。

这个问题的解决办法是：

①把CSS、HTML网页文件都统一保存为UTF-8格式。

②去掉CSS文件中的所有中文注释，或者把注释全部都改为英文。

下面再使用上面的代码为例，按第2种解决方法将中文注释去掉，看看这次的效果，如图14-11所示。

图14-11 去掉中文注释的效果图

可以看到两次的效果有很大的区别，图14-10中根本就没有使用CSS样式，而图14-11中达到了要求的效果。所以大家在写注释的时候要注意，不要使用中文做为注释内容，要养成使用英文做为注释的好习惯，这样就不会出现上面所提到的问题了。第1种解决方法的效果和上面图14-11的效果一样，有兴趣大家可以去试一下，这里就不再说明了。

图14-10 IE6浏览器使用
中文注释的效果

14.2.2 CSS中文注释"标"的问题

在使用DIV+CSS做网页的时候，还有一种情况需要注意，就是在IE6浏览器下注释不能有"标"字。原因是在IE6中，注释中含有"标"字会导致页面乱掉的情况。

我们将CSS文件的编码格式设置为ANSI，HTML页面可以是UTF-8的编码格式。在CSS文件的注释中含有"标"字，这样在IE6中运行就会出现网页乱掉的现象，而在IE7与Firefox中运行就没问题。

下面用上一小节的例子代码来做一下这个问题的演示，HTML部分代码如下所示。

```
1. <html>
2. <head>
3. <meta charset="utf-8" />
4. <link href="css.css" rel="stylesheet" type="text/css"/>
5. </head>
6. <body>
7. <div class="test">
8. <ul>
9. <li><a href="#">首页</a></li>
```

```
10. <li><a href="#">产品介绍</a></li>
11. <li><a href="#">服务介绍</a></li>
12. <li><a href="#">技术支持</a></li>
13. <li><a href="#">立刻购买</a></li>
14. <li><a href="#">联系我们</a></li>
15. </ul>
16. </div>
17. </body>
18. </html>
```

CSS部分的代码如下所示。

```
1.  @charset "ANSI";
2.  .test ul{
3.  list-style:none;
4.  }/*注释标*/
5.  .test li{
6.  float:left;
7.  width:100px;
8.  background:#CCC;
9.  margin-left:3px;
10. line-height:30px;
11. }
12. .test a{
13. display:block;
14. text-align:center;
15. height:30px;
16. }
17. .test a:link{
18. color:#666;
19. background:url(arrow_off.gif) #CCCno-repeat 5px 12px;
20. text-decoration:none;
21. }
22. .test a:visited{
23. color:#666;
24. text-decoration:underline;
25. }
26. .test a:hover{
27. color:#FFF;
28. font-weight:bold;
29. text-decoration:none;
30. background:url(arrow_on.gif) #F00 no-repeat 5px 12px;
31. }
```

在上面的代码中第4行我们加入了中文注释，其中含有"标"字，下面查看一下这个页面的效果，如图14-12所示。

页面所设置的CSS样式没有生效，因为它的注释中含有"标"字。

这个问题的解决办法是：

①将编码格式改为UTF-8。

> 首页
> 产品介绍
> 服务介绍
> 技术支持
> 立刻购买
> 联系我们

图14-12　带有标字的中文注释

②将这些有问题的注释删掉。

下面我们去掉注释中的标字，HTML代码不做更改，CSS部分代码只将第4行的中文注释部分的"标"字去掉。现在再来看一下效果，如图14-13所示。

图14-13　不含有"标"字中文注释效果

可以看到了，页面显示出来我们所需要的效果，这就是IE6版本浏览器下的一个Bug：ANSI编码的CSS文件中，如果出现某些汉字则会导致CSS出错，从而使页面变乱。

第15章 娱乐门户网站

娱乐门户网站是近几年国内热门的网站类型之一，介绍各个地区的好玩、好吃的地方。其成功运营的网站有大众点评网。本章介绍的玩客网就是一个针对上海地区娱乐场所的信息发布平台。

为了能更好的吸引用户，网站除了提供信息发布功能，还包括用户博客、抽奖信息、社区等多种方式为客户互动提供支持。浏览玩客网给用户第一印象很亮丽，不同以往的娱乐门户网站的柔和基调。这种视觉冲击，让访问网站的用户产生进一步访问的期望。至于网站的受欢迎程度，要取决于网站的运营模式、服务、互动平台和推广等多方面因素。本章我们就来分析一下这类网站的实现方式。

15.1 网站页面效果分析

本节将重点分析娱乐门户网站的首页和"店铺"页面的设计样式，而"店铺列表"页面因为篇幅的原因，就不再详细分析了，如有需要，请自行从光盘中获取相关页面文件。

15.1.1 首页效果分析

娱乐门户网站首页的布局是很常见的三行样式，其中，第一行放置网站Logo、网站导航、站内搜索等几个部分的内容；第二行放置"网站公告"、"娱乐指南"、"网站导航"和"网站广告"等几个部分；第三行放置的是部分导航、版权信息和部分友情链接。

首页的第二行是网站的正文部分，这部分比较复杂，内容比较多，所以截图会比较长，导致图片看起较小，如图15-1所示。

图15-1　首页的效果图

15.1.2　"店铺"页面的效果分析

在店铺页面中，放置某个店铺的详细信息和服务信息，通过这个页面，我们将会全面了解一个店铺。

这个页面也采用了三行样式，其中，第一行和第三行的样式与首页完全一致，都是页头和页脚。第二行放置店铺的详细信息和服务信息，下面只给出第二行的效果图，由于图片过长，图15-2只显示了大半部分的页面。

图15-2　店铺页面的效果图

15.1.3　网站文件综述

网站页面的文件部分是比较传统的，用img、css和js三个目录分别保存网站所用到的图片、CSS文件和JS代码，文件及其功能如表15-1所示。

表15-1　娱乐门户网站文件和目录一览表

模块名	文件名	功能描述
页面文件	index.htm	首页
	shop.htm	店铺页面
	shoplist.htm	店铺列表页面
css目录	之下所有扩展名为css的文件	本网站的样式表文件
scripts目录	之下所有扩展名为js的文件	本网站的JavaScript脚本文件
img	之下所有的图片	本网站需要用到的图片

15.2　规划首页的布局

因为需要搭建一个娱乐门户网站，所以网站首页的内容是比较多的，本节我们会分几个部分介绍网站的首页，下面就依次介绍首页中重要部分的实现方式。

15.2.1　搭建首页页头部分的DIV

首页的页头部分是比较重要的部分，它包括了网站Logo部分、导航部分和站内搜索部分，页头的效果如图15-3所示。

图15-3　首页页头设计分析图

页头部分的关键代码如下所示。

```
1.  <DIV id=logo>
2.    <DIV id=logo_wen>
3.    <P><SPAN id=Page_header1_span_name></SPAN><SPAN id=Page_header1_
      span_login><IMG alt="登录" src="images/sy-sy-06.gif">
4.  <A href="http://www.52wank.com/login.aspx">[登录]</A>
5.  <IMG alt=玩家注册 src="images/sy-sy-07.gif">…… </P>
```

```
6.        <P style="MARGIN-TOP: 25px"><A href="#" target=_blank; ;>
7.  <IMG alt="联系客服" src="images/42_offline.gif" border=0></
A>    <IMG style="CURSOR: hand" onclick=window.external.
AddFavorite(location.href,document.title);
8.  src="images/shoucang.gif" border=0>
9.        <INPUT id=Page_header1_LinkButton1 style="BORDER-TOP-WIDTH: 0px;
BORDER-LEFT-WIDTH: 0px; BORDER-BOTTOM-WIDTH: 0px; BORDER-RIGHT-WIDTH: 0px"
10. type=image src="images/myblog.jpg" name=Page_header1$LinkButton1>
11.      </P>
12.      </DIV>
13.      <DIV id=logo_tu><A href="http://www.52wank.com/Default.aspx">
14. <IMG id=Page_header1_Image1 style="BORDER-TOP-WIDTH: 0px; BORDER-LEFT-
WIDTH: 0px; BORDER-BOTTOM-WIDTH: 0px; WIDTH: 200px; HEIGHT: 80px; BORDER-
RIGHT-WIDTH: 0px" src="images/w-logo.gif"></A></DIV>
15.      <DIV id=logo_wen2>
16.      <P id=Page_header1_p_dianpu><IMG alt=首页 src="images/sy-sy-01.gif"><A
17. href="http://www.52wank.com/default.aspx">首页</A>
18. <IMG alt=店铺注册 src="images/sy-sy-02.gif"><A
19. href="http://www.52wank.com/DianpuUserRegister.aspx">注册商铺</A> <IMG
alt=店铺管理 src="images/sy-sy-03.gif">……</P>
20.      </DIV>
21.      </DIV>
22. <!--站内搜索部分 -->
23. <DIV id=menu>
24.      <UL class=nav>
25.      <LI><A class=nav_off id=mynav0 onmouseover=qiehuan(0)
26.  href="http://www.52wank.com/Default.aspx"><SPAN>首页</SPAN></A> </LI>
27.        <LI class=line></LI>
28.        ……
29.      </UL>
30.      <DIV onkeypress="JavaScript:return WebForm_FireDefaultButton(event,
'Page_search_btn_ESearch')" id=Page_search_sou_n><SPAN class=butt>
31.      <INPUT id=Page_search_txt_ESearch style="VERTICAL-ALIGN: bottom;
WIDTH: 150px; HEIGHT: 20px" name=Page_search$txt_ESearch>
32.      </SPAN> <SPAN class=butt>
33.      <INPUT class=clas id=Page_search_btn_ESearch
onkeydown=EnterSearchTextBox() style="BORDER-TOP-WIDTH: 0px;
BORDER-LEFT-WIDTH: 0px; BORDER-BOTTOM-WIDTH: 0px; BORDER-RIGHT-WIDTH:
0px" onclick="JavaScript:return checkHtmlText();" type=image
src="images/sousuo_button.gif" name=Page_search$btn_ESearch>
34.      <INPUT class=clas id=Page_search_btn_Casual style="BORDER-TOP-
WIDTH: 0px; BORDER-LEFT-WIDTH: 0px; BORDER-BOTTOM-WIDTH: 0px;
BORDER-RIGHT-WIDTH: 0px" type=image src="images/suibian_anniu.jpg"
name=Page_search$btn_Casual></SPAN>
35. <SPAN id=Page_search_search_key style="ZOOM: 1"> 
36. <Ahref="http://www.52wank.com/show_list.aspx?action=4%2fkdxRvF%2feI%3d
&amp;select=h%2fFyxnYo71E%3d">咖啡</A>   …… </DIV>
37.      <DIV id=menu_con>
38.      ……
39.      <DIV class=ts>
40.      <P style="MARGIN-TOP: 12px; MARGIN-LEFT: 300px; COLOR: #666666">上玩
```

```
客网找到最近, 最好, 最实惠的玩乐店铺</P>
41.        </DIV>
42.        </DIV>
43.        </DIV>
```

在上述代码中, 第3行到第5行是网站的上部分左边导航, 第6行到第11行是联系客服等导航, 第14行是网站的Logo部分, 第16到第19行是上半部分右边的导航。第22行到第47行是站内搜索部分, 第22到第29行是网站的整体导航, 第23到第36是网站的搜索部分。

15.2.2 搭建 "第一列" 部分的DIV

首页的正文部分可以分为三列, 而现在将要搭建就是首页左边第一列的部分, 这部分的效果如图15-4所示。

正文第一列部分的广告图比较多, 为了节省篇幅, 这里只选其中的一个为例, 其关键代码如下所示。

图15-4 正文第一列部分的DIV效果图

```
1.  <DIV id=gonggao_list>
2.     <TABLE cellSpacing=5 cellPadding=5
       width="90%" align=center border=0>
3.     ......
4.     </TABLE>
5.  </DIV>
6.     <DIV id=left>
7.     <DIV id=dh>
8.     <DIV class=dh_tou>
9.     <H1>上海娱乐指南</H1>
10.    </DIV>
11.    <DIV class=dh_nav>
12.    <UL id=d_nav>
13.    <LI><A href="http://www.52wank.com/
       show_list.aspx?action=channel&amp;
       select=1">
14.       
      球类运动</A>
15.      <UL>
16.      <LI><A
17.  href="http://www.52wank.com/show_list.aspx?action=category&amp;select
     =101">羽毛球</A> </LI>......
18.      </UL>
19.      </LI>
20.      ......
21.      </UL>
22.      </LI>
23.    </UL>
24.    </DIV>
25.    <DIV class=shouye_gg id=ad6><A href="http://www.52wank.com/536"
26. target=_blank><IMG style="BORDER-TOP-WIDTH: 0px; BORDER-LEFT-WIDTH: 0px;
    BORDER-BOTTOM-WIDTH: 0px; BORDER-RIGHT-WIDTH: 0px"
27. src="images/2010129193336.jpg"></A></DIV>
```

```
28.      …….
29.     </DIV>
30.     </DIV>
```

正文第一列部分由网站公告、网站导航和广告三个部分组成的，其中，第2行到第4行是网站公告部分，这部分由DIV+TABLE组成，第6行到第24行是网站的导航部分，这里只给出一个导航作为示例，第25行到第27行则是广告部分。

15.2.3　搭建"标签导航"部分的DIV

标签导航部分的DIV是正文第二列的第二部分，第一部分是广告部分，这部分的效果由JS实现，搭建方法比较简单，所以就不叙述了，效果如图15-5所示。

标签导航部分的代码如下所示。

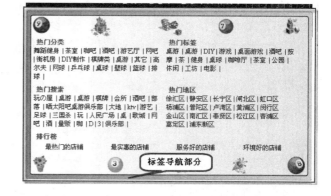

图15-5　标签导航部分DIV的效果图

```
1.  <DIV class=fenlei_
    tou></DIV>
2.    <DIV id=fenlei>
3.    <DIV class=fenlei_
      body>
4.    <DIV class=fenlei_kuang>
5.    <DIV class=fenlei_left>
6.    <H2>热门分类</H2>
7.    <P><A
8. href="http://www.52wank.com/show_list.aspx?action=3N5lhXjLDROs8IxPNnflk
   A%3d%3d&amp;select=8jUDNXgVUYc%3d">舞蹈健身
9.      |</A>……</P>
10.   </DIV>
11.   ……
12.   </DIV>
13.   </DIV>
14.   <H2>排行榜</H2>
15.   <TABLE width=500>
16.   <TBODY>
17.   <TR>
18.   <TD><A href="http://www.52wank.com/paihang.aspx?list=hot">最热门
      的店铺</A></TD>
19. ……
20.     </TR>
21.    </TBODY>
22.   </TABLE>
23.   </DIV>
```

上面代码只给出"热门分类"部分DIV的代码，而"热门标签"、"热门搜索"、"热门地区"等部分的代码与"热门分类"类似。"排行榜"的搭建则是由DIV+TABLE组成的，这里就不做说明了。

15.2.4　搭建"新进店铺"部分的DIV

新进店铺部分的DIV是正文第二列的第三个部分，这部分主要描述了新进店铺的一些详细信息，效果如图15-6所示。

新进店铺部分的DIV的关键代码如下所示。

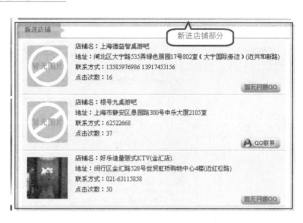

图15-6　新进店铺部分的效果

```
1.  <DIV class=new_shop>
2.    <DIV class=new_
      shopbt>
3.     <P>新进店铺</P>
4.    </DIV>
5.    <DIV class=new_
      shop_k>
6.     <DIV class=new_shop_list>
7.      <DIV class=new_shop_list_left>
8.       <P><A href="http://www.52wank.com/1137"><IMG
9. style="BORDER-TOP-WIDTH: 0px; BORDER-LEFT-WIDTH: 0px; BORDER-BOTTOM-
   WIDTH: 0px; WIDTH: 80px; HEIGHT: 80px; BORDER-RIGHT-WIDTH: 0px"
10.alt=上海德益智桌游吧 src="images/null_120_120.gif"> </A></P>
11.     </DIV>
12.     <DIV class=new_shop_list_right>
13.      <DIV class=new_shop_jiben>
14.       <P>店铺名：上海德益智桌游吧 </P>
15.       <P>地址：闸北区大宁路535弄绿色丽园17号802室（大宁国际旁边）(近共和新路)</P>
16.       <P>联系方式：13585976986 13917453156</P>
17.       <P>点击次数：16</P>
18.      </DIV>
19.      <DIV class=new_shop_button>
20.       <P><IMG
21.style="BORDER-TOP-WIDTH: 0px; BORDER-LEFT-WIDTH: 0px; BORDER-BOTTOM-
   WIDTH: 0px; BORDER-RIGHT-WIDTH: 0px"
22.alt=QQ联系店家 src="images/qq_null.gif"> </P>
23.      </DIV>
24.     </DIV>
25.    </DIV>
26.    ……
27.   </DIV>
28.  </DIV>
```

上面给出了一家新进店铺的搭建代码，其余店铺与它的代码类似，所以这里没有全部给出。

在上述代码中，一家店铺的介绍分为三个部分，其中，第7到第11行是第一个部分，显示了店铺的图片。第12到第18行是第二个部分，包含了店铺名、地址、联系方式、点击次数几个部分。第19到第23行是第三个部分，显示了这家店铺是否已经开通了QQ在线功能。

15.2.5 搭建"最新资讯"部分的DIV

最新资讯部分是第二列的最后一部分，因为玩家评论部分会在店铺页面中显示，所以这里就不再做介绍了。这里只介绍一下最新资讯部分，其效果如图15-7所示。

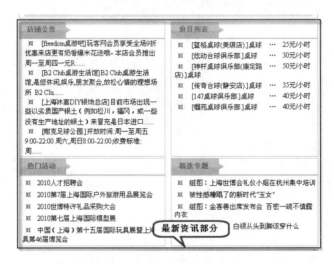

图15-7 最新资讯部分的DIV效果图

最新资讯部分的关键代码如下所示。

```
1.  <DIV class=gg_k>
2.     <DIV class=new_shop_gonggao>
3.      <DIV class=newtou>
4.        <P>店铺公告</P>
5.      </DIV>
6.      <DIV class=new_shop_g_ti id=gg1>
7.       <DIV class=n_s_left>
8.        <DIV class=new_nei>
9.         <P>  <IMG
10. style="BORDER-TOP-WIDTH: 0px; BORDER-LEFT-WIDTH: 0px; BORDER-BOTTOM-
    WIDTH: 0px; BORDER-RIGHT-WIDTH: 0px"
11. src="images/jiantou_tu.gif">     <A
12. href="http://www.52wank.com/735">[freedom桌游吧]玩客网会员享受全场9折优惠来
    店更有奶香爆米花送哦~
13.          本店会员推出周一至周四一元R......</A></P>
14.         ……
15.      </DIV>
16.     </DIV>
17.    </DIV>
18.   </DIV>
19.  …….
20. </DIV>
```

上面只给出了搭建"店铺公告"的代码，其余三部分的搭建方法其实是一样的，只要把标题和内容改掉就可以了。

15.2.6　搭建"第三列"部分的DIV

正文第三列部分还是比较长的，但是，它的样式基本差不多，这里只给出具有代表性的两个DIV，效果如图15-8所示。

第三列部分DIV的关键代码如下所示。

```
1.  <DIV class=tui>
2.      <DIV class=re01></DIV>
3.      <DIV class=list>
4.       <TABLE cellSpacing=0 cellPadding=0
         width="90%" align=center border=0>
5.          <TBODY>
6.           <TR>
7.            <TD><BR>
8.             <DIV
9.    style="OVERFLOW: hidden; WIDTH: 170px;
      WHITE-SPACE: nowrap; TEXT-
      OVERFLOW: ellipsis"><IMG
10.   style="BORDER-TOP-WIDTH: 0px; BORDER-
      LEFT-WIDTH: 0px; BORDER-BOTTOM-
      WIDTH: 0px; BORDER-RIGHT-WIDTH: 0px"
11.   src="images/sy-sy-dd.gif"><A
12.   href="http://www.52wank.com/coupon_show.aspx?Cid=220"> [佳莉雅水疗中心.]
13.           凭此券可以抵用200元, 此券只用于面部、身体（足部除外）；</A></DIV></TD>
14.        </TR>
15.        ……
16.       </TBODY>
17.      </TABLE>
18.      <DIV style="MARGIN-TOP: 10px; MARGIN-RIGHT: 15px" align=right><A
19. href="http://www.52wank.com/coupon_list.aspx">更多</A></DIV>
20.     </DIV>
21.   </DIV>
```

图15-8　第三列部分的DIV

上面只给出了优惠券部分的代码，其余部分的搭建方法与此类似，所以这里就不详细说明了。

从上述代码可以看出，这部分是一个DIV+TABLE的组合搭建方式，这里由于模块较小，并且搭建在DIV中，所以才会使用TABLE，如果模块较大，我们不建议使用TABLE。

15.2.7　搭建页脚部分的DIV

页脚部分包含了友情链接、站点导航和流量统计，效果如图15-9所示。

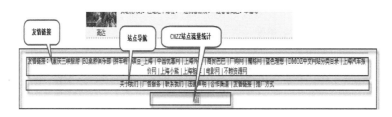

图15-9　页脚部分的DIV

页脚部分关键的实现代码如下所示，这部分的代码比较简单，所以就不再分析了。

```
1.  <DIV class=foot>
2.  <DIV style="MARGIN-LEFT: 5px; MARGIN-RIGHT: 5px">
3.   <P>友情链接： <A href="#" target=_blank>重庆三峡旅游</A> |<A
4.  href="#" target=_blank>B2桌游俱乐部</A>
5.   <!-----//代码略----->
6.  </P>
7.  </DIV>
8.  <P><A href="http://www.52wank.com/aboutus/aboutus.html" target=_blank>
    关于我们</A> | <A href="http://www.52wank.com/aboutus/hezuo.html">
    广告服务</A>
9.   <!---////导航代码略---->
10.  </P>
11.  <P>
12.  <!----//JavaScript代码略---->
13.  </P>
14. </DIV>>
```

15.2.8 首页CSS效果分析

在前面描述DIV的时候，已经讲述了部分CSS的代码，本小节，我们将用表格的形式描述首页里其他CSS效果，如表15-2所示。

表15-2 首页DIV和CSS对应关系一览表

DIV代码	CSS描述和关键代码	效果图

`<DIV class=fenlei_left>`	定义宽度和内边距
	.fenlei_left
	{ width: 250px;
	   float: left; }
	.fenlei_left p
	{ margin-left: 5px;
	   margin-right: 5px; }	

`<div class="desc">`	定义文字如果超过自动换行
	.new_shop_jiben
	{ width: 420px;
	   height: 100%;
	   overflow: auto;
	}	

`<div id='InfoList'>`	定义字体若超过限制则自动截取，并加上省略号 #InfoList { OVERFLOW:hidden; WIDTH:170px; WHITE-SPACE:nowrap; TEXT-OVERFLOW: ellipsis}	

15.3 店铺页面

店铺页面主要包括商铺资料、店铺列表、店铺简介、小店一角、活动列表、公告娱乐项列表和点评列表等内容，页面内容比较多，我们重点介绍一下商铺资料和商铺推荐部分的实现方式。

15.3.1 商铺资料部分的DIV

商铺资料部分的DIV的效果如图15-10所示。

上图列表区域包含在名为menuitem的容器内部，使用h3显示标题，代码如下所示。

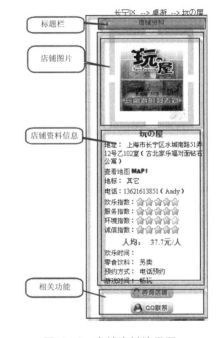

图15-10 商铺资料效果图

```
1.  <DIV class=shop_zi>
2.        <DIV class=shop_tou>
3.         <DIV class=shop_tu><IMG id=B_
             Logo height=120
4.  src="images/2010129193336.jpg"
    width=120
5.  border=0></DIV>
6.        </DIV>
7.        <DIV class=shop_nei>
8.         <DIV class=shop_nei_h2>
9.          <H2 id=Bnameh2>玩の屋</H2>
10.          <H3>地址：<SPAN
             id=Baddressh3
11. style="TEXT-ALIGN: left">上海市长宁
    区水城南路51弄12号乙102室（古北家乐福对面
    钻石公寓）</SPAN></H3>
12.          <H3 class=map><A href="#"
             target=_blank>查看地图</A>
13.  <IMG style="BORDER-TOP-WIDTH: 0px; BORDER-LEFT-WIDTH: 0px; BORDER-
    BOTTOM-WIDTH: 0px; BORDER-RIGHT-WIDTH: 0px"
14. alt="" src="images/map.gif"></H3>
15.          <H3>地标：<SPAN id=Bdibiaoh3 style="TEXT-ALIGN: left">其他</SPAN></H3>
16.          <!---//代码风格同上------>
17.          </H3>
18.          <P
19. style="MARGIN-TOP: 5px; FONT-WEIGHT: 800; FONT-SIZE: 14px; MARGIN-BOTTOM:
    5px; COLOR: #ff0000; TEXT-ALIGN: center">人均：<SPAN id=aveprice>37.7</
    SPAN>元/人</P>
20.          <H3>欢乐时间：<SPAN id=hlTime></SPAN></H3>
21.          <!----////代码略--->
22.          <DIV style="MARGIN-LEFT: 5px"></DIV>
23.          </DIV>
```

```
24.        <DIV class=zixun>
25.        <DIV style="MARGIN-BOTTOM: 3px; TEXT-ALIGN: center">
26.         <INPUT id=btnZiXun
27. style="CURSOR: hand"
28. onclick="return zixun(536); if (typeof(Page_ClientValidate) == 'function')
    Page_ClientValidate(''); "
29. type=image alt=咨询店家 src="images/zixun.gif"
30. name=btnZiXun>
31.        </DIV>
32.        <DIV style="TEXT-ALIGN: center"><A
33. href="tencent://Message/?Uin=57663841&amp;websiteName=q-zone.
    qq.com&amp;Menu=yes"><IMG
34. style="CURSOR: hand" src="images/qq_lianxi.gif"
35. border=0></A> </DIV>
36.        </DIV>
37.      </DIV>
38.     </DIV>
```

这里使用的样式代码比较多，我们挑选部分显示给大家，CSS代码如下所示。

```
1.  .shop{ width: 200px;}
2.  .shop_h{ background-image: url(../images/shop-h1.gif); background-
    repeat: no-repeat;
3.  }
4.  .shop h1{
5.  font-size:12px;color: #0000FF;height: 20px;line-height: 20px;text-
    align: center;font-weight: 400;
6.  }
7.  .shop_zi
8.  {
9.  border: #F9DEAC 1px solid;
10. }
11. .shop_tou
12. { width: 160px; margin-left: auto; margin-right: auto; margin-top: 5px;
13.  height: 180px; background-image: url(../images/shop-tou.gif);
    background-repeat: no-repeat;}
14. .shop_tu{ width: 120px; margin-top: 30px;  margin-right: auto;}
15. .shop_nei_h2{margin-top: 5px;}
16. .shop_nei_h2 h2{ text-align: center; font-size: 14px; font-weight: 400;
17.  margin-top: 3px; margin-bottom: 3px; font-weight: 800; color: #0033FF; }
18. .map a:link,.map a:visited{color:Blue; }
19. .map a:hover{ color:Red;}
20. /***//这里的样式省略*****/
```

15.3.2　商铺推荐部分的DIV

店铺页面右边是商铺推荐部分，如图15-11所示。

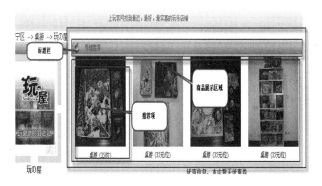

图15-11　商铺推荐效果图

实现商铺推荐部分的DIV代码如下所示。

```
1.  <DIV id=shop_tui>
2.      <DIV class=shop_t_h>
3.       <H1>商铺推荐</H1>
4.      </DIV>
5.      <DIV class=tui_kuang id=div_tuijian>
6.       <DIV class=dt_tui
7.  style="MARGIN-TOP: 3px; FLOAT: left; WIDTH: 172px; TEXT-ALIGN: center"><A
8.  onmouseover=showPreview(event); onmouseout=hidePreview(event);
9.  href="http://www.52wank.com/536#"><IMG height=150 alt=""
10. src="images/536_item_2010129183058.jpg" width=150
11. border=0 pic-link="#"
12. large-src="images/536_item_2010129183058.jpg"></A>
13.         <P style="MARGIN-TOP: 3px; FONT-SIZE: 12px; MARGIN-BOTTOM: 5px">桌游
            (35/位) </P>
14.      </DIV>
15.      <DIV class=dt_tui
16. style="MARGIN-TOP: 3px; FLOAT: left; WIDTH: 172px; TEXT-ALIGN: center"><A
17. onmouseover=showPreview(event); onmouseout=hidePreview(event);
18. href="http://www.52wank.com/536#"><IMG height=150 alt=""
19. src="images/536_item_2010129185632.jpg" width=150
20. border=0 pic-link="#"
21. large-src="images/536_item_2010129185632.jpg"></A>
22.         <P style="MARGIN-TOP: 3px; FONT-SIZE: 12px; MARGIN-BOTTOM: 5px">桌
            游 (35元/位) </P>
23.      </DIV>
24.      <!-----//其他推荐项代码略------->
25.      <DIV id=div_noshow
26. style="BORDER-TOP-WIDTH: 0px; BORDER-LEFT-WIDTH: 0px; BORDER-BOTTOM-
    WIDTH: 0px; PADDING-BOTTOM: 3px; PADDING-TOP: 3px; BORDER-RIGHT-WIDTH:
    0px"></DIV>
27.      </DIV>
28.      </DIV>>
```

上面代码使用DIV进行自上而下的布局，下面我们只列出关键的样式说明。

```
1.  #shop_tui{
2.   min-height: 185px;
3.  }
4.  #shop_tui h1{
5.     font-size: 12px;
6.     color: #FF0000;
7.     font-size: 12px;
8.     font-weight: 400;
9.     height: 20px;
10.    line-height: 20px;
11.    margin-left: 40px;
12. }
13. .shop_t_h{
14.    background-image: url(../images/shop-tui.gif);
15.    background-repeat: no-repeat;
16. }
17. .tui_kuang{
18.    width: 688px;
19.    border: #F9DEAC 1px solid;
20.    min-height: 170px;
21. }
```

在上面CSS代码中，通过对shop_tui设定min-height指定高度为185像素，而shop_t_h标识的标签定义了外链图片，并且指定图片不平铺。

旅游酒店网站

现在人们旅游时的选择不再局限于旅行社，自费游已经形成一种时尚，但是自费游到哪玩、怎么玩、住哪里，又成为出游的一种阻碍，这就导致了旅游酒店网站的产生，这类网站的出现，充分解决了自费游去哪玩、怎么玩等难题。

为了更好地吸引客户，网站提供的信息一定要最新的，最受自费游消费者欢迎的，而且又要有自己推荐的酒店或景点，从而达到营利目的，本章将详细介绍这一类网站的实现方式。

 16.1 网站页面效果分析

本节将重点分析旅游酒店网站的首页和"酒店推荐"页面的设计样式，而"景点推荐"页面的风格和"酒店推荐"页面类似，所以就不做详细分析了。

16.1.1 首页效果分析

旅游酒店网站的首页布局是比较常见的三行样式，其中，第1行放置横幅广告，语言选择导航、网站导航等几部分内容；第2行放置"推荐景点"、"最新新闻"、"在线订票"等几个较大的部分；第3行放置部分导航、版权相关、友情链接、网站Logo和网站问题等部分。

第2行正文部分主要分为"推荐景点"、"最新新闻"、"在线订票"、"热门旅游专题"、"游玩指南"和"推荐旅游线路"等几个部分内容。

首页的效果如图16-1所示。

图16-1 首页的效果图

16.1.2 "酒店推荐"页面的效果分析

在酒店推荐页面中，将放置各城市酒店导航、酒店搜索和网站推荐酒店等部分内容，通过这个页面，显示各个酒店的详细信息。

这个页面也采用了三行样式，其中，第一行和第三行的样式与首页完全一致，都是页头和页脚，而第二行由酒店导航和推荐酒店等模块组成，第二行的效果如图16-2所示。

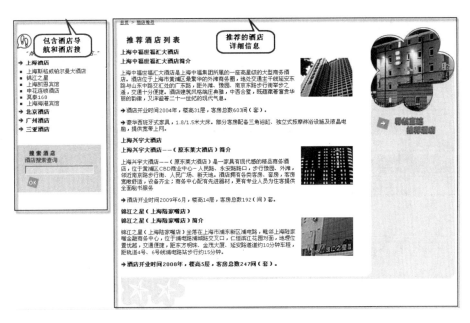

图16-2 酒店推荐页面的效果图

16.1.3 网站文件综述

网站页面的文件部分是比较传统的，用img、css和js三个目录分别保存网站所用到的图片、CSS文件和JS代码，文件及其功能如表16-1所示。

表16-1 旅游酒店网站文件和目录一览表

模块名	文件名	功能描述
页面文件	index.html	首页
	three.html	酒店推荐页面
	two.html	景点推荐页面
css目录	之下所有扩展名为css的文件	本网站的样式表文件
js目录	之下所有扩展名为js的文件	本网站的JavaScript脚本文件
img	之下所有的图片	本网站需要用到的图片

16.2 规划首页的布局

因为需要搭建的是一个旅游酒店网站，所以首页的布局就比较重要了，本节将依次讲述首页重要部分的实现方式。

16.2.1 搭建首页页头部分的DIV

首页页头是比较重要的部分，包括广告部分、网站导航部分和语言选择部分，页头的效果如图16-3所示。

图16-3 首页页头设计分析图

页头的广告部分比较显目，页头的关键代码如下所示。

```
1.  <div id="header">
2.   <div class="toolbar">
3.    <ul class="flags">
4.     <li><img border="0" src="img/home/drapeau_fr.gif" /></li>
5.     ……
6.    </ul>
7.    <div id="bloc_not_ident" class="ident"><strong>快速导航</strong><a
     href="#">&gt;关于我们</a><a href="#">&gt; 联系我们</a></div>
8.   </div>
9.   <div id="flash" class="bottom_border">
10.   <img src="img/974100.jpg" width="974" height="100" />
11.  </div>
12.  <div id="menu">
13.   <ul>
14.    <li class="home_ibis">
15.     <a href="index.html"><img src="img/bt_bando_accueil.gif" />
16.    </a>
17.   </li>
18.   ……
19.   </ul>
20.  </div>
21. </div>
```

在上面代码中，第3~6行是网站的语言选择部分，第7行是上导航部分，第9~11行是广告部分，第12~20行是下导航部分。其中，语言选择部分和下导航部分都使用ul+li搭建而成，而且都以图片代替文字来搭建的。

16.2.2 搭建"推荐景点"部分的DIV

推荐景点部分是正文部分的第一个部分，这部分主要内容就是网站推荐的景点，效果如图16-4所示。

推荐景点部分的关键代码如下所示。

```
1.  <div id="s_engage" class="block">
2.      <div class="corner"></div>
3.      <h2><span>特别推荐</span></h2>
4.      <div class="content">
5.       <ul>
6.        <li><a href="#">杭州大明山庄+大明山门
          票双人套餐</a></li>
7.        ......
8.        <li class="environnement">
9.          <a href="#" target="_blank">更多推
          荐景点</a></li>
10.       <li class="qualite"><a href="#">更多
          热卖景点</a></li>
11.      </ul>
12.     </div>
13. </div>
```

图16-4 推荐景点部分的DIV效果图

在上面代码中，推荐景点部分主要由ul+li有序列表组合而成，这种组合方式在网站中比较常见。其中，第4行引用了一个content样式，这个CSS定义了推荐景点的字体大小和字体样式，代码如下所示。

```
1.  #s_engage .content .environnement a,
2.  #s_engage .content .environnement a:hover,
3.  #s_engage .content .qualite a,
4.  #s_engage .content .qualite a:hover
5.  {
6.   padding-left: 23px;
7.   font-size: 13px;
8.   font-weight: bold;  /* 定义字体为粗体 */
9.   letter-spacing: 0;
10.  word-spacing: 0;
11. }
```

16.2.3 搭建"最新新闻"部分的DIV

最新新闻部分是正文部分的第二个部分，这部分的主要内容是网站的最新新闻，效果如图16-5所示。

最新新闻部分的代码如下所示。

图16-5 最新新闻部分DIV的效果图

```
1.  <div id="newsletter" class="block">
2.      <div class="corner"></div>
3.      <div id="b_newsl">
4.       <div class="b_newsl_ht">
5.        <h2><span>新闻公告</span></h2>
6.        <span class="plus_info">
7.          <a href="#" target="_blank">
8.           更多新闻
9.          </a>
10.       </span>
11.      </div>
```

```
12.        <div class="content">
13.            <p>
14.            变与不变交织着这座已经崛起的国际化大都市。昔日的石库门...
15.            </p>
16.            <input class="button" type="image" src="img/newsletter_button.gif"
               alt="详细" />
17.        </div>
18.      </div>
19.    </div>
20.    <div class="oas_bottom">
21.      <img src="img/12566378782.gif" border="0" />
22.    </div>
```

由上面代码可以看出，这部分的搭建方法与推荐景点部分很相似，只不过使用的字体样式有所不同。

16.2.4 搭建"游玩指南"部分的DIV

游玩指南部分的效果和火热旅游线的效果差不多，但搭建方法不一样，火热旅游线只是一张图片，而游玩指南则是用DIV搭建而成的，这部分的效果如图16-6所示。

游玩指南部分的搭建方法与最新新闻部分类似，关键代码如下所示。

图16-6 游玩指南部分的DIV效果图

```
1.  <div id="last_info" class="block">
2.    <div class="corner"></div>
3.    <div class="content">
4.    <h2><a href="#"><img src="img/dernieres_infos.gif" class="noMarge"
      /></a><span>Dernières infos</span></h2>
5.    <img class="visuel_capitale" src="img/home/couverture_guide_2009.gif" />
6.    <!-- Bloc Home Decouvrez -->
7.    <div class="noheto-news">
8.     <ul>
9.      <li><a href="#" target="_blank">世博三日精华携带版！<br/>
10.       </a></li>
11.       ……
12.     </ul>
13.    </div>
14.    <ul>
15.     <li><a href="#">世博来临，怎么游上海？一日游线路征集</a>
16.      <ul>
17.       <li><a href='#' >参与投票</a></li>
18.       ……
19.      </ul>
20.     </li>
21.    </ul>
22.   </div>
23.  </div>
```

16.2.5 搭建"在线订票"部分的DIV

　　在线订票部分含有景点查询，这部分的效果
如图16-7所示。

　　在线订票部分的关键代码如下所示。

图16-7　在线订票部分的效果

```
1.  <div id="search" class="block">
2.      <h1><a href="#"><span>选择路线</
        span></a></h1>
3.      <div class="content">
4.       <div class="ss_block speed">
5.        <h3><span>搜索查询</span></h3>
6.        <div class="prix"><a
          href="#">
7.         <span>Meilleur prix garanti</span></a></div>
8.         <input name="hotel_ou_ville" id="hotel_ou_ville_label"
           class="hotel" type="text" value="路线、酒店、目的地" />
9.         <div id="hotel_ou_ville_update" class="update" style="display:
           none;"></div>
10.        <p class="option_facultative"><span>查询车次</span></p>
11.        <div id="stay-dates">
12.         <div class="ss_block">
13.          <label for="arrivee">目的地</label>
14.          <input type="text" name="arrivee" id="arrivee" />
15.         </div>
16.         <div class="ss_block"> <img id="date_arrivee_img" src="img/home/
            calendrier.gif" /> </div>
17.         <div class="ss_block">
18.          <label for="nb_nuit">班次</label>
19.         <select>
20.         <option selected="selected">一</option>
21.          ……
22.         </select>
23.        </div>
24.        <div class="clear_left"></div>
25.        <div id="depart"> <span>票务查询：</span> <span class="jour"></span>
           <span class="date"></span> </div>
26.        <div class="porteur_de_carte">
27.         <input type="checkbox" name="checkboxAvantage"
            id="checkboxAvantage" value="1"/>
28.         <label for="checkboxAvantage">是否需要当天回程票(如需要请选择)</label>
29.         <div class="clear_left"></div>
30.        </div>
31.       </div>
32.       <div class="annulation"> <a href="#">确认后进入在线订票系统</a>
33.       <button type="submit" id="bouton_validation" class="find_
          button"><span>在线订票</span></button>
34.       <div class="clear_both"></div>
35.      </div>
36.    </div>
```

```
37.        <div class="ss_block advanced">
38.         <h3><span>全球通用</span></h3>
39.         <a href="#"><img src="img/recherche_avance_carte.gif" /></a>
40.         <ul>
41.          <li><a href="#">&gt;在线订票流程</a></li>
42.          …..
43.         </ul>
44.        </div>
45.        <div class="clear_both"></div>
46.        <div class="corner"></div>
47.       </div>
48.      </div>
```

在上面代码中，第2~23行是景点查询部分，第24~27行是在线订票部分。

16.2.6 搭建"热门旅游专题"部分的DIV

热门旅游专题部分由五组文字和一组图片组成，这五组文字包含了门票、游玩指南、景区、论坛等几个部分，效果如图16-8所示。

这部分的关键代码如下所示。

图16-8 热门旅游专题部分的DIV

```
1.  <div id="week_end"
    class="block">
2.     <div class="corner"></div>
3.     <div class="content"> <a href="#">
4.      <h2><span>旅游专题</span></h2>
5.      </a> <a href="#">
6.      <h2 class="tit_offres_speciales"><span>热门推荐按</span></h2>
7.      </a>
8.      <div class="ss_block">
9.       <div id="long_we" class="offres"> <a href="#"> <span class="name">
    东方夏威夷 厦门</span></a>
10.      <div id="pushPromosHome_3n" class="pushPromosHome_3n"></div>
11.      <span class="details"><a id="link_hotel_3n" href="#">厦门船游金门岛
    </a></span></div>
12.     </div>
13.     …..
14.    </div>
```

在上面代码中，四个专题部分是一样的，代码只给出一个专题的实现作为示例，其余部分的代码可以在光盘中找到。

16.2.7 搭建页脚部分的DIV

页脚部分包含了网站业务推广和网站导航两个部分，效果如图16-9所示。

图16-9 页脚部分的DIV

页脚部分包括关于我们、关于网站合作等，内部都使用了子列表项来实现，具体代码如下所示。

```
1.  <div id="footer">
2.  <div class="logo"><a href="index.html"><img src="img/home/logo_ibis_
    footer.gif" /></a></div>
3.   <div class="main_links">
4.    <ul>
5.    <li><a href="#">关于我们</a></li>
6.    <li>
7.     <ul class="simple">  <!-----//每一大项内包含的子项列表------->
8.      <li><a href="#">关于网站</a></li>
9.     ......
10.    </ul>
11.   </li>
12.   </ul>
13.   <ul>
14.    <li class=""><a href="#">关于网站合作</a></li>
15.    <li>
16.     <ul class="double">
17.      <li><a href="#">景点合作</a></li>
18.      <!---//代码省略----->
19.     </ul>
20.     <ul class="simple">
21.      <li><a href="#">媒体合作</a></li>
22.      <!---//代码省略----->
23.     </ul>
24.    </li>
25.   </ul>
26.  </div>
27.  <div class="links">
28.   <ul class="basic">
29.    <li class="lienIbisRestaurant">旅游推荐网 &copy; 2010 <a href="#">
       保留一切权利</a><br />
30.     <br />
31.    </li>
32.    <li> <a href="#">网站帮助</a></li>
33.    ......
34.   </ul>
35.   <ul class="hotels">
36.    <li><a href="#" target="_blank">旅游网</a></li>
```

```
37.    <!---//其他项代码略-->
38.    </ul>
39.    </div>
40.    </div>>
```

16.2.8 首页CSS效果分析

在前面描述DIV的时候，我们已经讲述了部分CSS代码，本小节将用表格的形式描述首页中其他CSS的效果，如表16-2所示。

表16-2 首页DIV和CSS对应关系一览表

DIV代码	CSS描述和关键代码	效果图
<divclass="b_newsl_ht"><h2><span>新闻公告</span></h2> <spanclass="plus_info"><a href="#" target="_blank">更多新闻</a></span></div>	定义整块区域的背景图片 .b_newsl_ht {background-image:url(../../img/bg_b-newsl_ht.gif);background-position:right top;background-repeat:repeat-x; }	
<divclass="content"><h2>图片..</h2><div class="noheto-news"><ul>···</ul></div></div>	定义字体灰显效果 .content{background:white url(../img/block_bg.gif)repeat-x bottom;border:1px solid #dcdcdb;}	
<divclass="ss_block">···</div>	以百分比作为宽度，适合用于DIV包含DIV的情况 ss_block {float: right; }	

16.3 酒店推荐页面

酒店推荐页面主要包括了酒店推荐列表、推荐酒店列表和广告区域等部分，本节重点介绍一下该页面前两个部分的实现方法。

16.3.1 酒店推荐列表部分的DIV

酒店推荐列表部分的效果，如图16-10所示。

图16-10　酒店推荐列表效果图

上图列表区域包含在名为menuitem的容器内部，使用h3显示标题，代码如下所示。

```
1.  <div id="direct">
2.   <!-- je decouvre IBIS -->
3.   <div><img src="img/ttr_page_decouvre.gif" alt="Je d&eacute;couvre
     Ibis" /></div>
4.   <div class="mention">"帮您选择最好的最近的酒店.."</div>
5.   <ul id="nosservices" class="nosservices_bottom">
6.    <li id="services">上海酒店
7.     <ul>
8.      <li id="chambre"><a href="#">上海斯格威铂尔曼大酒店</a></li>
9.      <!--//列表代码略---->
10.     </ul>
11.    </li>
12.    <li id="nouveaux"><a href="#">北京酒店</a></li>
13.    ……
14.   </ul>
15.   <!—JavaScript 略-->
16.   <div id="mini_reserv">
17.    <form name="formulaire" method="post">
18.    <img src="img/commun/ttr_mini_reserv.gif" style="margin-bottom: 2px;"
      /><br />
19.     <label>酒店搜索查询</label>
20.     <br /><br />
21.     <a href="#"><img src="img/commun/bt_ok_mini_reserv.gif" alt="OK"
      style="margin-left: 5px" /></a>
22.    </form>
23.   </div>
24.  </div>
```

这里的样式代码比较多，我们挑选部分显示给大家，样式代码如下所示。

```
1.  #direct        {
2.         float: left;
3.         font-size: 11px;
4.         width: 186px;
5.         margin-left: 5px;
6.         margin-top: 40px;
7.         display: inline;      /**同行内块状显示**/
8.         padding-bottom: 15px;
9.  }
10. .mention       {
11.         text-align: right;
12.         font-style: italic;
13.         color: #990033;
14.         margin: 4px 0px 7px 0px;
15. }
16. body.services {
17.         font-family: Verdana, Arial, Helvetica, sans-serif;
18.         color: #433d3d;
19.         margin: 0;
20.         background-color:#ece7cc;
21. }
22. ul, li {
23.         margin: 0px;
24.         padding: 0px;
25. }
26. a {
27.         color: #433d3d;
28.         text-decoration: none;
29. }
30. a:hover {
31.         text-decoration: underline;
32. }
33. /***//这里的样式省略*****/
```

如上面代码所示，样式结构清晰明了，ul和li没有过多样式，注意direct容器的定位即可。

16.3.2 推荐酒店列表部分的DIV

推荐酒店列表部分由标题栏和酒店列表项组成，如图16-11所示。

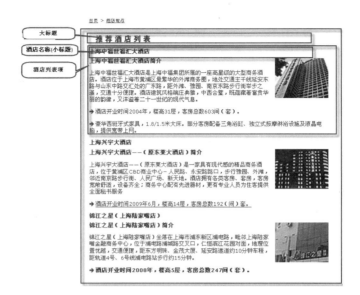

图16-11　推荐酒店详细列表效果图

这部分的HTML代码如下所示。

```
1.  <div id="centre_twocol" class="espace_firefox">
2.      <h1 class="centre_twocol"><img src="img/ttr_programmes_fidelite.gif"
        /></h1>
3.      <h2 class="centre_twocol">上海中福世福汇大酒店</h2>
4.      <p><img src="img/carte_afgibis.gif" alt="" width="115" height="84"
        class="img_drt_mrg" /><strong>上海中福世福汇大酒店简介</strong></p>
5.      <p>上海中福世福汇大酒店是上海中福集团所属的….。</p>
6.      <p> <a href="#" class="fleche_forte">酒店开业时间2004年,….。</a></p>
7.      <p><a href="#" class="fleche_forte">豪华西班牙式家具,…</a></p>
8.      <h2 class="centre_twocol">上海兴宇大酒店 </h2>
9.      <p><img src="img/carte_aclubclassic.gif" alt="" width="115"
        height="84" class="img_drt_mrg" /><strong><a href="#" >上海兴宇大酒店
        ——（原东莱大酒店）简介</a></strong></p>
10.     <p>上海兴宇大酒店——（原东莱大酒店）是一家具有现代感的…</p>
11.     <p> <a href="#" class="fleche_forte">酒店开业时间2009年6月,….</a></p>
12.     <!---其他酒店项内容略--->
13.     </div>>
```

在上面代码中，每一个具体的酒店内容都没有包含在DIV内，而是直接使用hr和p标签自上而下设计，这样写可以简化设计样式的代码，但是这并不是一个非常好的设计，我们可以通过对DIV样式定义内部的hr小标题和酒店介绍内容这些子标签，而不用定义段落标签的样式，请读者注意一下这个设计问题。样式代码如下所示。

```
1.  #two_col #centre_twocol {
2.      width: 512px;
3.  }
4.  h1.centre_twocol {
5.      padding: 14px 0px 10px 0px;   /***上内边距14像素，下内边距10像素***/
```

```
6.          margin: 0px;
7.          width:348px;
8.   }
9.   h2.centre_twocol {
10.         font-size: 12px;
11.         margin: 0px;
12.         color: #92021f;
13.         padding: 0px 0px 6px 0px;      /***下内边距6像素，其他无内边距***/
14.  }
15.  .espace_firefox {
16.         border:solid 1px #FFFFFF;
17.  }
18.  #two_col #centre_twocol p {
19.         font-size: 11px;
20.         margin: 0em 0em 1em;
21.         padding: 0px;
22.  }
23.  #two_col #centre_twocol div.breakfast_img {
24.         height:86px;
25.         float:left;
26.  }
```

在上面代码中，由于页面全部使用h2和p标签自上而下设计，代码第25行为img标签设置了左浮动，所以图片会紧跟在文字的段落标签后。

设计公司网站

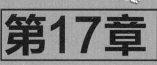

第17章

设计公司网站属于公司网站的类型，一般主要展示内容包含产品显示和业务服务这两个部分，其他关于我们、联系方式等内容基本上大同小异。设计该类网站的时候，不仅需要了解客户开发网站的需求，还要了解公司的企业文化、公司的行业特点，按照这种设计思路才能很好地贴合设计主题和思想，符合客户需要的风格。

目前许多公司网站的形式大致相同，很多网站的页面布局基本一样，只是替换不同的图片达到风格差别的效果。其实，公司网站也可以多样化设计，本章介绍的设计公司网站案例是一个颜色绚丽、设计合理、注重细节的优秀设计案例。下面，我们就来分析一下这个网站案例的实现方式。

17.1　网站页面效果分析

本节将着重分析设计公司网站的首页和"设计理念"页面的设计样式，而"关于我们"页面的风格与"设计理念"页面相似，所以就不做详细分析了。

17.1.1　首页效果分析

设计公司网站首页的布局是比较常见的三行样式，其中，第一行放置网站Logo、网站导航等部分内容。第二行放置"网站广告"、"关于我们"、"服务导航"、"名词解释"、"预约登记"等几个部分。第三行放置部分导航、版权相关和联系方式等部分。

设计公司网站大量地应用了图片，在首页中，就有三个地方大幅应用了图片，第一个是页面的背景图，第二个是广告部分，第三个是公司介绍部分。

首页的效果如图17-1所示。

图17-1　首页的效果图

17.1.2　"设计理念"页面的效果分析

设计理念页面可以分为设计理念部分和预约登记部分，如图17-2所示，通过这个页面，展示公司的设计理念。

这个页面采用了三行样式，其中，第一行和第三行的样式与首页完全相同，都是页头和页脚，而第二行由设计理念部分和预约登记部分组成，图17-2是第二行的效果。

图17-2　"设计理念"页面的效果图

17.1.3　网站文件综述

网站页面的文件部分是比较传统的，用img、css和js三个目录分别保存网站所用到的图片、CSS文件和JS代码，文件及其功能如表17-1所示。

表17-1 设计网站文件和目录一览表

模块名	文件名	功能描述
页面文件	index.html	首页
	wed.html	设计理念页面
	wen.html	关于我们页面
css目录	之下所有扩展名为css的文件	本网站的样式表文件
js目录	之下所有扩展名为js的文件	本网站的JavaScript脚本文件
img	之下所有的图片	本网站需要用到的图片

17.2 规划首页的布局

这里搭建的是一个设计公司网站，网站首页的布局比较重要，本节将依次讲述首页重要部分的实现方式。

17.2.1 搭建首页页头部分的DIV

首页页头是网站比较重要的部分，它包含了网站的Logo和网站导航部分，页头的效果如图17-3所示。

图17-3 首页页头设计分析图

页头部分的关键代码如下所示。

```
1.   <div id="header1">
2.   <a href="index.html">
3.       <img src="img/daras-garden.gif" width="165" height="44" id="logo"
         /></a>
4.   <ul id="nav1">
5.    <li id="n-about"><a href="index.html">首页</a></li>
6.    <li id="n-weddings"><a href="wen.html">关于我们</a></li>
7.    <li id="n-events"><a href="wed.html">设计理念</a></li>
8.    <li id="n-photos"><a href="wen.html">作品展示</a></li>
9.    <li id="n-contact"><a href="wed.html">联系我们</a></li>
10.   </ul>
11.  </div>
```

这部分代码比较简单，导航鼠标停留效果主要由以下CSS代码形成的。

```
1.  #n-weddings a {
2.        background-position: -68px 0;
3.  }
4.  /* 鼠标停留效果 */
5.  #n-weddings a:hover {
6.        background-position: -68px 44px;
7.  }
```

17.2.2 搭建"网站广告"部分的DIV

"网站广告"部分是第二行的第一个部分，这部分的主要效果就是图片切换，如图17-4所示。

图17-4　"网站广告"部分的DIV效果图

网站广告部分的关键代码如下所示。

```
1.  <div id="feature">
2.        <table width="720" height="320" border="0" align="center"
        cellpadding="0" cellspacing="0">
3.      <tr>
4.      <td width="720" height="320" align="center">
5.      <div class=pic_show style="width:720px;">
6.        <div id="imgADPlayer"></div>
7.        <script type="text/jscript" language="JavaScript">
8.                  PImgPlayer.addItem( "", "", "img/720320.jpg" );
9.                  PImgPlayer.addItem( "", "", "img/720320-1.jpg" );
10.                 PImgPlayer.addItem( "", "", "img/720320-2.jpg" );
11.                 PImgPlayer.addItem( "", "", "img/720320-3.jpg" );
12.                 PImgPlayer.addItem( "", "", "img/720320-4.jpg" );
13.                 PImgPlayer.init( "imgADPlayer", 720, 320 );
14.                 </script>
15.        </div>
16.      </td>
17.    </tr>
18.    </table>
19. </div>
```

从上面代码可以看出，这部分的搭建由DIV+TABLE组合而成，在TABLE中，图片的组成方式又是由JS脚本生成的，这里就不做说明了。

17.2.3 搭建"公司介绍"部分的DIV

"公司介绍"部分是第二行的第二个部分，这部分放置了"关于公司"等三个图片，效果如图17-5所示。

图17-5 "公司介绍"部分DIV的效果图

"公司介绍"部分的代码如下所示。

```
1.  <div id="featurettes">
2.   <a href="#">
3.    <img src="img/main/bloom-g.jpg" width="235" height="188"
      onmouseover="this.src='img/main/bloom.jpg'" onmouseout="this.
      src='img/main/bloom-g.jpg'" />
4.   </a>
5.        <a href="#">
6.    <img src="img/main/bloom11.jpg" width="235" height="188"
      onmouseover="this.src='img/main/bloom1.jpg'" onmouseout="this.
      src='img/main/bloom11.jpg'" />
7.   </a>
8.   <a href="#">
9.    <img src="img/main/photos-g.jpg" width="235" height="188"
      onmouseover="this.src='img/main/photos.jpg'" onmouseout="this.
      src='img/main/photos-g.jpg'" />
10.  </a>
11. </div>
```

从上述代码可以看出，这部分的搭建代码比较简单，主要由三个超链加上图片组合而成的，但是这种简单搭建却有一个小的动态效果，就是图片切换，实现方法是使用了第2~4行的onmouseout属性。

这种组合方式很常见，主要就是对图片的选择。

17.2.4 搭建"设计服务"部分的DIV

"设计服务"部分是第二行文字部分的左边部分，这部分主要分三个部分，其效果如图17-6所示。

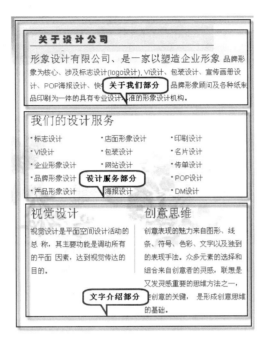

图17-6　"设计服务"部分的效果

"设计服务"部分的关键代码如下所示。

```
1.   <div id="content">
2.   <img src="img/main/story.gif" width="367" height="55" class="block" />
3.   <p><span>形象设计有限公司、是一家以塑造企业形象</span> 品牌形象……</p>
4.   <h3>我们的设计服务</h3>
5.   <ul>
6.    <li>标志设计</li>
7.    ……
8.   </ul>
9.   <ul>
10.   <li>店面形象设计</li>
11.   …..
12.  </ul>
13.  <ul>
14.   <li>印刷设计</li>
15.   …..
16.  </ul>
17.  <div class="clear left">
18.   <h3>视觉设计</h3>
19.   <p>
20.  视觉设计是平面空间设计活动的总 称，其主要功能是调动所有的平面 因素，达到视觉传达的目的。
21.   </p>
22.  </div>
23.  <!--left-->
24.  <div class="right">
25.   <h3>创意思维 </h3>
26.   <p>创意表现的魅力来自图形、线条、……</p>
```

```
27.    </div>
28.    <!--right-->
29.    </div>
```

在上面代码中，第2～3行是关于我们部分，第4～16行是设计服务部分，第17～25行是文字介绍部分。

17.2.5 搭建"预约登记"部分的DIV

"预约登记"部分是第二行正文部分的最后一部分，这部分主要放置的是预约登记表，效果如图17-7所示。

图17-7　"预约登记"部分的DIV

"预约登记"部分的关键代码如下所示。

```
1.    <div id="visit">
2.    <img src="img/shared/plan-a-visit.gif" width="155" height="55"
      class="block" />
3.    <p>告诉我们您的大致要求，我们会派专人联系您</p>
4.    <a name="visitform" id="visitform"></a>
5.    <input name="visit" type="hidden" value="1" />
6.    <label for="name">姓名</label>
7.    <input name="name" type="text" id="name" class="input" value="" />
8.    <br />
9.    <label for="email">邮箱</label>
10.   <input name="email" type="text" id="email" class="input" value="" />
11.   <br />
```

```
12.   <label for="phone">联系电话</label>
13.   <input name="phone" type="text" id="phone" class="input" value="" />
14.   <br />
15.   <select name="type" class="select">
16.    <option value="0">标志设计</option>
17.    ......
18.   </select>
19.   <br />
20.   <select name="month" class="select small">
21.    <option value="0">月份</option>
22.    …..
23.   </select>
24.   <select name="day" class="select small">
25.    <option value="0">日期</option>
26.    <option value="01">01</option>
27.    …..
28.   </select>
29.   <br />
30.   <select name="time" class="select">
31.    <option value="0">何时可以拜访</option>
32.    …..
33.   </select>
34.   <br />
35.   <select name="guests" class="select">
36.    <option value="0">需要印刷的份数</option>
37.    …..
38.   </select>
39.   <br />
40.   <label>请简略填入您的需求</label>
41.   <textarea name="details" cols="10" rows="5" class="textarea"></
      textarea>
42.   <br />
43.   <input name="submit" type="image" class="submit" value="submit"
      src="img/submit.gif" alt="submit" />
44.  </div>
```

这部分的代码比较简单，只要注意一下每个文本框的背景色都不是默认的，实现这部分效果的CSS代码如下所示。

```
1.   .input, .textarea, .select {
2.       background: #ebe5d4; /* 设置背景色 */
3.       color: #555;
4.       font-family: inherit;
5.       font-size: 1.2em;
6.       border-top: 2px solid #d7d2c3;
7.       border-left: 2px solid #d7d2c3;
8.   }
```

上面样式代码定义了所有input、textarea、select标签的背景色等属性。

17.2.6 搭建"页脚部分"的DIV

"页脚部分"的顶部使用分隔线，左边包含Logo和版权信息，右边包含公司信息和站点导航，效果如图17-8所示。

图17-8 "页脚部分"的DIV

"页脚部分"关键的实现代码如下所示，这部分代码比较简单，所以就不再分析了。

```
1.  <div id="footer1"><a href="#"><img src="img/daras.gif" width="167"
    height="61" class="logo" /></a>
2.    <p>公司地址 ／ 上海市虹口区逸仙路123号<br />
3.    电话：021-12345678 ／ 传真：021-12345678<br />
4.    <a href="index.html" class="main">首页</a>
5.    &middot;
6.    <a href="#">关于我们</a>
7.    &middot;
8.    <a href="#">设计理念</a>
9.    &middot; <a href="#">作品展示</a>
10.   &middot; <a href="#">合作渠道</a>
11.   &middot; <a href="#">联系我们</a>
12.   <br />
13.   &copy;2010 设计公司 保留一切权利
14.   </p>
15. </div>
```

17.2.7 首页CSS效果分析

在前面描述DIV的时候，我们已经讲述了部分CSS的代码，本小节将用表格的形式描述首页中其他CSS的效果，如表17-2所示。

表17-2 首页DIV和CSS对应关系一览表

DIV代码	CSS描述和关键代码	效果图
`<div id="featurettes">` `<a href="#"><img` `src="img/main/bloom-g.` `jpg"onmouseover="…` `" onmouseout="…"` `/></a>…`	设计该区域的宽度和高度 `#featurettes{height: 253px;margin-left: 16px;}` `#featurettes img{` `float: left;` `margin: 33px 11px 0 0;}`	

（续表）

DIV代码	CSS描述和关键代码	效果图

<img src="img/main/story.gif" width="367" height="55" class="block" />	定义图片块状显示
	.block {
	　　　　display: block;
	}
		关于设计公司

<ul>
<li>标志设计</li>
<li>VI设计</li>
<li>企业形象设计</li>
</ul>
	定义ul的文字样式和列表样式等
	#content ul {
	　　　　color: #663;
	　　　　font-size: 1.2em;
	　　　　line-height: 1.8;
	　　　　list-style: none outside;
	　　　　margin: 0.6em 0 1.2em 0;
	}
		·标志设计
		·VI设计
		·企业形象设计
		·品牌形象设计
		·产品形象设计

17.3 设计理念页面

设计理念页面由列表、业务分类介绍和预约登记3个部分组成，这个页面内容相对简单，整体风格较为个性、绚丽。

17.3.1 设计理念介绍的DIV

设计理念介绍部分包含理念标题和内容，下方包含一个相关介绍的列表，如图17-9所示，这个页面整体设计简洁，简单地使用文字颜色来区分不同的功能。

图17-9　设计理念效果图

这部分的代码如下所示。

```
1.  <div class="pad">
2.    <p>
3.    <span>标志的本质在于它的功用性
4.    </span><br />
5.    经过艺术设计的标志虽然具有观赏价值，但标志主要不是为了供人观赏……．
6.    </p>
7.  <ul class="left">
8.    <li>标志设计识别性</li>
9.    <li>标志设计显著性</li>
10.   <li>标志设计多样性</li>
11.  </ul>
12.  <ul class="right">
13.   <li>标志设计艺术性</li>
14.   <li>标志设计准确性</li>
15.   <li>标志设计持久性</li>
16.  </ul>
17.  </div>
```

上面代码中使用ul的类样式定义了display：inline，设定了2个ul列表并排显示，然后分别使用left和right设置了左悬浮和右悬浮。

```
1.  #content ul {
2.        display: inline;
3.        float: left;
4.        width: 140px;
5.  }
6.  #content .left {
7.        background: url(../img/div1.gif) no-repeat 206px 35px;
8.        width: 207px;
9.  }
10. #content .right {
11.       width: 209px;
12. }
13. .pad {
14.   padding-left: 21px;
15. }
16. .left {
17.       display: inline;
18.       float: left;
19. }
20. .right {
21.       display: inline;
22.       float: right;
23. }
```

上面的样式定义比较简单，主要对p、span、ul标签的文字颜色和大小进行定义。

17.3.2　业务分类部分的DIV

正文的第二部分是设计理念的业务分类部分，本部分采用自上而下的设计方式，主要标签包含h3标题、p段落和作为分隔的DIV，如图17-10所示。

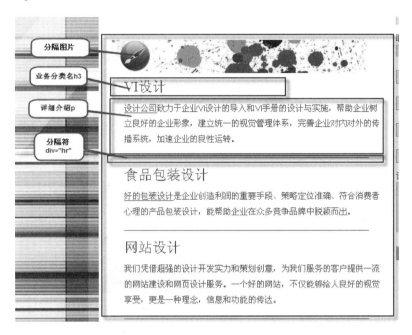

图17-10　设计理念页面业务分类效果图

实现业务分类部分的DIV代码如下所示。

```
1.  <img src="img/secondary/43355.jpg" width="433" height="55" class="block
    clear" style="margin-bottom:10px;" />
2.  <div class="pad">
3.    <h3><a href="#">VI设计</a></h3>
4.    <p><a href="index.html">设计公司</a>
5.    致力于企业VI设计的导入和VI手册的设计与实施，帮助企业树立良好的企业形象，建立统一
        的视觉管理体系，完善企业对内对外的传播系统，加速企业的良性运转
6.    </p>
7.    <div class="hr">
8.      <hr />
9.    </div>
10.   <!---// 其他分类代码略----->
11.   </div>
```

上面的代码由两个DIV组成一个大的板块，所使用的CSS代码如下所示。

```
1.  #content p, #visit p {
2.        font-size: 1.2em;
3.        line-height: 1.8;
4.        margin: 0.6em 0 1.2em 0;
5.  }
```

```
6.  #content h3, #content p span {
7.         color: #366;
8.         font: 2em Georgia, serif;
9.  }
10. #content h3 a {
11.        color: #366;
12. }
13. #content p span {
14.        font-size: 20px;
15. }
16. #content p a {
17.        color: #933;
18.        text-decoration: underline;
19. }
20. #content p a:hover, #content h3 a:hover {
21.        color: #000;
22. }
23. .hr {
24. border-top: 1px solid #366; height: 15px; margin-right: 20px;
25. }
26. .hr hr {
27. display: none;
28. }
```

　　在上面代码中，使用p、h3、hr组成的DIV块，实际项目中要根据项目的需求来决定页面设计。这个案例是简单的公司门户，内容简单、页面少、结构简单，是比较好的设计方式。

新闻网站

第18章

网络新闻在其踏进网络领域开始，不仅仅代表着新闻从纸媒介步入虚拟性的平面，而且标志着一个转变，纸张消失了，取而代之却是虚拟性的平面，一个有着无限可能的平台。

本章将要介绍一个新闻网站，它包括科技、数码、业界、博客、人物等方面的新闻，还包括深度新闻、新闻报道等专题。下面我们就来分析一下这个新闻网站的实现方式。

18.1　网站页面效果分析

本节将重点分析新闻网站的首页和"新闻内容"页面的设计样式，而"健康专题"页面风格比较简单，所以就不做详细分析了。

18.1.1　首页效果分析

新闻网站的首页布局是很常见的三行样式，其中，第一行放置网站Logo、"网站导航"、"站内搜索"等内容。第二行放置"深度新闻"、"大图新闻"、"新闻报道"、"名人博客"等几个部分内容。第三行放置部分导航、版权相关和部分友情链接等内容。

在第二行中，包含了网站的主题部分，这部分主要分为两列，第一列以一些新闻标题组成的几个新闻，第二列则是由大图新闻、新闻报道和博客这三个部分组成。

首页的效果如图18-1所示。

图18-1　首页效果图

18.1.2 "新闻内容"页面的效果分析

在新闻内容页面中，放置文章导航和文章详细，这个页面主要用来显示文章详细内容。

这个页面采用了三行样式，其中，第一行和第三行的样式与首页完全相同，都是页头和页脚。第二行由文章导航和文章详细组成，这里只给出第二行的效果，如图18-2所示。

图18-2 新闻内容页面的效果图

18.1.3 网站文件综述

网站页面的文件部分是比较传统的，用img、css和scripts三个目录保存网站所用到的图片、CSS文件和JS代码，文件及其功能如表18-1所示。

表18-1 新闻网站文件和目录一览表

模块名	文件名	功能描述
页面文件	index.html	首页
	newswen.html	新闻内容页面
	newszhuan.html	健康专题页面
css目录	之下所有扩展名为css的文件	本网站的样式表文件
scripts目录	之下所有扩展名为js的文件	本网站的JavaScript脚本文件
img	之下所有的图片	本网站需要用到的图片

18.2 规划首页的布局

这里需要搭建一个新闻网站，网站首页的布局是比较重要的，本节将依次讲述如何搭建一个新闻网站的首页。

18.2.1 搭建首页页头部分的DIV

新闻网站的页头部分是比较重要的部分，它包括网站Logo、网站的导航和联系方式部分，页头的效果如图18-3所示。

图18-3　首页页头设计分析图

新闻网站页头中的导航比较多，关键代码如下所示。

```
1.  <div id="header">
2.    <div id="logo"> <a id="home" href="#"><span>科技新闻首页</span></a>
3.    <div id="utility" > <span>2010年05月10日</span> <a href="#">登录</a><span>|</span> <a href="#" >注册</a> <span>|</span> <a href="#">网站导航</a> <span>|</span> <a href="#">邮箱</a>
4.      <div id="searchbox" >
5.       <a href="#" >搜索:</a> 
6.       <input id="search-text" type="text" alt="Search Public Health at Harvard" name="q" value="" />
7.       <input id="gobutton" type="image" src="img/go.gif" name="sa" value="搜索" />
8.      </div>
9.     </div>
10.   </div>
11.  </div>
12.  <div id="navbar">
13.   <ul id="nav">
14.    <li><a href="index.html">首页</a>
15.     <ul>
16.      <li><a href="news.html">国际新闻</a></li>
17.      ……
18.     </ul>
19.    </li>
20.    <li><a href="newswen.html">科技专题</a>
21.     <ul>
22.      <li><a href="#">互联网</a></li>
```

```
23.      ……
24.      </ul>
25.      </li>
26.    <li><a href="newszhuan.html">数码专题</a>
27.      <ul>
28.       <li><a href="#">手机</a></li>
29.       …..
30.       </ul>
31.      </li>
32.      ……
33.       <li><a href="#">科学新知</a></li>
34.       <li><a href="#">奇趣科学</a></li>
35.      </ul>
36.    </div>
```

在上面代码中，导航部分由ul+li嵌套组合而成，因为导航较多，所以在代码中只给出了前面两个有子分类的导航和后面两个没有子分类的导航。

其中，第2行是网站Logo，第3行是网站的上导航部分，第4~8行是站内搜索部分，第12~36行是网站的下导航部分。这里比较重要的就是下导航部分，它使用ul+li有序列表搭建而成。

18.2.2 搭建"深度新闻"部分的DIV

"深度新闻"部分是正文部分的第一个部分，效果如图18-4所示。

"深度新闻"部分的关键代码如下所示。

```
1.  <div class="content">
2.      <h3 class="first">深度新闻</h3>
3.      <div class="text">
4.       <img class="noborder" src="img/
         home492010_students.jpg"
         style="width:140px;" />
5.       <h4>Facebook与Zynga闹</h4>
6.       <ul>
7.        <li><a title="prospective
         students" href="#">网游暴利时代终结
         </a></li>
8.        <li><a title="student life" href="#">霸主IE的没落</a></li>
9.       </ul>
10.      <h4>ThinkPad变色记</h4>
11.      <ul>
12.       <li><a href="#">令微软畏惧的10大产品</a></li>
13.       <li><a href="#">新型云计算之门开启 <br />
14.        </a></li>
15.      </ul>
16.  </div>
17. </div>
```

图18-4　"深度新闻"部分的DIV效果图

从上面代码可以看出，深度新闻部分可以分为三个部分，分别为一个图片部分和两个文字部分。其中，第4行是图片部分，第6~9行是第一个文字标题部分，第10~15行是第二个文字标题部分。

18.2.3 搭建"会议活动"部分的DIV

图18-5 "会议活动"部分DIV的效果图

"会议活动"部分是正文部分第一列的第二部分，这部分展示的是当前业界比较重大的新闻，效果如图18-5所示。

会议活动部分的代码如下所示。

```
1.  <div class="content">
2.      <h3>会议·活动</h3>
3.      <div class="text">
4.          <h4><a href="#">DST收购ICQ </a></h4>
5.          <p>DST斥资1.87亿美元收购ICQ </p>
6.          <h4><a href="#">腾讯投资俄罗斯公司</a></h4>
7.          <p>腾讯3亿美元投资俄罗斯DST公司</p>
8.      </div>
9.  </div>
```

从上面代码可以看出，虽然这部分显示的样式与深度新闻部分类似，但是它主要由基本的<p>标签和标题标签组合而成的。

会议活动部分与深度新闻部分的样式、代码搭建方式很相似，所以这里就不做说明了。

18.2.4 搭建"大图新闻"部分的DIV

"大图新闻"部分是正文部分第二列的第一部分，这部分如图18-6所示。

图18-6 "大图新闻"部分的效果

大图新闻部分的关键代码如下所示。

```
1.  <ul id="photos">
2.      <li class="current">
3.          <a href="#">
```

```
4.        <img src="img/banner/air_pollution_smoke_stacks.home_page.jpg" />
5.        <span class="subtitle">支付清算组织管理办法</span>
6.        <span class="title">最快下月出台：传改变天翻地覆</span>
7.      </a> </li>
8.      ……
9.    </ul>
10.  </div>
```

这部分的代码都是由ul+li有序列表组合而成，这里只给一条大图新闻的代码，其余代码搭建方式是一样的，这里就不重复说明了。

这部分实现了一个单击新闻标题，显示相对应的新闻图片的动态效果，这个效果由JS实现，这里就不再详细地说明了。

18.2.5　搭建"新闻报道"部分的DIV

在新闻报道部分，其外框部分和第18.2.3小节介绍的是一样的，在框的内部包含了几个不同的文字描述，这部分的效果如图18-7所示。

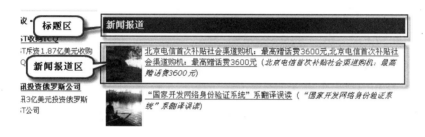

图18-7　"新闻报道" DIV效果图

新闻报道部分中的每一个项元素都包含在段落标签内，代码如下所示。

```
1.  <div id="homeleft">
2.    <h2>新闻报道</h2>
3.    <div class="content">
4.    <p><strong>
5.    <img src="img/review_5.10_little_girl_60x60.jpg" style="float:
      left;" />
6.    </strong>
7.    <a href="#">
8.    北京电信首次补贴社会渠道购机：最高赠话费3600元
9.    </a> (<em>北京电信首次补贴社会渠道购机：最高赠话费3600元</em>)
10.   </p>
11.   <p><a href="#" target="_blank">
12.   <img src="img/drought.60x60.jpg" style="float: left;" />
13.   "国家开发网络身份验证系统"系翻译误读</a> (<em>"国家开发网络身份验证系统"
      系翻译误读</em>)
14.   </p>
15.   <!---////其他项元素代码略-------->
16.   </div>
17.  </div>
```

18.2.6 搭建"名人博客"部分的DIV

"名人博客"部分主要显示相关博客的列表信息，效果如图18-8 所示。

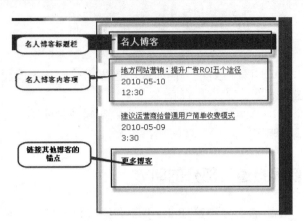

图18-8 "名人博客"部分的DIV

下面给出名人博客部分的关键代码。

```
1.  <div id="homeright">
2.   <h2>名人博客</h2>
3.    <div class="content ">
4.     <ul>
5.      <li><a href="#"> 地方网站营销：提升广告ROI五个途径</a><br />
6.       2010-05-10<br />12:30
7.      </li>
8.      <li><a href="#">建议运营商给普通用户简单收费模式</a><br />
9.       2010-05-09<br />3:30
10.     </li>
11.    </ul>
12.    <p><a href="#"><strong>更多博客</strong></a></p>
13.   </div>
14.  </div>
```

在上面代码中，通过把a标签的display设置成block，然后设置li标签的list-style即可，这里不给出样式代码，请查看光盘中相应的案例代码。

18.2.7 搭建页脚部分的DIV

页脚部分包含了链接导航和友情链接图标两部分，效果如图18-9所示。

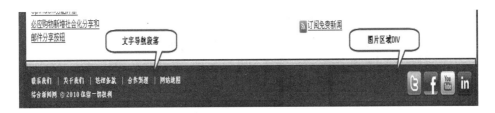

图18-9 页脚部分的DIV

页脚部分关键的实现代码如下所示，这部分的代码比较简单，所以就不再分析了。

```
1.   <div id="footer">
2.    <div id="social-media">
3.     <a class="first" href="#" >
4.      <img src="img/template/twitter.gif" />
5.     </a>
6.     <a href="#">
7.      <img src="img/template/facebook.gif" />
8.     </a>
9.     <a href="#">
10.     <img src="img/template/youtube.gif" />
11.    </a>
12.    <a href="#">
13.     <img src="img/template/linkedin.gif" />
14.    </a>
15.   </div>
16.   <p id="bottomlinks">
17.    <a href="#">联系我们</a> <span>|</span>
18.    <a href="#" >关于我们</a> <span>|</span>
19.    <a href="#">法律条款</a> <span>|</span>
20.    <a href="#">合作渠道</a> <span>|</span>
21.    <a href="#">网站地图</a>
22.   </p>
23.   <p id="copyright">
24.    综合新闻网 &copy; 2010 保留一切权利
25.   </p>
26.  </div>
27. </div>
```

18.2.8 首页CSS效果分析

在前面描述DIV的时候，我们已经讲述了部分CSS的代码，本小节将用表格的形式描述首页中其他CSS的效果，如表18-2所示。

表18-2　首页DIV和CSS对应关系一览表

DIV代码	CSS描述和关键代码	效果图

`<div id="logo">`	定义Logo为背景图，并且高度与页头DIV相同
	`#logo {`
	　　`background-image:url(../../img/hsph_logo.gif);`
	　　`background-repeat:no-repeat;`
	　　`background-position:left;`
	　　`margin-left:.5em;`
	　　`height:100%;`
	`}`
		综合新闻网 科技新闻专题　把Logo设置为背景图

`<span class="subtitle">`	定义这个区域中字体的粗细
	`.subtitle {`
	　　`font-size:1.2em;`
	　　`text-transform:uppercase;`
	　　`font-weight:700`
	`}`
		淘宝和雅虎日本6月上线新网购平台 将互相推广上架商... 《理财周报》　字体以相当于粗体的效果显示

`<input id="search-text"`	定义搜索栏的样式
	`#search-text {`
	　　`background-color:#E7E7E7;`
	　　`border:0;`
	　　`display:inline;`
	　　`font-size:1.4em;`
	　　`width:13.9em;`
	　　`padding:.143em 0`
	`}`
		奇趣科学　支付清算组织管... 最快下月出台　设置搜索栏的背景色，边框大小，文字大小

18.3　新闻内容页面

新闻内容页面主要包括了新闻分类列表和新闻文章介绍两部分，我们使用不同的DIV块来定义这两部分。

18.3.1　分类列表部分的DIV

分类列表部分使用ul和li标签，li内部使用锚点元素进行链接，效果如图18-10所示。

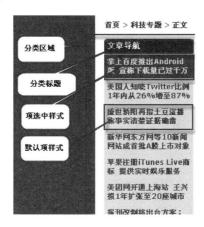

图18-10　新闻分类列表效果图

图18-10所示的列表区域包含在名为menuitem的容器内部，使用h3显示标题，代码如下所示。

```
1.    <div class="menuitem">
2.        <h3>文章导航</h3>
3.        <ul>
4.         <li>
5.          <a href="#">掌上百度推出Android版宣称下载量已过千万</a>
6.         </li>
7.         <li>
8.          <a href="#">
9.             美国人知晓Twitter比例1年内从26%增至87%
10.         </a>
11.        </li>
12.        <!----//其他项代码略---->
13.        </ul>
14.   </div>>
```

这里的列表项设计简单明了，在之前的案例中已多次介绍过，相应的样式代码如下所示。

```
1.  #leftcol h3 {
2.      color:#f5f5f5;
3.      font-size:100%;
4.      margin:0 0 1px 0;
5.      padding:5px;
6.      background:#0c425a url(../../img/sitenavtop.gif) no-repeat top center;
7.  }
8.  #leftcol ul, #leftcol li {
9.      list-style-type:none;
10.     padding:0;
11.     margin:0 0 2px 0;
12.     background-color: #E7E7E7;
13.     line-height:110%;
14. }
```

```
15. #leftcol ul a {
16. /*列表项li内的锚点a必须设置为块状显示*/
17.     display:block;
18.     margin:0;
19.     padding:5px;
20.     font-size:90%;
21.     text-decoration:none;
22.     width:140px;
23. }
24. #leftcol ul a:hover {
25.     background-color: #595959;
26.     color:#E7E7E7;
27.     font-weight: bold;
28.     text-decoration:none;
29. }
30. #leftcol ul a.current {
31.     color: #E7E7E7;
32.     font-weight: bold;
33.     background-color: #595959;
34. }
35. #leftcol ul a.current:hover {
36.     color: #E7E7E7;
37. }
```

从上面代码可以看到，列表项内的锚点标签使用块状显示，这样可以自动充满DIV区域，并且使用伪类hover实现高亮显示。

18.3.2 新闻文章部分的DIV

新闻内容页面右边部分是新闻文章部分，它包含三个部分：新闻标题、新闻导读和新闻主体部分，如图18-11所示。

图18-11 新闻文章效果图

实现新闻文章部分的代码如下所示。

```
1.  <div id="maincol" class="clearfix">
2.      <div id="siteimg">
3.      </div>
4.      <h2>
5.          新华都总裁唐骏重返网游业 初期投资上亿元
6.      </h2>
7.      <div class="content">
8.       <p>
9.        <strong>
10.         [导读]唐骏今日对腾讯科技表示，自己将重返网游行业，并对网游团队全面投资。其个
            人和新华都旗下公司港澳资讯加在一起，早期的投资规模将达到一亿元。<br />
11.        </strong>
12.       </p>
13.       <div class="mceTmpl">
14.        <div class="floatRight-sm"><img src="img/madina-agenor2.jpg"
            alt="madina agenor 2" title="madina agenor 2" /><br />
15.         <p class="ImageTitle">
16.          图片照片
17.         </p>
18.        </div>
19.       </div>
20.       <p>5月10日消息，新华都集团CEO兼总裁唐骏今日向腾讯科技证实，自己将重返网游行
            业，对网游团队的投资规模初期将达到一亿元
21.        <!------////文章内容略--------->
22.       </p>
23.      </div>
24.  </div>>
```

上述代码使用DIV进行自上而下的布局，下面列出关键的样式代码。

```
1.  #maincol h2 {
2.   padding:2px 0 5px 0;
3.  }
4.  .content p {
5.   margin:0 0 10px 0;
6.  }
7.  .clearfix {
8.   /*设置同一行内块状显示*/
9.    display: inline-block;
10. }
11. .content, .summarizedcontent {
12.     margin:0;
13.     padding:10px 5px 10px 0;
14.     clear:both;
15. }
16. * html .content {
17.     width:95%;
18. }
19. p.ImageTitle {
20.     font-size:80%;
21.     font-weight:bold;      /*粗体*/
```

```
22.          line-height:100%;      /*行高100%*/
23.          padding:5px 0 0 0;     /*顶空白区域*/
24.          margin:0;
25.     }
26.     }
27.     .floatright-sm {
28.          float:right;
29.          margin:5px 0 5px 5px
30.     }
31.     /**其他样式略**/
```

在上述代码中，我们列出了部分样式，样式定义比较清晰，这里不做详细说明了。

网站模板01 SPA女子会所

网站模板02 奥迪汽车

网站模板03 奥运网站

网站模板04 电子世界

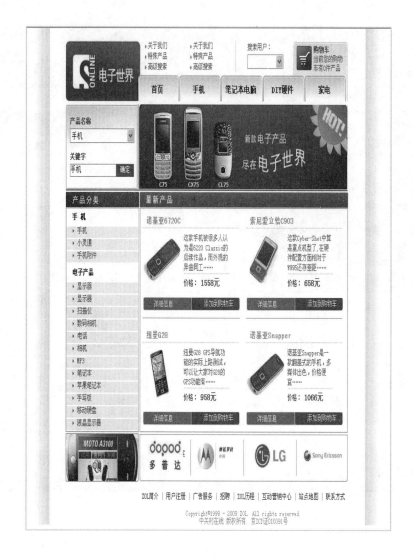

网站模板05 蜗斯电子商务

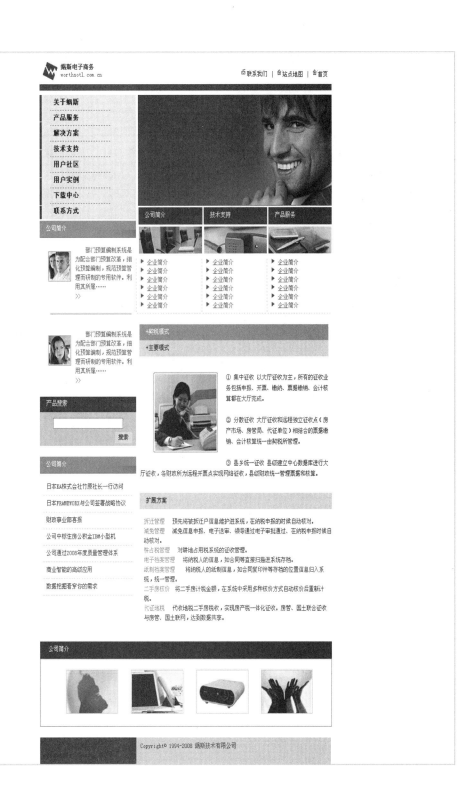

网站模板06 中华儿童学习网

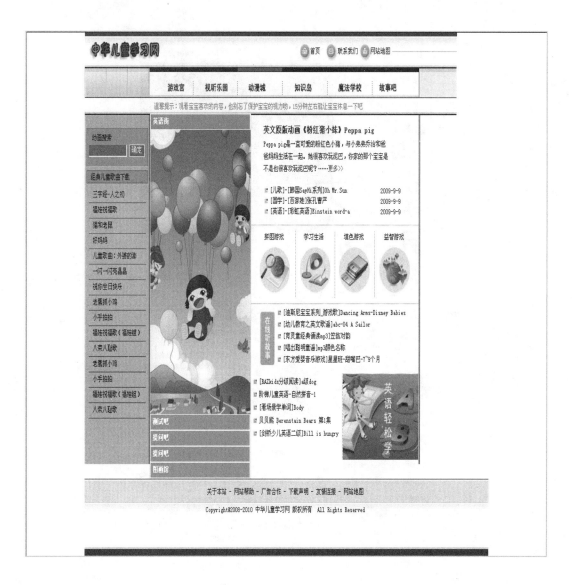

网站模板07 儿童玩具网

网站模板08 中华民族儿童网01

网站模板09 中华民族儿童网02

网站模板10 凡客诚品

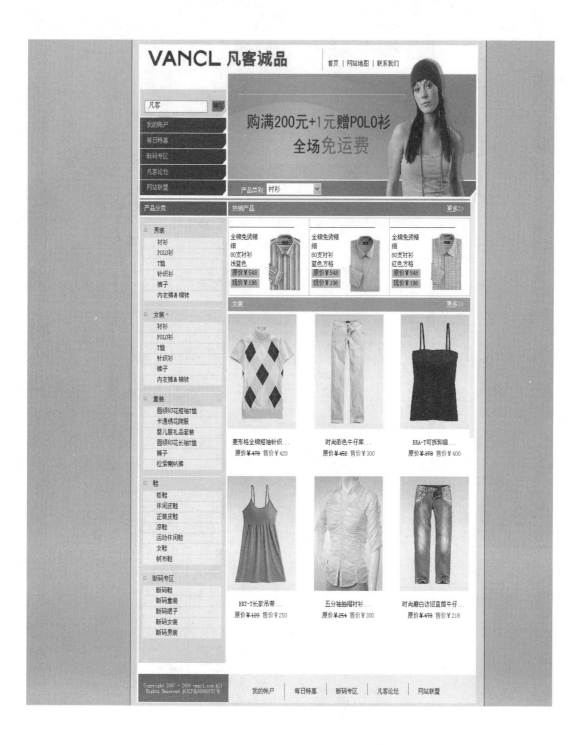

网站模板11 杨澜个人网站

天下女人

《天女在线》是阳光媒体集团2009年新推出的一档网络日播节目,节目面向中国职场女性传递时尚生活理念,探讨女性时下热点话题,节目内容覆盖女性生活的各个方面。节目以网络大调查+演播室谈话的形式,互动征集女性时尚话题,热辣评说女性时尚热点,同时,栏目组结合《天下女人》、《杨澜访谈录》等资源,独家放送诸多明星后台花絮,精彩无限,天女在线天天见!

美丽山花:毕会仙和秋香

她们是云南山区悄然绽放的两朵美丽山花,2009年的舞台属于全国前十强的快乐女声也属于她们,舞台上,她们光芒四射,嘹亮放歌,舞台下,她们梦想依然,执著热诚。是什么让拥有男女反串绝活的彝族大姐将嫁衣深藏箱底?又是什么让能歌善舞的纳西族姑娘羞涩满面?来自彩云之南的彝族大姐毕会仙与纳西族姑娘和秋香做客本期长城干白《天下女人》与您分享她们的美丽与梦想。 可你是否想过,当这两种人坐到一起的时候,会发生什么样的

标签:天下女人 快乐女声 纳西族 彝族

近期节目档列表

>> 吴伯雄的"毕业之旅"

>> 追忆沃尔特·克朗凯特

>> 范玮琪:最初的梦想

>> 妈妈,我们爱您

>> 《当"酷扣男"遭遇"月光女"……》

关于杨澜

→杨澜网络盛典颁奖视频 (01/11)

→杨澜网络盛典走红毯 (01/11)

→杨澜担任东方卫视特约主持人 (01/11)

→杨澜博客落户新浪 (01/11)

→杨澜的电子杂志上线 (01/11)

→杨澜访谈录时间调整 (01/11)

→天下女人结缘新浪女性 (01/11)

杨澜随笔集

我是这样成为纽约人的

纽约,一个大雪的早晨

向往希腊

新婚的礼物

真的想儿子

凭海临风:泪洒蒙特卡罗

网站模板12 韩国料理网

网站模板13 月月花卉网首页

网站模板14 月月花卉网二级页面

网站模板15 华硕电脑

网站模板16 古化石网

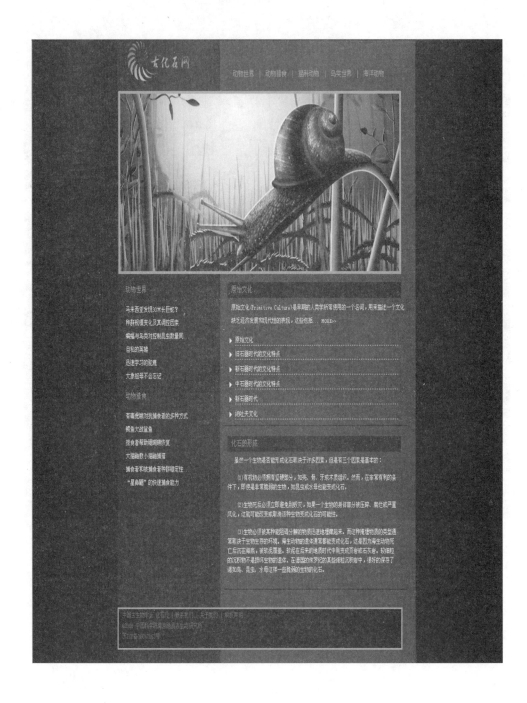

网站模板17 我爱家居网

网站模板18 建筑师之家01

网站模板19 健康饮食网

网站模板20 交通运输网

网站模板21 东方教育

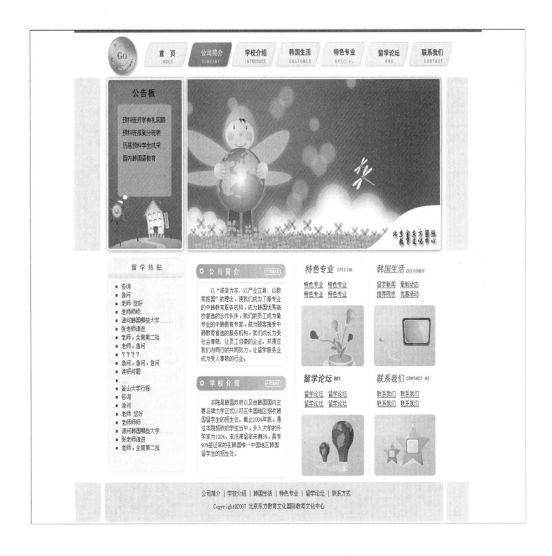

网站模板22 科技公司

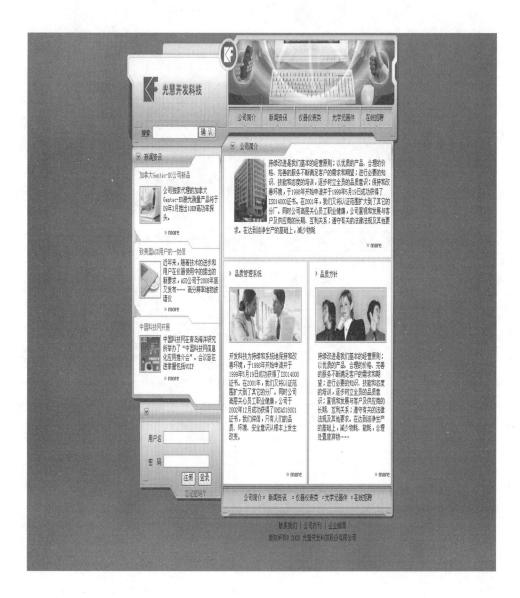

网站模板23 朗图设计01

网站模板24 朗图设计02

网站模板25 留学网

北京金东方留学网
首页 | 网站地图 | 联系我们
公司简介
学校介绍
韩国生活
特色专业
留学论坛
联系我们
热门专业 SPECIAL
2009年韩国留学十大热门专业
韩国重点大学推荐及热门专业
韩国-网络商务学专业
韩国中央大学-休闲运动专业
韩国-影视表演系
看韩国大学最强分类
韩国留学热门专业介绍
韩国留学热门专业介绍
韩国生活 CUSTOMER
韩国留学的带汇窍门
韩国的住房
韩国人手机选号最爱数字“0”
世界的单一民族的国家之一
韩国雇用许可制情况详细介绍
韩国：外籍留学生就业规定
韩国的餐桌给我上了一课
韩国的住房可以分为4种
留学论坛 BBS
事无巨细 心中有底 各专业
多国爆发甲型H1N1流感，当下
自驾游畅想之旅：北海道
最真实的美国建筑学 TIOP10名
记忆中的那些橙色 我的荷兰留学
留学三十年，细谈中国人经历出国
乐学在英国，北京女孩的校园生活
北京女孩在英国之归京的错觉
在新加坡念书 就像成都一样亲切
讲讲我在日本留学3年的感受
联系我们 CONTACT US
地址：北京市海淀区中关村丹棱街3号 中国电子大厦B座15层
邮编：100080
联系电话：010：51625666
公司简介
以“诚信为本、以产业立身、以教育报国”的理念，使我们成为了最专业的中韩教育服务机构，成为韩国优秀高校首选的合作伙伴，我们的员工成为最专业的中韩教育专家，做为顾客接受中韩教育首选的服务机构，我们成长为受社会尊敬、让员工自豪的企业。并通过我们与同行的共同努力，让留学服务业成为受人尊敬的行业。MORE>>
学校介绍
本院是韩国政府以及由韩国国内主要名牌大学正式认可在中国地区招收韩国留学生的招生处。截止2004年底，通过本院招收的学生当中，升入大学的升学率为100%，非法滞留率未满3%，具有90%签证率的在韩国唯一中国地区韩国留学生的招生处。MORE>>
冲击世界顶级学校 摘取皇冠上的明珠
必备方案一：
结合留学目标为自己做个职业规划
留学对于哪一个家庭来说，无论是在精力还是花费上都是一笔大投资，每个家长和学生都对留学有着这样或那样的憧憬，有没有办法最大限度的保证憧憬的实现？古人说的好，“凡事预则立”，也就是说做事必须提前计划好，才能收获好的结果。说到底，留学只是为人生目标奋斗的一段历程，其最终目的还是事业与人生的成功。而成功源于你找对了方向，也就是说入对了行。当留学遇上职业规划，留学就成为一次有的放矢的奋斗历程。
必备方案二：
参加考试前做好语言测评与考试规划并制定合理复习方案
现在刚刚高一或大一、大二的你是否还对留学标准化考试毫无概念？如果自己参加这些考试会取得什么样的成绩？很想给自己一个定位？参加正式的考试太破费？在美加百利你可以得到这样一个机会：无需提前报名，只需打个预约电话，考试部的老师会为你提供免费语言水平测试。之后考试规划师会综合测试结果，为你做语言优劣势分析，并制定综合评估报告，使你对自己和各类留学考试胸中有数。
MORE>>
Copyright@1997-2009jingdongfang All Rights Reserved
备案/许可证号：京ICP备09004983号

网站模板26 旅游网01

- 玩家首页
- 玩家旅游
- 玩家吃喝
- 精彩专题
- 玩家之星

The Perfect **Destination**

玩家吃喝

- 亲自调配独家个性咖啡
- 兰会所午间特价菜
- 古韵前门米其林西餐厅
- 原汁原味土耳其妈妈菜
- 天山美食新势力

旅游度假

荷兰七日体验之旅
一年四季都是游玩阿姆斯特丹的
好季节，置身于这座洋溢古典与
现代气质的城市，您将一次领略
荷兰的多种"面孔"……

▷ More

欢迎参加澳洲七日畅游活动

浓情澳洲——伴您畅享悠然假期
澳洲度假旅游还有哪些新奇好玩的元素？
本期玩家旅游网特别邀请了两位达人，给
我们玩家用户做澳洲旅游特别推荐……

▷ More

境外游之精彩专题

荷兰家庭度假计划
荷兰是著名的"低洼之国"，全国四分之
一的国土位于海平面之下，因此荷兰人在
与水的斗争中显示了充分的智慧。北海大
堤就是其中的经典代表。
经过几百年的时间，经过多次洪水的挑
战，北海大堤终于形成……

▷ More

Copyright© wanjiatravle.com.cn

网站模板27 旅游网02

网站模板28 律师网站

网站模板29 冒险岛

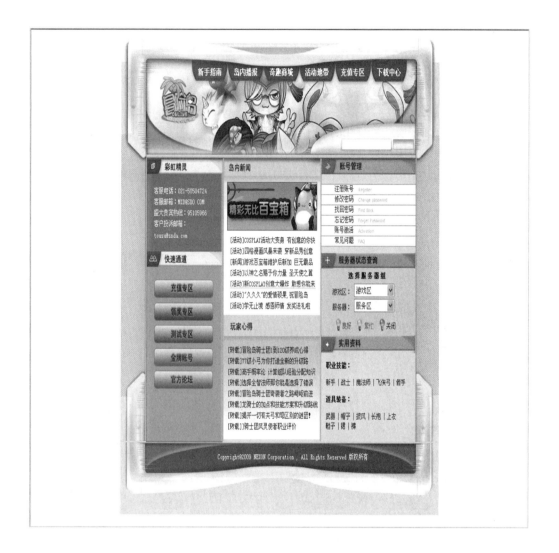

网站模板30 商用设备公司网站01

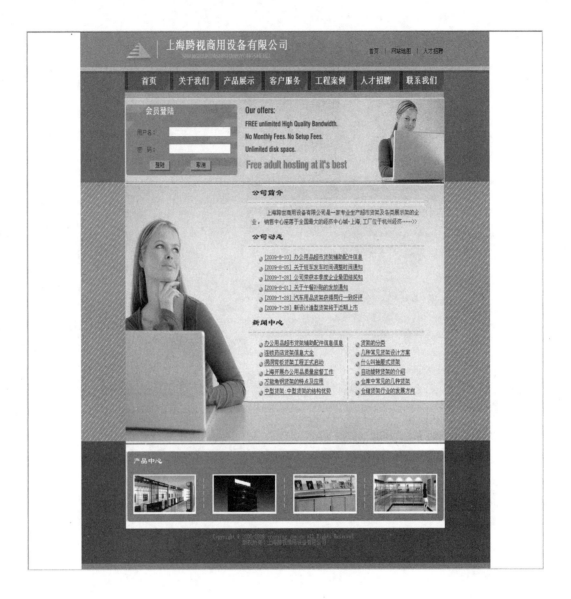

网站模板31 商用设备公司网站02

网站模板32 室内设计网

网站模板33 新鲜水果网

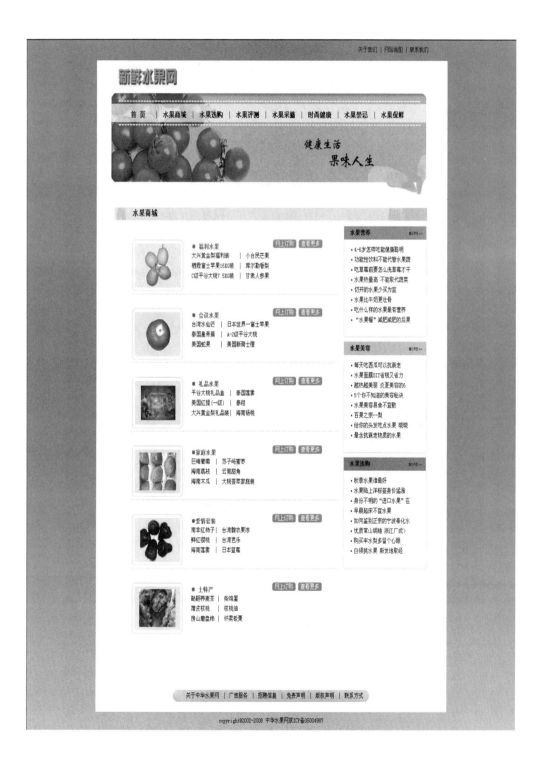

网站模板34 图书馆网站

网站模板35 网上书店

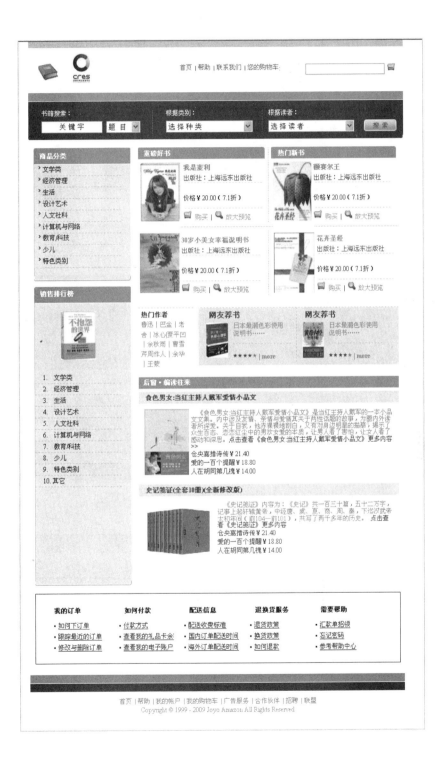

网站模板36 天天影视网

网站模板37 音乐网

网站模板38 中华音乐网

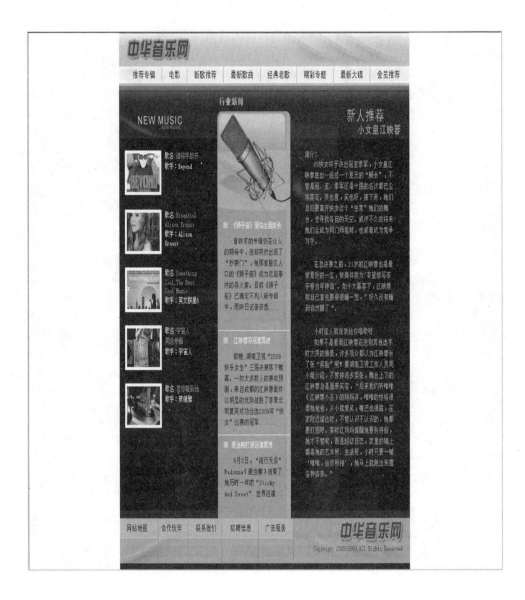

网站模板38 中华音乐网

网站模板39 中华资讯网

网站模板40 准妈妈怀孕网

准备怀孕

准备怀孕

准备怀孕

准备怀孕

准备怀孕

宝宝妈妈最新知识

三个月大的欣欣聪明可爱，但是妈妈最近非常苦恼，欣欣的左眼眼角最近总有一团眼屎，而且泪汪汪的。妈妈带欣欣去看过医生，医生说她泪道通畅，并且给天……

更多>>

怀孕禁忌

1. 健康怀孕应避开七大不利！
2. 健康怀孕应避开七大不利！
3. 健康怀孕应避开七大不利！
4. 健康怀孕应避开七大不利！
5. 健康怀孕应避开七大不利！
6. 健康怀孕应避开七大不利！
7. 健康怀孕应避开七大不利！
8. 健康怀孕应避开七大不利！
9. 健康怀孕应避开七大不利！
10. 健康怀孕应避开七大不利！

更多>>

分娩时注意事项

[分娩时住院注意事项] [住院时遇到的尴尬事]

目前，城市中的孕妇一般分娩前会提前一点时间住进医院，产后也要在医院中度过几天的时光。在产前和产后的这段时间里，产妇和家属应注意些什么呢？首先，产妇和家属都应自觉遵守医院的住院规则，使自己尽快地适应医院的生活环境和作息时间。许多平时自由自在的年轻产妇对医院的规章制度会很不适应也不以为然，有的甚至因此和医生、护士、病友等闹意见，搞得分娩前后情绪不佳，这会影响分娩和产后康复以及哺乳的顺利进行。

孕妇在住院期间，应主动与医生和护士沟通，建立良好的关系，使她们充分了解你的孕期状况和胎儿状况，只有这样，医护人员才能毫无顾虑并顺利地帮助你。同时，孕妇也应与同室的产妇保持良好的关系，待人接物要和善可亲，尽量避免相互之间发生不愉快的事情，不要凡事都以我为中心而忘记周围的人，要多体谅他人、帮助他人。产妇产后需要较好的休息，尤其是生产不顺利或剖宫产后的产妇。因此，探视的人员一次不要让来太多，也不要在产妇午休的时间探视或晚上很晚才离开，尽量不要在病室中大声说笑与喧哗，开窗通风时都要想到别人是否会当风受凉。

同时，还要遵守医院生活的制度，不要往病房内随便带东西，特别是别在床头柜上放太多的生活用品，必用的要整齐地放好；看电视时不要把音量放得太大，以免影响同病房其他产妇的休息；当医生、护士来检查身体时不要打手机、听CD或MP3等，使医生不受干扰地为你服务。遇有医护人员照顾不周的时候，不要大发脾气，这样会对腹中的胎儿不利也不利于产后康复，可以想一些办法解决，如在合适的时候加以沟通等。

现在医院一般采用母婴同室做法，新生儿就放在妈妈的床旁，新生儿的抵抗力相对较弱，如果探视的人员太多或太杂，容易引起新生儿得病，因此，出于对婴儿和产妇健康的考虑，不要随便让过多的亲友来医院探视。

怀孕首页 | 怀孕网链接 | 怀孕网地图 | 广告预订